10% HUMAN
How Your Body's Microbes
Hold the Key to Health and Happiness
by Alanna Collen

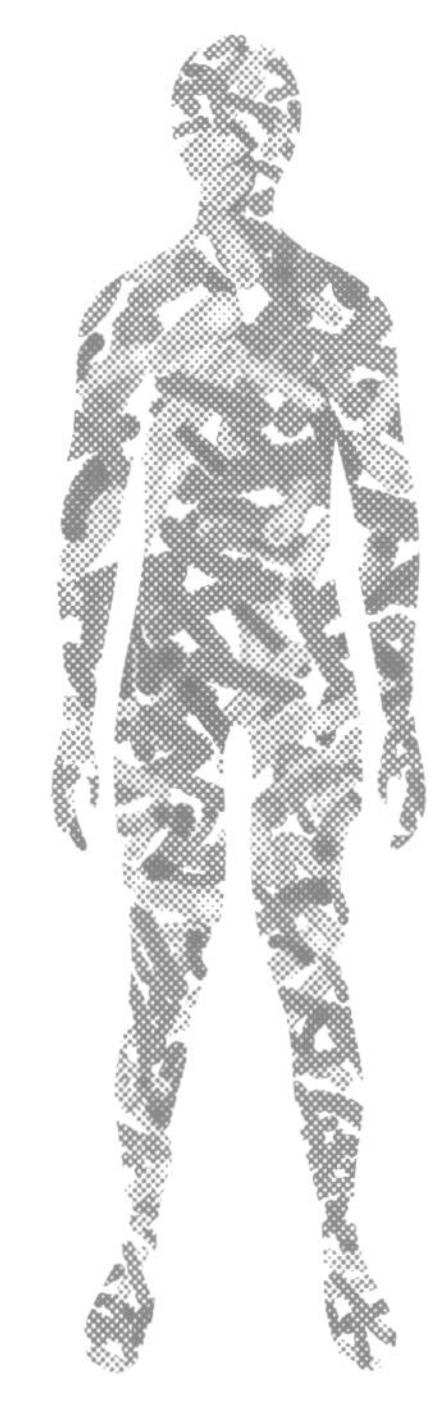

あなたの体は9割が細菌

微生物の生態系が崩れはじめた

アランナ・コリン｜著　矢野真千子｜訳

河出書房新社

あなたの体は9割が細菌——目　次

ベンと、彼の微生物に。
愛しい私の微生物共同体に。

あなたの体は9割が細菌

——微生物の生態系が崩れはじめた

科学の本質は、二つの相反する姿勢のあいだでバランスをとることにある。まずは、新しい考え方を、それがどれほど突飛で直感に反するものであっても積極的に受け入れる姿勢。そしてもう一つは、あらゆる考え方を、それが古い考えだろうと新しい考えだろうと、非情なまでに懐疑的に調べる姿勢である。そうでなければ、深遠なる真実と暗澹たるニセ科学を区別することはできない。

——カール・セーガン

プロローグ　回復はしたけれど

二〇〇五年のある夏の夜、私は森から野営所に戻るところだった。二〇匹のコウモリをつめた布袋を首から下げ、あらゆる種類の虫がヘッドランプめがけて飛んでくる踏み分け道を歩いていると、足首がむずむずするのを感じた。ズボンは防虫剤でコーティングし、すそをヒルよけスパッツにたくしこんでいる。その下には念のため、もう一枚余分にスパッツをはいている。森に仕掛けておいた罠からコウモリを夜中に回収する巡回作業では、闘う相手が山ほどある。湿気、滴る汗、足元のぬかるみ、虎と出くわさないかという恐怖、そして蚊。そんな手一杯の状況で私の肌を守ってくれるはずの繊維と化学薬品の防壁を、何かが突破したようだ。何かがチクチクと肌を刺す。

二二歳だった私は、のちに人生を一変させることになる三か月をマレーシアのクラウ野生生物保護地区の奥深いところで過ごしていた。生物学を専攻し、コウモリに魅せられるようになった私は、イギリスのコウモリ学者が現地調査の助手を探していると聞くや、すぐさま応募した。リーフモンキーにテナガザル、そして多種多様なコウモリに出合える貴重な機会を思えば、オオトカゲの棲む川で体を洗うのも、ハンモックで寝泊りするのも嫌ではなかった。しかしこの熱帯雨林での出来事が、単なる一時的な体験に終わらずずっと続くことになろうとは、そのころは夢にも思わなかった。

川のそばの空き地に設けられた野営所に戻るなり、私は重ねた衣類をはぎとって不快さの原因を調べた。ヒルではなくダニだった。五〇匹ほどがたかっており、皮膚に食い込んでいるのもいれば脚のほうまで這い上がっているのもいた。ダニをブラシではたき落とせるだけ落とすと、私はコウモリに注意を戻し、できるかぎり手早く必要な計測と記録をした。作業を終えてコウモリを解放してやると、繭のようなハンモックに飛び乗って閉じこもり、ピンセットを手に残っていたダニをヘッドライトの下で最後の一匹まで取り除いた。周囲は漆黒の森で、セミの鳴き声だけが響き渡っていた。

数か月後、私はロンドンにいた。ダニがもたらした熱帯病は根を下ろしていた。体が思うように動かず、足の指が腫れていた。奇妙な症状が現れては消え、そのたびにさまざまな血液検査と専門医の診察を受けた。私はまともな暮らしを送ることができなくなった。痛みと脱力感、意識障害に数週間から数か月間とらわれたかと思うと、何事もなかったように平穏な日々が続き、しばらくするとそれがまたくり返される。数年後にやっと正確な診断がついたときには、すっかり定着してしまった感染症を治すのに、家畜の群れをまるごと治療できるほど大量の抗生物質を長期にわたって強力に投与された。そしてなんとか、本来の自分をとり戻せそうな気がするまでに立ち直った。

しかし、この話はここで終わらなかった。私はダニ媒介型の感染症を治すために全身を薬漬けにした。抗生物質は絶大な効力を発揮してくれた。だが私は、こんどは別の不具合に苦しめられるようになった。以前と同じく症状は多種多様だ。皮膚に赤い発疹ができ、胃腸が弱くなり、たまたま出合った感染性の病原体を何であれ拾うようになった。一つの疑いが頭をもたげた。あの一連の抗生物質は、私を苦しめていた細菌を全滅させただけでなく、もともと体の中にいた細菌まで絶滅させてしまったのではないだろうか。私は自分の体が微生物の棲めない荒れ地になってしまったように感じ、かつて私の体を棲み処としていた一〇〇兆個の友好的な微生物がどれだけ重要な存在であったかを、このときはじめて意識した。

あなたの体のうち、ヒトの部分は一〇％しかない。

あなたが「自分の体」と呼んでいる容器を構成している細胞一個につき、そこに乗っかっているヒッチハイカーの細胞は九個ある。あなたという存在には、血と肉と筋肉と骨、脳と皮膚だけでなく、細菌と菌類が含まれている。あなたの体はあなたのものである以上に、微生物のものでもあるのだ。微生物は腸管内だけで一〇〇兆個存在し、海のサンゴ礁のように生態系をつくっている。およそ四〇〇〇種の微生物がそれぞれの小さなニッチを開拓し、長さ一・五メートルの大腸表面を覆う襞に隠れるようにして暮らしている。あなたは生まれた日から死ぬ日まで、アフリカゾウ五頭分の重量に匹敵する微生物の「宿主」となる。微生物はあなたの皮膚の上にもいる。あなたの指先には、イギリスの人口を上回る数の微生物が付着している。

いや、待てよ。私たちは衛生観念を発達させた進化の頂点に立つ生き物だ。樹上生活をやめたとき邪魔になった体毛や尾をなくしたように、寄生する微生物も減らしてきたのではなかったか。より清潔で健康で自立した生活ができるよう、現代医学は微生物を追い払うさまざまな方法を用意してきたのではなかったか。私たちは人体に微生物がたくさん棲んでいることを知ったとき、とくに害がないならいいではないかと黙認した。しかし、サンゴ礁や熱帯雨林を保護しなければと考えるのと同じように、人体に棲む微生物も保護しようとは思わなかった。ましてや、大切に世話する必要性など気づきもしなかった。

私は進化生物学者として、ある生物の体の構造やふるまいを見るとき、その利点や意味を考えるよう訓練を受けている。通常、その生物に有害な特性や相互作用は不利な戦いを強いられるか、進化の過程で失われるかするものだ。私は考えをめぐらせた。一〇〇兆個の微生物は、もし何の手土産もなしに私たちの家のパーティーに来ていたなら、いずれ招かれなくなっていたはずだ。敵を撃退して感染症を治すのが仕事のはずのヒト免疫系は、なぜこれだけの微生物の侵入を許しているのだろうか。私は、この謎についてもっと知りたくなった。なにしろこの私は、数か月に及ぶ化学兵器戦争で、悪い微生物だけでなく有益な微生物まで殺してしまったのだ。

私がこの問題を探りはじめたのは時期的によかった。そのころやっと、私たちの好奇心に技術が追いついたからだ。共生微生物についての科学研究はそれ以前からあったが、遅々として進んでいなかった。人体内に棲む微生物のほとんどは腸内の無酸素環境に適応しており、酸素に触れると死んでしまう。人体外で育てる（ペトリ皿で培養する）のが困難なのはもちろんのこと、実験するのはさらに困難だった。

だが、ヒトの遺伝子をすべて解読するという画期的なヒトゲノム・プロジェクトのおかげで、ＤＮＡ解析（配列決定）が格段に速く安くできるようになった。糞便にまじって体外に出てきた「死んだ」微生物を特定することさえ可能になった。微生物そのものは死んでいても、ＤＮＡが無傷で残っているからだ。これまでだれもが見落としていた共生微生物について、科学はいま、新しい素性を明らかにしようとしている。ヒトの暮らしはヒッチハイカー微生物の暮らしと噛み合っていて、そこでは微生物が人体を動かしている。そうした微生物なしにヒトは健康ではいられない。

私の健康被害は氷山の一角だった。共生微生物のアンバランスが胃腸疾患、アレルギー、自己免疫疾患、さらには肥満を引き起こしているという科学的証拠が続々と出てきていることを私は知った。体の病気だけではない。不安症、うつ病、強迫性障害、自閉症といった心の病気にも微生物が影響している。私たちが人生の一部として甘受している病気の多くはどうやら、遺伝子の欠陥や体力低下のせいではなく、ヒト細胞の延長にある微生物を軽んじたせいで出現した、新しい病態のようなのだ。

私が知りたかったのは、投与された抗生物質が自分の微生物集団に与えたダメージについてだけではない。微生物のどんな作用が私を体調不良に陥れたのか、また熱帯雨林でダニに噛まれる前まで保たれていた微生物のバランスをとり戻すにはどうしたらいいのかについても調べたいと思った。その一環として、DNA解析をするプログラムに参加する同意書にサインした。ただし、解析するのは私の遺伝子ではなく、私の腸内に築かれている微生物集団の遺伝子――マイクロバイオーム――である。私は改善への道のりの出発点として、まずは自分の腸内にいる菌種や菌株を知ろうと思った。そしてそれを、本来なら私の腸内にいるべき微生物についての最新知識と突きあわせれば、与えてしまったダメージの大きさが推測でき、修復を試みることもできるだろう。私が参加したのは市民科学プログラムの一つ、アメリカン・ガット・プロジェクト（AGP）だ。アメリカのコロラド州ボールダーにあるコロラド大学のロブ・ナイト研究室が主体となっているこの活動には、世界中のだれもが参加できる。参加者が自分の糞便サンプルを提供すると、AGPはその中に含まれる微生物のDNAを解析する。AGPはヒトの体内にいる微生物のサンプルをできるだけ多く集め、微生物の種類と、それが私たちの健康に与える影響を調べようとしている。私は糞便サンプルを送り、お返しに私の腸内生態系の「スナップ写真」を受けとった。

うれしいことに、何年も抗生物質の治療を受けていたにもかかわらず、私の腸内にはちゃんと細菌がいた。私の腸内細菌の様相は、少なくとも他のAGP参加者のそれと比べて大きな違いはなかった。私がひそかに心配していた「有毒物質で汚染された腸内で、奇怪な変異菌種がほそぼそと命をつないでいるような」荒廃した光景は広がっていなかった。だが、ある程度予想していたことだが、私の腸内細菌は多様性に欠けているようだった。生物の分類で「界」のつぎに大きな分類群である「門」で比べたとき、私の腸内細菌の多様性は相対的に低く、二大勢力に属する細菌の占める割合が他の参加者よりも多かった。二大勢力とはヒトの腸内で多数派の二つの「門」に属する細菌集団で、私の場合は九七％以上の細菌がこのどちらかの分類群に属していた。平均的な参加者の場合は九〇％程度にとどまる。これは私が使っていた抗生物質が少数派の菌種を絶滅させ、それに耐えた菌種だけが残った結果なのだろう。この多様性の喪失が、ここ数年の私の体調不良に関係があるのかもしれないと私は思った。

しかし、高木と低木、あるいは鳥類と哺乳類というような大きな分類群の割合だけで熱帯雨林と温帯の森を比較しても、それぞれの生態系がどう機能しているかはわからない。同じように、私の腸内細菌を大きな分類群の割合で比べたぐらいで腸内の微生物環境が健全かどうかなどわかるはずがない。生物の分類群では「門」の下に「属」や「種」がある。私の治療中にずっと耐えていたであろう細菌や、治療終了後にどこかから戻ってきた細菌の種類が詳しく特定できれば、私の現在の健康状態が明らかになるのだろうか？　それよりもっと切実な問題として、抗生物質による無差別攻撃で消滅した細菌種の「不在」は、いまの私の体調にどう関係しているのだろう？

私は、自分自身とその中にいる微生物についての探求に乗り出したとき、得られた知識を実践に活用しようと決めていた。有益な微生物をとり戻したかったし、ヒト細胞と調和する微生物バランスを築くためには生活習慣を変える必要があることも理解していた。無差別攻撃で微生物環境を壊してしまったことが私の近年の体調不良の原因なら、それを元に戻すことでアレルギーや皮膚のトラブル、年がら年中の感染症から抜け出すことができるかもしれない。これは自分のためだけではなく、これから産み育てたいと思っている子どものためでもあった。生まれてくる子どもに遺伝子だけでなく微生物も手渡すことになるの

は、思いきって二万五九四七個にまで減らした。二〇〇三年、ヒトゲノムの解読がほぼ終了した時点で判明した遺伝子の数をもとにゲームの勝者が決まった。一等賞はロウェンだった。一六五人が出した予想のうちロウェンの数字がいちばん低かった。最終的に発表されたヒトの遺伝子数はそれよりさらに少なかった。

ヒトの遺伝子の数は、線虫とほぼ同じ、二万一〇〇〇個だった。ヒトゲノムのサイズは植物のイネの半分しかなく、三万一〇〇〇個の遺伝子を有するミジンコにもはるかに及ばなかった。線虫やイネやミジンコには話す能力も創造力も知的思考力もないというのに。予想当てゲームに参加した科学者と同じく、あなただって草や虫けらよりヒトのほうが多くの遺伝子を有していると思っただろう。遺伝子が蛋白質をつくり、蛋白質が身体をつくるのなら、複雑で高度な身体をもつヒトにはより多くの蛋白質、より多くの遺伝子が必要になるはずなのでは?

しかし、この二万一〇〇〇個の遺伝子だけがあなたの体を動かしているのではない。あなたはひとりで生きているわけではない。人体は、共存共栄しながらあなたの体を維持している生物種の「集合体」である。ヒト細胞はたしかにサイズや重量の点では大きいが、数で比べれば共生微生物の細胞のほうが一〇倍も多い。マイクロバイオータと呼ばれる一〇〇兆個の共生微生物はおもに、たった一つの細胞でできている細菌だ。微生物には細菌以外にも、ウイルス、菌類、古細菌などがいる。ウイルスはあまりに小さく単純で、また他の生き物の細胞を使わなければ自身を複製できないため、これを「生き物」と呼ぶかどうかはむずかしいところだ。人体に棲みついている菌類は大半が酵母菌で、細菌よりは複雑な構造をしているが、やはり一つの細胞でできている微生物である。古細菌は、見た目は細菌に似ているが、進化系統が細菌とも動植物とも異なるグループの微生物だ。人体に棲むこれらの微生物を合わせると、遺伝子の総数は

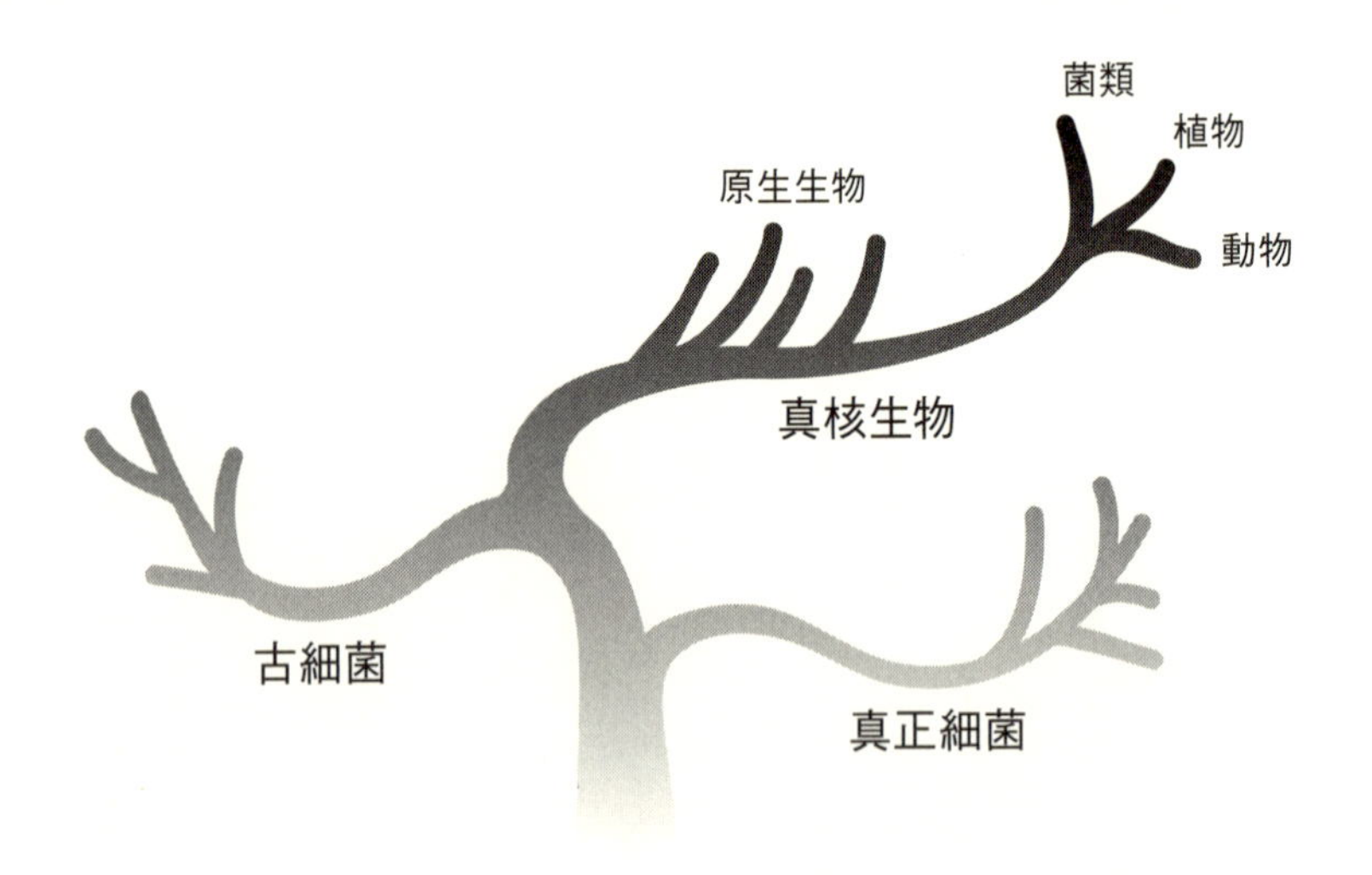

進化系統樹。３つのドメインと、真核生物のドメインに属する４つの界。

四四〇万個になる。これがマイクロバイオータのゲノム集合体、つまりマイクロバイオームである。微生物の四四〇万個の遺伝子は、二万一〇〇〇個のヒト遺伝子と協力しながら私たちの体を動かしている。遺伝子の数で比べれば、あなたのヒトの部分は〇・五％でしかない。

ご存じのように、ヒトゲノムが生み出す複雑さは遺伝子の数だけでなく、その遺伝子がつくる蛋白質のさまざまな組み合わせで決まる。ヒトもほかの動物も、ゲノムから引き出せる機能は見た目の遺伝子の数よりずっと多い。そこに共生微生物の遺伝子が加わると、さらに複雑さが増す。単純な生き物だからこそのすばやい進化と簡便さで、微生物はさまざまなサービスを人体に提供する。

最近まで、微生物の研究をしようと思ったら、まずはペトリ皿での培養を成功させなければならなかった。微生物の培養は、血液や骨髄、糖のスープをゼリー状にした培地の上で育てる。これはかなり困難な作業だ。ヒトの腸内で暮らす生物種のほとんどは酸素に耐えられるように進化していないため、酸素に触れると死ぬ。微生物を育てるには、その微生物を生き延びさせるための栄養や温度、気体などの条件もそろえてやらなければならない。この条件は推測し、やってみて確かめるしかない。推測がはずれれば微生物は死滅するので、一からやり直しだ。微生物の培養は、授業にだれが出席しているかを名簿を読み上げながらチェックするようなものだ。ある学生が出席しているかどうかは、その学生の名前を呼んで答えが返ってこなければわからない。ヒトゲノム・プロジェクトのおかげで速く安くできるようになったＤＮＡ解析なら、学生が教室のドアでＩＤカードをかざすような手軽さで出席者をチェックできる。名簿に載っていないのに教室に来ている学生まで見つけられる。

ヒトゲノム・プロジェクトの終了が近づくにつれ、期待は高まった。ヒトゲノムは、神の偉大なる被造物である人間を知るための入り口、病気の謎を解く聖なる医学書だとみなされた。二七億ドルの予算と数年をかけたこのプロジェクトの初回草稿が二〇〇〇年六月に出たところで、アメリカ大統領ビル・クリントンはこう宣言した。

こんにち、私たちは神が生命を創出するのに使った言語を学んでいます。神から与えられた最も神聖な贈り物の複雑さと美しさと驚きに、これほど心を打たれたことはあったでしょうか。このすばらしい知見を手に、人類はいま、まさに、病気に打ち勝つ新しい力を手に入れようとしています。ゲノム科学は私たちの健康はもちろんのこと、次世代の子どもたちの健康の向上に大きく貢献してくれることでしょう。すべての病気とまではいかなくとも、多くの病気の診断、予防、治療に革命をもたらしてくれるはずです。

しかし、ＤＮＡの全配列がわかったからといって、その知識がすぐに医療に役立つことはなく、世界中の科学ジャーナリストが失望を口にするようになった。ヒトの命の指示書が解読されたことにより、いくつかの遺伝疾患については治療法の改善という成果が得られたが、みなが期待していたような、よくある病気の原因が明らかになるようなことはなかった。特定の病気になっている患者に共通する遺伝子バリアント（ＤＮＡのスペル違い）を探しても、当初期待されていたような明快な関連性は浮上しない。関連性の弱い遺伝子バリアントなら数十か所でも数百か所でも見つかるのだが、特定の遺伝子バリアントを保有していると特定の病気になるというようなケースはほとんどなかった。

世紀の変わり目に私たちが見落としていたのは、二万一〇〇〇個の遺伝子がすべてではないということだった。ヒトゲノム・プロジェクトの最中に生まれたＤＮＡ解析技術は、もう一つのゲノムの解析計画を可能にした。ヒトマイクロバイオーム・プロジェクトである。当初それほどメディアの注目を集めなかったヒトマイクロバイオーム・プロジェクトは、私たち自身のゲノムを調べるのではなく、人体に棲む微生物のゲノムの総体――マイクロバイオーム――を調べて、どんな微生物種が存在しているのかを見つけ出そうという計画だった。

培養の困難さと酸素が研究の障害となることはなくなった。一億七〇〇〇万ドルの予算と五年の期間をもってスタートしたヒトマイクロバイオーム・プロジェクトは、人体一八か所の微生物共同体を解析することになった。解読するＤＮＡの量はヒトゲノム・プロジェクトの数千倍にもなったが、ヒトと微生物の遺伝子を両方調べるということは、一人の人間をより包括的に理解することになる。二〇一二年にヒトマイクロバイオーム・プロジェクトの第一段階が終了したときは、大統領や首相が勝利宣言することはなく、そのニュースを記事にした新聞もごくわずかだった。だが、ヒトマイクロバイオームの解読は、ヒトゲノムの解読以上に、「ヒトとはどんな存在であるか」を明らかにしつつある。

私たちは微生物と共に進化した

地球に生命が誕生したときから生物種は互いを利用しながら生きてきて、なかでも微生物は意外なところで効率よく命をつないできた。微小なサイズの微生物にとってヒトをはじめとする他の生き物の体内は、単なるニッチというだけでなく生活圏あるいは生態系そのもので、そこにコロニーを築く機会に満ちている。人体という惑星は絶えず変化している。潮の満ち引きのような周期的なホルモンの変動があり、歳を重ねるごとに景色を変えるこの惑星は、微生物にとってエデンの園だ。

ヒトはヒトになる前から、いや哺乳類になる前から、微生物と共進化してきた。ショウジョウバエだろうとクジラだろうと、動物の体内には微生物による別の世界が広がっている。体内にいる微生物と聞くと病気を引き起こすものと考えがちだが、微生物に棲み処を提供することには大きな見返りがある。

たとえばハワイヒカリダンゴイカは、アニメのキャラクターのような大きな目をしたイカの一種で、下腹部の体腔に発光性の細菌を棲まわせながら身の安全を確保している。アリイビブリオ・フィシェリというその細菌は餌を食べると発光するので、下から見るとダンゴイカが光っているように見える。この光のおかげでダンゴイカのシルエットは月明かりに照らされた海水面でぼやけ、下から近づいてくる捕食者に気づかれずにすむ。ダンゴイカは細菌に棲み処を提供し、細菌はダンゴイカに偽装手段を提供している。

光る微生物を棲まわせて自身の生存のチャンスを高めるイカは特殊な例に映るかもしれないが、どんな動物も多かれ少なかれ共生微生物に自身の生存を頼っている。生きるための戦略は各種各様で、微生物との提携戦略は一二億年前に多細胞生物が誕生したときから進化ゲームの推進力となってきた。

宿主動物の細胞数が多ければ、それだけ多くの微生物が共生できる。たとえばウシのような大型動物は、細菌を歓待することで有名だ。ウシは草食動物だが、ウシの遺伝子だけでは繊維質の草から栄養分をとり出すことができない。草の細胞壁を構成している頑丈な分子を分解するには特別な蛋白質、つまり酵素がいる。その酵素をつくり出す遺伝子を進化で得ようとすると、とほうもない年月がかかる。世代から世代へと受け継がれるＤＮＡコードにランダムな変異が起こるのを待つしかないからだ。

頑丈な細胞壁に閉じこめられた栄養分をてっとり早く得るには、その仕事を専門家に外部委託すればばいい。そう、微生物にアウトソーシングするのである。ウシの胃にある四つの部屋には植物繊維を分解する微生物が無数に棲んでいる。反芻運動で行ったり来たりする植物繊維のかたまりは、ウシの口内で機械的な粉砕作用を、胃の中で微生物酵素による化学的な分解作用を交互に受ける。この作業に必要な遺伝子は、世代交代のスピードの速い微生物なら簡単に得られる。それに要する時間は速ければ一日もかからない。

ダンゴイカやウシが微生物との共同作業で利益を得ているのなら、ヒトも同じようにしていると考えていい。私たちは草を直接食べないし、四つの胃があるわけでもないが、独自の仕様を抱えている。ヒトの胃は、食べ物を混ぜ合わせ、消化酵素をいくつか出し、有害な外敵を殺すために酸を少量加えるだけの単純な器官だ。しかしその先にある小腸は、さらに多くの酵素で食べ物を分解し、テニスコート一面分に相当するふかふかの絨毯のような小腸壁から食物分子を血液中に吸収する。そして大腸の入り口に、テニスボール大の盲腸がある。胴体の右下に位置する袋状の盲腸は、消化管の微生物共同体の心臓部だ。

盲腸から垂れ下がっている虫垂は、痛みや炎症（虫垂炎）を起こす器官として有名だ。虫垂はミミズのような見た目をしている。うじ虫やヘビのようだと言われることもある。長さは二センチから二五センチまで開きがある。きわめて希少な例ではあるが、虫垂が二つある人や、まったくないという人もいる。世間では、虫垂にはさしたる機能はないから切除しても構わないという説が通っている。この俗説を広めた張本人の一人に、動物の進化を系統樹に表した有名人がいる。チャールズ・ダーウィンは、『種の起源』に続いて出版した『人間の由来』の補遺（アペンディクス）に、「痕跡器官」についての論考を載せた。彼はその論考で、ヒトの虫垂（アペンディクス）について、他の動物のそれと比べてサイズが小さいことからヒトの食生活の変化にともなって退化した痕跡器官ではないかと述べている。

これに対する反論がほとんど出てこなかったこともあり、虫垂が痕跡器官だという説はそれから一〇〇年間、ほぼ疑われることなく存続した。さらに、ときどきトラブルを起こすという事実が、虫垂は役に立たない器官だという人々の思いこみをますます強めた。医学界もそう誤解し、一九五〇年代には先進国で虫垂切除術が外科手術の代表となった。別の治療で開腹手術をするとき、ついでに虫垂をとってしまうことまであった。生涯のどの時点かで虫垂切除をした男性は八人に一人、女性は四人に一人というほど増えた時代もある。なお、およそ五％から一〇％の人が生涯中に虫垂炎を発症する。好発年齢は子づくり前の一〇代か二〇代のころだ。虫垂炎になって何も治療を受けなければ、半数近くが死んでしまう。

さて、ここで考えなければならないことがある。虫垂炎が自然発症型の病気で、しばしば若年層を死に至らしめるのなら、虫垂は自然選択ですばやく排除されるはずだ。虫垂炎を起こすほど大きな虫垂があって若いうちに死んでしまった人は、大きな虫垂をつくる遺伝子を子孫に伝えることはない。虫垂を有する人の数は世代をくり返すうち減ってゆき、ついにはいなくなる。自然選択は虫垂なしの人を選ぶはずだ。

虫垂はご先祖の名残だというダーウィンの推察は、名残であるはずの器官がヒトを死に至らしめているという事実さえなければもう少し説得力があっただろう。虫垂が残っている理由については、これまで二つの説があった。まずは、虫垂炎は環境変化か何かのせいで最近になって出現した病状だとする考え方だ。

この考えでいくと、昔は虫垂炎が起こらなかったから、有益でも有害でもない虫垂は排除されずにそのまま残ったことになる。もう一つは、虫垂には虫垂炎のリスクを上回る健康上の利益があるとする考え方だ。後者の考え方なら自然選択は虫垂を積極的に残していることになる。問題は、健康上の利益が何であるかだ。

その答えは虫垂の中身にある。平均すると長さ八センチ、直径一センチの管状のこの器官は、消化管を通過する食べ物の流れにじゃまをされない位置にある。だが、しなびた見た目とは裏腹に、内側には特殊化した免疫細胞と分子がぎっしり詰まっている。虫垂は役に立たないどころか免疫系に必須の部位で、微生物共同体を守り、育て、情報を伝達し合っている。虫垂の中で微生物はバイオフィルムを形成している。バイオフィルムとは、互いに支え合い、有害な細菌を侵入させないよう守る層のことである。どうやら虫垂は、人体が微生物のために用意している隠れ家のようなのだ。

巣の中の卵が雨の日も守られるように、虫垂に隠れている微生物は消化管に危機が生じたときも守られる。食中毒や感染症で荒らされた消化管はその後、虫垂に隠れていたいつもの微生物でふたたび満たされる。これを過剰補償のついた保険のように感じたなら、あなたは恵まれた環境にいる。赤痢やコレラ、ジアルジア症のような消化管感染症が先進国でほぼ姿を消したのは、ここ数十年のことだ。先進国では下水設備や水処理プラントなどの公衆衛生対策がこうした病気を防いできたが、地球全体で見れば、いまだに子どもの死因の五件に一件は感染性下痢症である。死なずにすんだときは、虫垂のおかげで回復が早まる。虫垂に何の機能もないように見えるのは、こうした病気が身近なものでなくなったからだ。虫垂を切除することの不利益は、現代の衛生水準のおかげで表面化せずにすんでいる。

ところで、虫垂炎は比較的新しい病気だということも判明した。この病気はダーウィンの時代にはごく希少で、それが原因で死ぬ人はほとんどいなかった。だからこそダーウィンも、ヒトの虫垂を害もなく益もない進化の名残と考えたのだろう。虫垂炎は一九世紀末から急増した。イギリスのある病院の記録によれば、一八九〇年までの発症件数は年に三、四件と安定していたが、一九一八年には年に一一三件になっている。この上昇傾向は先進国全般に共通している。昔は虫垂炎と診断される件数が少なかっただけではないかと思われるかもしれないが、虫垂炎にかぎってその可能性はない。虫垂炎は発症件数が急増する前からきちんとカウントされていた。症状に特徴的なけいれん痛が出るうえ、原因不明のまま死亡した場合はすぐに検死によって確認されたからだ。

虫垂炎の急増の理由についてはさまざまな憶測がなされた。肉やバター、砂糖の摂取量が増加したからだという説もあれば、蓄膿症や虫歯のせいだとする説もあった。食事で繊維質をあまりとらなくなったことが最大要因だということでなんとか意見の一致をみたものの、その後も多くの仮説が立てられている。水道設備や衛生状態の向上といった、虫垂の本来の役割を奪うような環境の変化を挙げる説もその一つだ。ともあれ第二次世界大戦のころには、虫垂炎はだれにでも起こりうる日常生活につきものの災難の一つというくらいに常態化していた。

なお、現代の先進国でも、少なくとも成人になるまで虫垂は保有していたほうがいいことがわかっている。再発性の消化管感染症や免疫機能障害、血液の癌、一部の自己免疫疾患、さらには心臓発作まで予防してくれるからだ。虫垂が微生物の隠れ家であることが何らかの形で役に立っているのだろう。

虫垂は無駄な器官ではなかったという発見は、もっと重要なことを教えてくれる。私たちの体にとって微生物はなくてはならない存在だという事実だ。微生物は単にヒッチハイクをしているのではない。微生物はヒトの腸のために尽くし、ヒトの腸は微生物のために尽くす、というように互いに進化してきた。それでは具体的に、どんな微生物がいて、どんな働きをしているのだろうか。

腸内細菌がちょっとしたサービスをしてくれていることは数十年前からわかっていた。必須ビタミンを合成する、頑丈な植物繊維を分解する、などがそうだ。しかし、ヒト細胞と共生菌がどのくらい相互作用しているかがわかるようになったのは、一九九〇年代後半に分子生物学の手法が使えるようになってからだ。微生物学者はヒトとマイクロバイオータの興味深い関係をつぎつぎと発見していった。

新しい遺伝子解析技術は、どんな微生物がいるのかを明らかにし、その微生物を系統樹に落としこむことを可能にした。生物の分類群は、ドメイン、界、門、綱、目、科、属、種、株という順に枝分かれしていく。大きな枝から小さな枝になるほど、生物の近縁度は増す。ヒトを例にとって、小さな枝から大きな枝に向かって系統樹を見てみよう。ヒト（ヒト属サピエンス種）は大型類人猿（ヒト科）で、それにサルなどを合わせたものが霊長類（サル目）だ。霊長類は、母乳で育ち体毛を生やす哺乳類（哺乳綱）で、脊髄をもつ動物群（脊索動物門）で、そこに脊髄のない動物（たとえばイカなど）を加えた動物全般が動物界、そして最後に真核生物ドメインとなる。細菌その他の微生物（ウイルスを除く）は、真核生物ドメイン内の動物界とは別の枝か、あるいは別のドメイン（古細菌ドメイン、真正細菌ドメイン）に属している。

塩基配列の解析をすると、微生物種の特定と、それが系統樹のどこに位置するかの特定が可能になる。この作業において、16SリボソームＲＮＡと呼ばれる塩基配列の領域はたいへん有用で、バーコードのような役割を果たす。ある細菌の全ゲノムを配列決定しなくても、この領域を調べるだけですばやくＩＤ確認ができるのだ。二つの微生物種間で16SリボソームＲＮＡの塩基配列が似ていればこの二つの種は近縁、つまり系統樹の同じ枝または小枝に属していることになる。

とはいえ塩基配列の解析だけで共生微生物の謎が解けるわけではない。とくに微生物が何をしているのかを調べるには、マウス実験に頼るしかない。ここで役に立つのが「無菌マウス」である。初代無菌マウスは母マウスから帝王切開で取り出され、隔離飼育器で育てられた。有益な微生物とも有害な微生物とも接触しないようにするためだ。以来、隔離状態にある無菌マウスから無菌マウスが生まれるというように、微生物と接触することのない系統のマウスが世代をつないでいる。無菌マウスに与える食料と敷き藁も、放射線で殺菌消毒され、汚染を防ぐ無菌容器に入れて届けられる。大きなシャボン玉のような隔離飼育器どうしで無菌マウスを移し替えるのは、真空装置と抗菌薬を使っての大仕事だ。

この無菌マウスと、共生微生物を抱えている通常マウスとで比較実験をすれば、マイクロバイオータの有無がもたらす影響を的確に知ることができる。無菌マウスの体内に、単一種または複数種の細菌を群生させ、それぞれの菌種がマウスの体にどんな影響を与えるのか観察することもできる。こうした一連の「ノトバイオート・マウス」研究から、微生物がヒトに対しても同じような働きをしているはずだという感触が得られている。もちろんマウスとヒトでは違いがあるので、ときにはマウスにおける実験結果がヒトのそれと大きく異なることもある。それでも無菌マウスは有益な研究ツールであり、これまでもいくつかの重要な発見に貢献してきた。無菌マウスがいなければ、医学の発展速度は一〇〇万分の一にも落ちただろう。

無菌マウスを活用した科学者にジェフリー・ゴードンがいる。彼はマイクロバイオーム研究の第一人者で、アメリカのミズーリ州セントルイスにあるワシントン大学の教授だ。ゴードンは、健康体を維持するのにマイクロバイオータが欠かせないことを無菌マウスを使った実験で発見した。彼は通常マウスと無菌マウスの腸内を比べ、細菌のいるマウスの腸壁の細胞が、微生物の発する命令に従って微生物の餌となる分子を放出し、微生物が群落をつくるのを手伝っていることを見出した。マイクロバイオータの存在は、腸内の化学的な環境を変えるだけでなく、腸の形態まで変える。微生物がいる腸壁では指状突起が長く伸び、食物からエネルギーを得るのに必要な表面積を増やしている。微生物がいない腸壁の表面積は小さいため、無菌マウスは同じエネルギーを得るのに食物を三〇％多く摂取しなければならない。

微生物が私たちの体から利益を得ているように、私たちも微生物から利益を得ている。私たちは単に寛容なだけでなく、積極的に微生物を受け入れている。塩基配列の解析技術と無菌マウスの研究という両面から得られた知見は、科学に革命を起こしつつある。アメリカの国立衛生研究所が運営しているヒトマイクロバイオーム・プロジェクト、ならびに世界中の研究機関が、私たちの健康と幸せは微生物しだいであることをつぎつぎと明らかにしている。

人体は微生物生態系に満ちている

人体には、内側にも外側にも多様な「棲息地」がある。地球上のあらゆる生態系で動植物のさまざまな種が共存しているのと同様、人体にも多様な種が共存する微生物生態系が存在する。人体は、つきつめれば一本のチューブのようなものだ。食べ物はチューブの一方の端から入ってもう一方の端から出ていく。私たちは皮膚を「外側」の面だと思っているが、チューブの内壁もまた外界に接した「外側」の面だ。皮膚細胞が天候や有害物質、侵入を試みる微生物から私たちを守っているように、人体を貫く消化管の細胞も私たちを守っている。私たちにとって真の「内部」は、皮膚と消化管にはさまれた組織や器官、筋肉や骨の部分だ。

皮膚だけでなく複雑に曲がりくねって折り畳まれた消化管の内壁もヒトの表面だ。肺や膣、尿路も体表、つまり「外側」に面する部位となる。こうした体表は、外部にあろうと内部にあろうとすべて微生物の居住地になりうる。立地条件はさまざまだ。栄養が豊富な腸管には「都市」のように密集した共同体が築かれる。肺のような「郊外」や、胃のような有毒地区では住民はまばらだ。ヒトマイクロバイオーム・プロジェクトはボランティア数百名をたより、内外の体表一八か所から微生物をサンプリングして、それぞれの場所における共同体の特徴を把握することにした。

ヒトマイクロバイオーム・プロジェクトの最初の五年間は、新種の発見が相次いだ黄金時代の再来を思わせた。一八世紀から一九世紀にかけて探検家を兼ねた生物学者たちが多くの鳥類と哺乳類を発見し、命名し、ホルムアルデヒド塗装をした木製キャビネットを勢いよく埋めていったように、分子生物学者たちは人体が新種と新株の宝庫であることを見出した。研究に参加したボランティアの一名か二名にしか存在しない菌種がたくさん見つかった。同じ微生物一式を全員が保持していないのはもちろんのこと、全員が保持している菌種もごくわずかしかなかった。各人が抱える微生物共同体の中身は、指紋のように各人で違っていた。

とはいえ、それは細かく見れば違うというだけの話で、大ざっぱに見れば私たちはみな似たような微生物の宿主となっている。あなたの腸に棲む細菌は、あなたの指関節に棲む細菌とは違っていても、となりの席にいる別人の腸内細菌とほぼ同じだ。また、微生物共同体の成員が多少違ったとしても、やっていることはほぼ同じだ。あなたの腸でAという細菌が果たしている機能を、あなたの親友の腸では同じ細菌グループのBという細菌が果たしている。

前腕の涼しく乾燥した皮膚、股の下の温かく湿った密林、酸素が少なく強酸性の胃など、人体各所はその環境を利用するよう進化した微生物の棲息地となっている。それぞれの棲息地の中にはさらに小さなニッチがいくつもあり、固有の微生物集団が棲みついている。表面積を合計すると二平方メートルほどになる皮膚には、アメリカの全地表と匹敵するほど多様な生態系が極小サイズで展開している。顔や背中など皮脂が多い皮膚にいる微生物と、乾燥した皮膚にいる微生物は違う。パナマの熱帯雨林にいる生物がグランドキャニオンの岩石にいる生物と違うのと同じである。顔や背中では、毛穴から出る脂を餌にするプロピオニバクテリウム属の細菌が占拠しているが、ひじや前腕では、もう少し多様なグループの微生物が共生している。へそ、脇の下、股の下など湿気の多い場所は、高い湿度を好み、汗に含まれる窒素を餌とするコリネバクテリウム属とブドウ球菌属の細菌の棲み処となっている。

微生物がつくる「第二の皮膚」は、本来の皮膚細胞による防御を強化して人体内部を二重に守る。悪い細菌が外からやってきても、常駐している微生物が障壁となる。それでも侵入してきたら、化学兵器で反撃する。いかにも外敵の侵入に弱そうな口内の軟組織でさえ、空気や食べ物にまぎれてやってくる密航者の入植をきちんと食い止める。

ヒトマイクロバイオーム・プロジェクトでは、ボランティアの口の中からサンプリングするのに、一か所ではなく少しずつ違う九か所から採取した。その九か所では見るからに違う共同体が築かれていた。見つかった菌種数はおよそ八〇〇、そのほとんどが連鎖球菌属の菌種で、それ以外のグループの菌種は少数だった。連鎖球菌と聞くとぎょっとする人は多いだろう。連鎖球菌の仲間には咽頭炎や壊死性筋膜炎を引き起こす厄介な細菌がいるからだ。だが、それ以外の細菌はおおむね私たちの味方で、守りの弱そうな「入り口」から侵入しようとやってくる外敵を締め出してくれている。口内でサンプリングした九か所は半径数センチ以内にあり、私たちから見ればほとんど同じかもしれないが、微生物から見れば広大な平野と山岳地帯、スコットランド北部の気候と南フランスの気候というほどの違いがある。

口内と鼻腔で気候がどのくらい違うか想像してみよう。一方はでこぼこの土壌を覆う唾液の沼地で、もう一方は粘液とホコリをつけた毛深い森である。肺に続く道の守衛所にあたる鼻腔には多種多様な細菌およそ九〇〇種が棲んでいる。なかでもプロピオニバクテリウム属、コリネバクテリウム属、ブドウ球菌属、モラクセラ属の細菌による大きな群落がある。

喉から胃へと下ると、口内に見られたような種の多様性は一気に減る。強酸性の胃は食べ物といっしょに入ってきた微生物の多くを殺す。胃に棲んでいることが知られている唯一の菌種はヘリコバクター・ピロリ菌だ。ピロリ菌は、この菌を保有していることで利益を得る場合もあれば不利益を被る場合もあることで有名だ。胃から先の消化管に入ると、微生物の数と種類はふたたび増える。胃から小腸に移動した食べ物は、私たち自身が産生している酵素によって急速に分解され、血液中に吸収される。小腸で微生物は数を増やす。微生物の個体数は、全長七メートルの小腸の出発点では一ミリリットルあたりおよそ一万個だが、終点つまり大腸の出発点では一ミリリットルあたり一〇〇〇万個になる。

虫垂という隠れ家のすぐ外側にあるテニスボール大の盲腸は、人体内の微生物ワールドの中核地点で多様な種がごったがえすメトロポリスとなっている。ここでは少なくとも四〇〇〇種にわたる数兆個の微生物が、小腸における第一段階の栄養抽出作業で半分分解された残飯を利用しようと待ち構えている。植物繊維など頑丈な残飯は、つぎの大腸で第二段階の栄養抽出作業を担う微生物が引き受ける。

大腸の大部分を占める結腸は、胴の右側を上にのぼり、肋骨の下を横切り、胴の左側を下に向かう消化管で、腸壁の折り目やくぼみに一ミリリットルあたり一兆個の微生物が棲んでいる。微生物はここで食物の残飯をあさってそれをエネルギーにし、その廃棄物を結腸の壁の細胞に吸収させる。結腸細胞は腸内微生物がいないとしなびて死滅してしまう。人体細胞の大部分は血液によって運ばれてくる糖をエネルギーにしているが、結腸細胞のエネルギー源はマイクロバイオータの廃棄物だ。温暖で多湿で、ところどころ

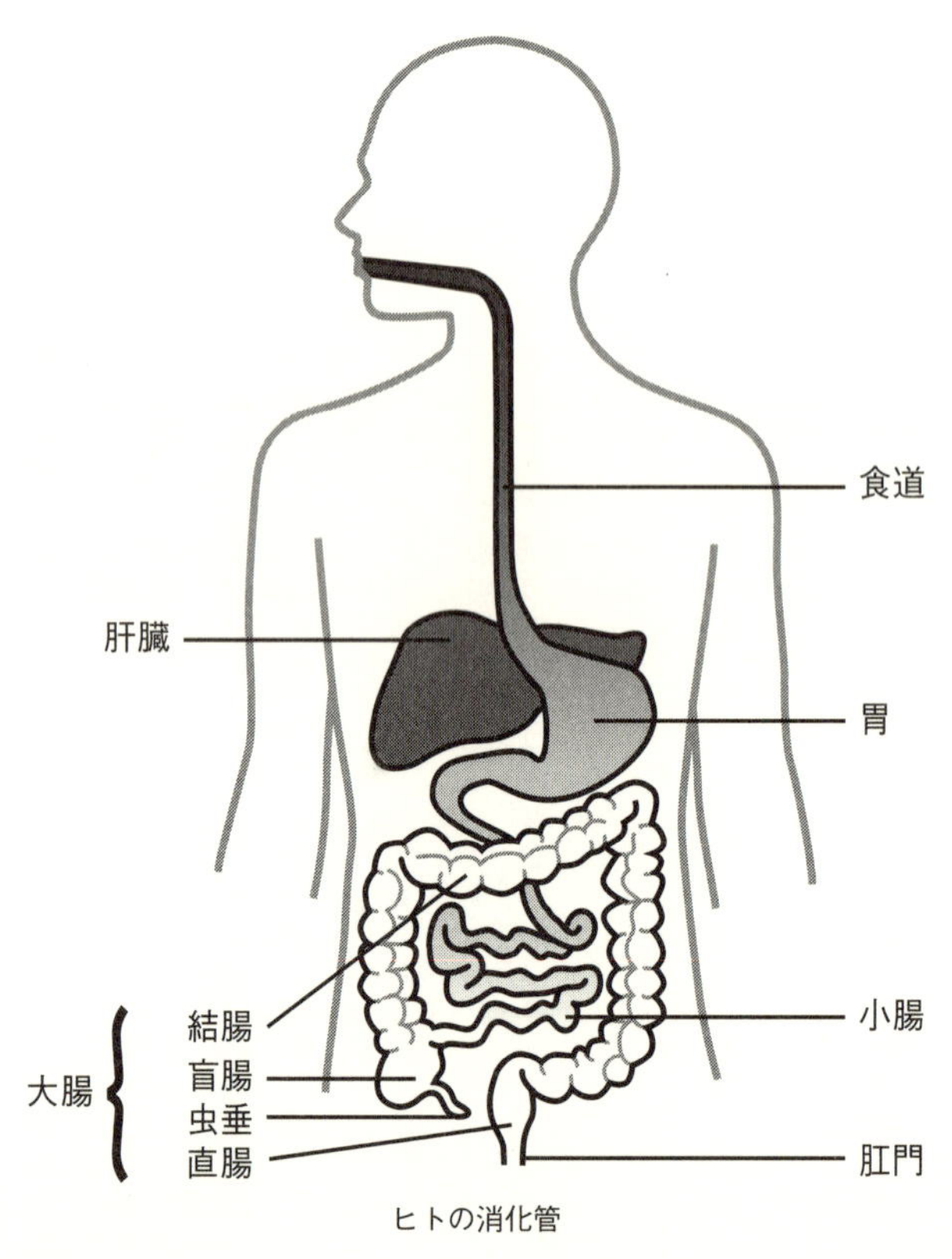

ヒトの消化管

で完全な無酸素状態となる結腸は、ヒトが食べたものを微生物に分け与える場だ。その食料がやってこないときには栄養分に富んだ粘液層が微生物を生き延びさせる。

腸内でも同じように数か所からサンプリングしようとすれば、ヒトマイクロバイオーム・プロジェクトの研究者はボランティアに開腹手術をしなければならなくなる。もっと現実的な方法として、研究者は糞便に見つかる微生物のＤＮＡ解析をして腸内居住者の情報を集めている。口から入った食物のほとんどは、消化管を通過中にヒトの酵素と微生物によって消化吸収され、反対側から出てくるときにはごくわずかしか残っていない。したがって、糞便の中身は食物の残骸というよりほとんどが細菌だ。生きている細菌もあれば死んでいる細菌もある。糞便の重量の七五％は細菌で、植物繊維のカスは一七％だ。

あなたの腸は常時、肝臓と同じ重量に相当する一・五キロの細菌を抱えている。細菌の個体の寿命は数日か数週間だ。糞便から見つかる四〇〇〇種の細菌が語ってくれる人体についての情報は、ほかの場所から得られる情報すべてを合わせたよりも多い。糞便に見つかる細菌は私たちの（ホモサピエンスとしての、社会集団としての、そしてあなた個人の）健康状態と食生活の指標となる。糞便中に圧倒的に多い細菌のグループはバクテロイデス属だが、あなたの腸内細菌はあなたが食べるものを食べているので、腸内細菌の組成比は人それぞれで異なる。

しかし、腸内微生物はただの残飯あさりではない。微生物は私たちの食べ残しを利用しているが、私たちも微生物を利用している。進化で得ようとすればとてつもなく長い時間がかかる機能を、私たちは微生物にアウトソーシングする。脳の働きに不可欠なビタミンB12をつくる蛋白質のための遺伝子がなくても、クレブシエラがその仕事を代わりにやってくれる。腸壁を形成する遺伝子がなくても、バクテロイデスがやってくれる。進化で一から遺伝子をつくるより、微生物にやらせたほうがずっと安上がりで簡単だ。この先の章で順次紹介していくが、腸内に棲む微生物はビタミン合成にとどまらず、もっと多くの働きをしている。

ヒトマイクロバイオーム・プロジェクトはまず、健康状態が良好な人のマイクロバイオータを調べた。そうして評価基準を定めると、つぎは健康状態がよくない人のマイクロバイオータと比較し、その違いが現代病に影響しているのかどうか、影響しているとすれば原因は何であるかを追究した。追究すべき疑問は多々あった。ニキビや乾癬（かんせん）、皮膚炎は、皮膚の微生物バランスが崩れていることの表れなのか。炎症性腸疾患や消化器癌になるのは腸内微生物の共同体に変化が生じたからなのか。肥満はどうか。さらには、微生物とは関係なさそうに見えるアレルギーや自己免疫疾患、心の病気なども、ダメージを受けたマイクロバイオータによるものなのだろうか。

二〇〇〇年におこなわれた研究者たちによる遺伝子の数当てゲームで、リー・ロウェンはヒトの遺伝子数の少なさを正しく推測したが、彼女の推測はその先に広がる重要な発見を暗示していた。その後の研究で、ヒトは単一の存在ではないこと、ヒトの体に棲みついている微生物はこれまで考えられていた以上に大きな役割を果たしていることが、つぎつぎと明らかになっている。ジェフリー・ゴードン教授はこう語る。

内なる生態系を意識するようになると、自分自身を新たな目で見るようになる。私たちは微生物ワールドと切っても切れない関係にある。生まれて間もないころの家族や環境とのかかわりが現在の自分を形づくっている。そんなふうに見ることを覚えると、ヒトの進化についてもこれまでとは違う次元で見直すことができるようになる。

私たちは微生物たちに頼るように進化してきた。人体から微生物がいなくなったら、真にヒトの部分はわずかしか残らない。ヒトの部分は一〇％でしかない。これが意味するところをいまから探っていこう。

第1章　二一世紀の病気

一九七八年九月、ジャネット・パーカーは天然痘による地球上最後の死者となった。その一八〇年前にエドワード・ジェンナーが少年に牛痘の膿を植えつける初の予防接種をした町から一〇〇キロしか離れていないところで、パーカーの体は天然痘ウイルスの最後の宿主となった。パーカーはイギリスのバーミンガム大学で医療用の写真を撮影する仕事をしていた。本来なら危険な仕事ではなかったが、彼女が使っていた暗室の真下にウイルスを保管している「ポックスルーム」があった。その年の八月の午後、彼女が電話で撮影機器の注文をしているとき、階下から通風管をつたって天然痘ウイルスが侵入した。それが彼女の命を奪った。

世界保健機関（ＷＨＯ）は一〇年がかりの天然痘予防接種運動を世界中で展開してきて、その夏やっと根絶したと発表しようとしていたところだった。天然痘の自然感染例が最後に報告されてからほぼ一年が経過していた。予防接種運動の最後の拠点となっていたソマリアで、病院づきの若い料理人が軽度の天然痘にかかったのちに回復した。史上はじめて人類は感染症に勝利した。予防接種は天然痘ウイルスを追いつめた。とりつくことのできる宿主がいなくなったウイルスは行き場を失った。

だが、ごく小さな退避先があった。研究者が研究目的で使っていた、ヒト細胞が入ったペトリ皿だ。ウイルスの退避先の一つがバーミンガム大学医学大学院で、そこではヘンリー・ベドソン教授率いる研究チームがポックスウイルスをすばやく検出する方法を開発しようとしていた。天然痘ウイルスのヒトへの脅威はなくなったが、牛痘ウイルスなど他のポックスウイルスの家畜への脅威は依然としてあったからだ。この研究の目的は崇高でＷＨＯから認可も得ていたが、ポックスルームの安全対策の不備については数か月前に調査団が指摘していた。早急に閉鎖すべき、あるいは相応の金をかけて改修すべきだという調査団の勧告は長く無視され、結果的に最も不幸な形でこの施設は閉鎖された。

　ジャネット・パーカーの病気は当初、軽度の感染症だろうと片づけられたが、二週間たってから感染症専門医の注意を引いた。このとき彼女はすでに膿疱で覆われており、可能性のある診断名に天然痘が加わった。パーカーは隔離され、膿が採取された。その分析と同定のため、ポックスウイルス検出の特殊技術をもつベドソン教授の研究チームが駆り出された。なんと皮肉なめぐり合わせだろう。ベドソンの祈りもむなしく、パーカーは天然痘に感染していることが確定し、特別な隔離施設を有する専門病院に移された。二週間後の九月六日、パーカーがまだ病院で瀕死の状態でいるころ、ベドソンは自宅で死んでいるところを妻に発見された。ナイフで喉が掻き切られていた。一九七八年九月一一日、ジャネット・パーカーも死去した。

　かつては無数の人がジャネット・パーカーと同じ運命をたどっていた。彼女が感染した天然痘ウイルスのＡｂｉｄという株は、その八年前にＷＨＯがパキスタンで集中的な撲滅運動を展開した直後に病に屈した三歳のパキスタンの少年にちなんで名づけられたものだった。天然痘は、ヨーロッパ人が探検や入植のために世界各地に進出した一六世紀に拡散した。一八世紀に入り、人口が増え、交通網が発達すると、この疫病は世界じゅうで死因の上位に食いこむほど勢いを増した。ヨーロッパでは毎年四〇万人の死者が出て、乳幼児の一〇人に一人が犠牲になった。一八世紀後半になると死者数は減ってきた。天然痘患者の膿を健康な人に直接植えつけるという、乱暴で危険性の高い人痘接種による予防法が広まったからだ。一七九六年にジェンナーが牛痘を使った予防接種法を確立させてからは、死者の減少に加速度がついた。一九五〇年代になると天然痘は先進国でほぼ根絶されたが、世界規模ではまだ毎年五〇〇〇万件発生し、毎年二〇〇万人が死んでいた。

先進国では天然痘こそ頭打ちになったが、ほかの病原性微生物の多くは二〇世紀の最初の一〇年間、猛威をふるい続けた。ヒトの病気のうち感染症は大きな割合を占めており、社交や探検といった人間ならではのふるまいが感染症の拡散を後押しした。人口の指数関数的な増加に加え、かつてないほど人口密度が高くなったことにより、微生物がその生活環を維持するのに必要な、ヒトからヒトへの移動がますます簡単になった。アメリカで一九〇〇年に死因の上位を占めていたのは現在のような心臓病、癌、脳卒中ではなく、ヒトからヒトへと感染する病気だった。肺炎、結核、感染性下痢症は三人に一人の命を奪っていた。

かつては致死率がトップの病気として恐れられていた肺炎の最初の症状は咳だ。肺に細菌が入りこむと、呼吸困難と高熱が出現する。肺炎は、単一の原因による病気というより多様な症状を示す病気の総称と言ったほうがふさわしく、ウイルス、細菌、菌類、寄生性原虫など広範な微生物によって引き起こされる。感染性下痢症も同様で、コレラはビブリオ属の細菌が、赤痢はたいてい寄生性原虫のアメーバが原因となる。ランブル鞭毛虫症を引き起こすのも寄生性原虫だ。結核は肺炎と同じく肺に発生する病気だが原因はずっと限定的で、マイコバクテリウム属に属する一部の細菌が引き起こす。

ポリオ、腸チフス、麻疹、梅毒、ジフテリア、猩紅熱、百日咳、インフルエンザなど、感染症はおしなべてヒトという種に直接または比喩的に痕跡を残している。ポリオは、中枢神経系に感染して運動を制御する神経を破壊するウイルスによって引き起こされる病気で、二〇世紀初頭の先進国で毎年何十万人もの小児に麻痺を生じさせた。性行為感染症である梅毒は、ヨーロッパの人口の一五％が生涯のいつかの時点で感染していたと言われている。麻疹の死者は毎年ほぼ一〇〇万人で、ジフテリアは――いまでこそこの病名はほとんど聞かなくなったが――かつてはアメリカだけで毎年一万五〇〇〇人の子どもを犠牲にしていた。インフルエンザは第一次世界大戦後の二年間で、戦死者の五倍から一〇倍もの人を死に追いやった。

当然ながら、こうした災難は平均寿命に大きく影響した。一九〇〇年の全世界的な平均寿命は三一歳だった。先進国ではそこまで低くなかったが、それでもせいぜい五〇歳だった。人類はその進化史の大部分において二〇歳か三〇歳まではなんとか生き延びただろうが、生存年数を平均すればもっと低かったはずだ。ところがこの一〇〇年で、いや、もっと限定的に言えば抗生物質が普及した一九四〇年代の一〇年を境に、人類はこれまでの倍の時間を生きるようになった。二〇〇五年、ヒトの平均寿命は六六歳で、豊かな国では八〇歳という超高齢に届こうとしている。

平均寿命の数字は幼児期を生き延びられるかどうかが大きく影響する。一〇人のうち三人が五歳になる前に死んでいた一九〇〇年の平均寿命は悲しいほど低かった。幼児の死亡率が当時のまま変わっていなければ、二一世紀になってもアメリカでは毎年五〇万人以上の子どもが最初の誕生日を迎える前に死んでいただろう。しかし、二〇〇〇年に実際に死亡したのは二万八〇〇〇人だった。最初の五年間を無事に生き延びた子どもの大部分はその後も生き続けて高齢になるから、その社会集団における平均寿命は上がる。

先進国にいるとなかなか実感できないことだが、私たちヒトは、病原体という古くて手ごわい敵を制するのに長い長い道のりをたどってきた。病原体とは病気を引き起こす微生物であり、ヒトの集団生活の中で生まれる不衛生な状況に適応して繁栄する。私たちが地球上でひしめき合って暮らせば暮らすほど、病原体も暮らしやすくなる。ヒトからヒトへの移動がより簡単になれば、繁殖し、変異し、進化する機会も増える。私たちが過去数世紀にわたって闘ってきた感染症の多くは、初期人類がアフリカを出て世界各地で集団生活をはじめた時期に端を発している。病原体の繁栄はヒトの繁栄の鏡だ。私たちに追従することにかけて病原体ほど忠実な生き物はいない。

現代の先進国では感染症の脅威は過去のものとなっている。何万年にもおよぶ微生物との闘いの歴史を私たちに思い起こさせるものがあるとすれば、子どものころに受けた予防接種のチクリとする痛み、その後にご褒美としてもらうポリオワクチンをしみこませた角砂糖、追加接種を受けるために生徒食堂の外で友人と列に並んだときの中学生時代の甘酸っぱい記憶くらいだろう。いまの子どもたちにはもっと希薄なものとなっている。感染症にかかる機会そのものが減ったし、かつてはお決まりだった結核用のＢＣＧワクチン接種も、いまでは不要になっている。

健康向上に寄与した四つのイノベーション

一九世紀後期から二〇世紀初期にかけての医療改革と公衆衛生対策は、ヒトとしての生き方を大きく変えた。なかでも四つのイノベーションが、一人の人間が一度に生きる年数をそれまでの倍以上に延ばした。四つのイノベーションのうち、まず最初に達成されたのは予防接種だ。エドワード・ジェンナーは、ぜったい天然痘にならない乳搾り女たちがいることを知っていた。彼女たちに共通するのは、天然痘に似ているがずっと軽症の、牛痘という病気をすでに経験していることだ。それなら、乳搾り女の牛痘の膿疱から膿をとって別の人に注入すれば、その人も天然痘にならないのではないかと彼は考えた。最初の実験台にしたのは、ジェンナー家の庭師の息子でジェイムズ・フィップスという名の八歳の少年だった。ジェンナーはフィップスに牛痘の膿を接種したのち、本物の天然痘患者の膿を接種した。少年は天然痘を発症しなかった。

この一七九六年の天然痘予防接種を皮切りに、一九世紀には狂犬病、腸チフス、コレラ、ペストへの予防接種が、二〇世紀に入るとさらに数十種類の感染症への予防接種がはじまった。予防接種は数えきれない人々を苦痛と死から守っただけでなく、国単位、あるいは全世界レベルでの病原体の根絶にまでつながった。私たちは予防接種のおかげで、本格的な病気を経験して自分の免疫系に記憶させなくても、これから出合うかもしれない病原体を免疫系に前もって学習させておくことができるようになった。

予防接種をしない場合、新しい病原体の侵入は病気を引き起こし、ときには死をもたらす。免疫系は病原体を相手に戦いながら、抗体という分子を産生する。病気を生き延びた患者の体内では、抗体が特別なチームを結成し、体じゅうをパトロールして、その病原体の有無を監視し続ける。抗体は病気が治ったあともずっと残り、同じ病原体が再侵入したのを見つけるとすぐに免疫系に知らせる。免疫系はすでに戦い方を知っているので、こんどは首尾よく病原体をやっつけられる。

この自然経過をまねて、免疫系にパトロールすべき病原体の見分け方を教えるのが予防接種だ。本物の病気になって苦しまなくても、病原体の一部、または病原体を弱めたものを、注射または経口投与するだけでいい。免疫系は予防接種で導入されたものに対して抗体をつくり、その抗体は本物の病原体がやってきたときすぐに応戦する。

社会全体で予防接種をする「集団免疫」の計画も組織化された。人口の大部分に免疫をつけさせて、感染症を封じこめようという考え方だ。おかげで先進国では多くの感染症がほぼ消滅し、天然痘にいたっては完全に消えた。天然痘が根絶されたことで、世界で五〇〇〇万件あった発症件数が一〇年あまりで実質的にゼロになり、各国政府も恩恵を受けた。直接的には予防接種の費用と医療費の大幅な削減につながった。間接的には病気による社会的コストが低減した。アメリカは、天然痘の全世界撲滅計画に不釣り合いなほど多額の資金を出していた国だ。もし天然痘が根絶されていなければ、その拠出額の何十倍、何百倍にもあたる費用を国民への予防接種に使い続けなければならなかっただろう。政府主導の予防接種計画は、天然痘のほかにも十数種類の感染症で成果を上げ、病気の発生件数を減らし、人々の苦痛や悲しみを減らし、財政負担を減らした。

こんにち、大半の先進国では一〇種類前後の感染症に対する予防接種計画を実施しており、WHOの表明によれば五、六種類の感染症が地域根絶または世界的根絶を達成した。こうした予防接種計画は感染症の発生件数を激減させた。一九八八年に世界規模のポリオ撲滅計画がはじまるまで、このウイルスは毎年三五万人を苦しめていた。二〇一二年には三か国の二二三件までに減っている。たった二五年で五〇万人が死を免れ、一〇〇〇万人の子どもがポリオになることなく好きなだけ走ったり歩いたりできるようになった。かつて蔓延していた麻疹と風疹についても、予防接種は一〇年で世界中の一〇〇〇万人の死を防いだ。アメリカならびに大半の先進国で九種類の代表的な小児疾患の発生件数が九九%減少した。先進国では一九五〇年の時点で、生まれた赤ん坊一〇〇〇人のうち最初の誕生日を迎える前に四〇人が死んでいた。二〇〇五年、その数は四人にまで減っている。予防接種の効果は絶大で、西洋社会ではよほどの高齢者でなければこうした感染症の脅威と苦痛を記憶していないほどになった。私たちの世代にはもう過去のものだ。

予防接種のつぎに登場したイノベーションは医療現場への衛生概念の導入だった。病院の衛生管理については現在でも改善の余地があるとはいえ、一九世紀後期の基準と比較すれば格段に向上している。病気で死にかけている患者がすしづめになっている病棟を想像してみてほしい。傷は開いたまま放っておかれ、腐っていく。外科医の上着には長年の血糊がこびりついている。感染症の原因は微生物ではなく瘴気(しょうき)という「悪い空気」だと思われていた時代に、清潔にすることの重要性はほとんど知られていなかった。瘴気は腐敗物や汚水から立ちのぼる蒸気のようなものとされ、医者や看護師の努力で防げるものではないと考えられていたからだ。微生物の存在はそれより一五〇年も前から知られていたが、病気との関係は疑われていなかった。感染経路は空気だと思われており、医療関係者は接触には無頓着だった――感染症は治療のために患者に触れる医者や看護師によって拡散していたというのに。病院という施設もまた、新しい概念だった。病院は、大勢の一般民衆に「近代的な」治療を施そうという善意に基づいてつくられた施設だったにもかかわらず、実際には施設の不衛生な環境がかえって病気の温床となった。患者は治療を受けるつもりで病院に行って、そこで命を危険にさらすことになった。

病院の急増で最も被害を受けたのは女性だった。病院での出産により、分娩と出産のリスクが下がるどころか上がってしまったのだ。一八四〇年代には病院で出産した女性の三二％が死亡した。当時は全員男性だった医者たちは、高い死亡率の原因を、女性特有の心の弱さや穢(けが)れのせいだとして片づけた。そんな中、真の原因を探ろうと乗り出したのが若きハンガリー人産科医、イグナーツ・ゼンメルヴァイスである。

ゼンメルヴァイスが勤めていたウィーン総合病院では、産気づいた妊婦を日替わりで二か所の診療所に振り分けて入院させていた。一方は医者が、もう一方は助産婦が対応にあたっていた。ゼンメルヴァイスは出勤するとき、一日おきに病院の外の路上で妊婦が出産しているのを目撃した。それはいつも、医者のいる診療所に妊婦を入院させる日だった。妊婦たちは医者のいる診療所に入れられると自分が死ぬ確率が高くなることを知っており、入院するのを翌日にしようと、病院の外で寒さと痛みに耐えながら夜通し待っているうちに産み落としてしまうのだ。
医者のいる診療所では産褥熱が流行しており、助産婦のいる診療所に入院するほうが安全だった。助産婦の看護を受けて出産したあと産褥熱で死亡する女性は二〜八％しかおらず、二つの診療所の死亡率の差は歴然としていた。

ゼンメルヴァイスは下級医師の身分ではあったが、死亡率を分けている原因を調べることにした。彼はまず、病棟内の過密さや換気の悪さを疑ったが、それを裏づける証拠は見つからなかった。一八四七年のあるとき、親友で同僚の医師、ヤコブ・コレチカが産褥熱で死んだ女性を検死解剖中に誤ってメスで自分の指を切り、そののち死亡した。コレチカの死因は、妊婦を殺しているのと同じ、産褥熱だった。

コレチカの死からゼンメルヴァイスはひらめきを得た。女性を死なせる原因を病棟内で広げているのは医者だ。助産婦は無関係だ。なぜなら入院患者が陣痛をくり返しているあいだ、医者は医学生を指導するために死体保管所で検死解剖しているが、助産婦には死体に手を触れる機会すらない。ということは、医者が死体から産科病棟に何らかの形で死因をもちこんでいるに違いない。助産婦の診療所で死亡する患者も少数いるが、それは産後出血のために医者の往診を受けた患者だろう。

死体保管所から産科病棟にもちこまれているのが何であるかはゼンメルヴァイスにもわからなかったが、ともかくそれを止める方法を彼は思いついた。医者は死体の悪臭をとりのぞくため、さらし粉（塩素化石灰）の溶液で手を洗う。それで悪臭が消えるのなら、死をもたらす何がしかの媒体物も消えるかもしれない。ゼンメルヴァイスは医者たちに、検死解剖と患者の診察の合間にさらし粉の溶液で手を洗うようにと指導した。一か月もしないうちに、医者のいる診療所の死亡率は助産婦のいる診療所と同じ水準にまで下がった。

ゼンメルヴァイスはウィーン総合病院と、のちにハンガリーの二か所の病院で明白な成果を出した。にもかかわらず同時代の人々からは馬鹿にされ、相手にされなかった。ごわごわに固まって悪臭を放つ医者の上衣は、それを着ている者の経験と技量を表すと言われていた時代だ。毎月数十人の女性を死なせていた当代一流の産科医は、「医者は紳士であり、紳士の手は清らかである」と豪語していた。患者を殺しているのは医者だという説に医者が耳を傾けるはずもなく、ゼンメルヴァイスは体制から排斥された。女性はその後も出産のために命を落とした。医者の面目を保つための犠牲になったようなものである。

二〇年後、フランスのルイ・パスツールが感染症の原因は瘴気ではなく微生物のせいだとする細菌説を打ち立てた。一八八四年、パスツールの説はドイツのノーベル賞受賞者のロベルト・コッホによる明快な実験で証明された。このときゼンメルヴァイスはとうの昔に亡くなっていたが、生前は産褥熱に対する自説に固執するあまり頭がおかしくなり、怒り狂ったり落ちこんだりをくり返していた。権威者たちをこき下ろし、産褥熱の予防に取り組まない同時代の医者たちを殺し屋と呼んで罵倒した。見かねた同僚の一人が適当な口実をつけてゼンメルヴァイスを精神病院に呼び出し、ヒマシ油を無理やり飲ませた。暴れるゼンメルヴァイスを守衛たちが殴打した。彼は熱病になり二週間後に死亡した。おそらく傷口から感染症にかかったものと思われる。

結果的にゼンメルヴァイスの観察と指導が正しかったことは、パスツールの細菌説によって証明された。消毒液による手洗いは徐々にヨーロッパの外科医に採用されていった。それを衛生習慣として定着させるのを決定づけたのはイギリスの外科医ジョセフ・リスターだ。リスターは一八六〇年代にパスツールの一連の研究論文を読み、壊疽（えそ）と敗血症を予防するため傷口に化学物質の溶液を塗ってみようと思い立った。彼は木材が腐るのを防ぐことで知られていた石炭酸を、器具を洗ったり包帯をひたしたりするのに使い、さらには手術中に傷を洗うのにも使った。ゼンメルヴァイスのときと同じく、リスターも死亡率を引き下げることに成功した。リスターが執刀した患者はかつて四五%が死亡していたが、石炭酸を使うようになってからは一五%と大幅に減った。

ゼンメルヴァイスとリスターによる衛生習慣の改善とほぼ時を同じくして、第三のイノベーションが生まれた。そもそも病気になる人を減らそうという公衆衛生対策である。こんにちの途上国の多くがそうであるように、先進国でも二〇世紀になるまでは飲料水媒介による病気が大きな割合を占めていた。瘴気の「邪悪な力」はますます勢いづいて、川や泉、井戸を汚染していた。一八五四年八月、ロンドンのソーホー地区の住民がばたばたと病に倒れた。症状は異様な下痢だ。日常生活でときどき経験するような下痢とは違い、白っぽい水のような液体が出っ放しになるのである。患者は一人あたり一日二〇リットルの液を排出し、それはソーホーの貧民街の下にある汚水溜めに捨てられた。その病気の名はコレラで、一度の流行で数百人単位の死者を出していた。

イギリスの医師ジョン・スノーは瘴気説を信じておらず、数年前から別の説明を探していた。ロンドンで前回コレラが大流行したとき、彼はこの病気を媒介しているのは水だと推理した。今回のソーホーでの大流行はその推理を確かめる機会ととらえ、彼はソーホーの住民に話を聞いてまわり、コレラ患者の発生場所と死者の数を地図にして視覚化し、発生源を探った。犠牲者は全員、ブロード・ストリート(現ブロードウィック・ストリート)の井戸水を飲んでいた。ソーホーから離れた土地で死んだ人も、周囲に話を聞いてみると生前にブロード・ストリートの井戸水を飲んでいたことがわかった。ソーホー地区にあって唯一の例外は修道院で、修道僧たちはブロード・ストリートの井戸水を使っていながら、一人も病気になっていなかった。あとでわかったことだが、修道僧たちを守ったのは信仰心とは無関係の、井戸水をビールに醸造して飲むという習慣だった。

スノーは、病気になった人、ならなかった人、ソーホー地区以外で発症した人にそれぞれ共通するパターンを調べた。彼は論理と証拠を使って推論した。無関係なものを排除し、例外的なものには理由を見つけた。彼の推論と説得により、ブロード・ストリートの井戸水ポンプは使用禁止となった。その後の掘削調査で、井戸の近くの汚水溜めがあふれていて、それが井戸水を汚染していたことがわかった。これは病気の分布と広がり方から発生源を突き止めるという、史上初の疫学研究の事例となった。ジョン・スノーはブロード・ストリートの井戸水に流れこむ水を塩素で消毒した。この塩素消毒法はすぐに各地で真似された。一九世紀が終わろうとするころには、上下水道の整備が進んだ。

ここまでの三つのイノベーションは、二〇世紀に入るとよりいっそう洗練されていった。第二次世界大戦が終わるころには、予防接種で予防可能な病気の数はさらに五種類増え、合計一〇種類となった。医療現場での衛生習慣は国際的に採用されるようになり、浄水場での塩素消毒は標準処理工程となった。微生物との戦いを決定的に有利にした四番目の、そして最後のイノベーションは、第一次世界大戦のころに芽を出し、第二次世界大戦のころ実を結んだ。このイノベーションに貢献した人物は何人もいるが、まず最初にあげるべきはロンドンのセント・メアリ病院の研究室で「偶然に」ペニシリンを発見したとされている、スコットランドの生物学者アレクサンダー・フレミングだろう。より正確に言うと、フレミングは偶然見つけたのではなく、何年も前から殺菌作用のある物質を探していた。

第一次世界大戦中、彼はフランスの西部戦線で負傷兵の手当てをしていたが、兵士が敗血症でつぎつぎ亡くなっていくのを止めることができなかった。戦争が終わってイギリスに戻ると、フレミングはリスターが考えた包帯を石炭酸にひたすという消毒法を発展させようと心に決めた。彼はほどなく鼻汁の中に天然の抗菌剤があることを発見し、それをリゾチームと名づけた。ところが石炭酸と同じくリゾチームも、傷口の内部にまでは浸透しないので、傷が深いと膿んだ。数年後の一九二八年、フレミングはおできや咽頭炎の原因であるブドウ球菌の研究をしていた。彼がしばらく休暇をとったあと散らかった実験室に戻ってくると、ペトリ皿の培地がカビに汚染されていた。それを片づけていると、ペトリ皿の一つに奇妙なものを見つけた。ペニシリウム属のカビ（アオカビ）の周囲に透明色の輪があり、そこだけブドウ球菌のコロニーができていなかったのである。ひょっとするとこのアオカビは、ブドウ球菌を殺すような「液体」を放出しているのではないか、とフレミングは考えた。その液体こそがペニシリンである。

ペトリ皿にアオカビが生えたのは偶然かもしれないが、フレミングがその潜在的な重要性に気づいたのは偶然ではない。これをヒントに欧米両大陸で二〇年にわたる研究競争がくり広げられ、医学に革命がもたらされた。一九三九年、オーストラリア人薬理学者ハワード・フローリー率いるオックスフォード大学の研究チームが、ペニシリンの実用化に本格的に乗り出した。フレミングはアオカビの量産とペニシリンの抽出ができずに壁にぶちあたっていたが、フローリーのチームはその課題を解決し、少量の抗生物質液を分離することに成功した。一九四四年にはアメリカの軍需生産委員会から資金援助を得て、ヨーロッパのノルマンディー上陸作戦から帰還した負傷兵に対応できる量のペニシリンを生産するまでになった。戦傷による感染症を打ち負かすというアレクサンダー・フレミングの夢はついにかない、翌年、彼とフローリー、オックスフォード大学研究チームの一員であるエルンスト・ボリス・チェーンはノーベル生理学医学賞を受賞した。

引き続き、細菌の種類に合わせてそれぞれの弱点を攻撃する二〇種類以上の抗生物質が開発され、人類の感染症との戦いにおける強力な武器となった。一九四四年以前は軽い引っかき傷や擦り傷が原因で人が死ぬのはそうめずらしいことではなかった。一九四〇年にはイギリスのオックスフォードシャー州で、アルバート・アレクサンダーという警官がバラのとげで引っかき傷をつくった。警官の顔はひどい炎症で腫れあがり、片方の目を摘出しなければならないほどだった。もはや死を待つしかないというとき、ハワード・フローリーの妻で医師だったエセルが夫に、ペニシリンを最初に投与する相手をアレクサンダー警官にしてほしいと頼みこんだ。

少量のペニシリンを注入すると、警官の熱は二四時間以内に下がり、病状は快方に転じた。残念ながら奇跡は長続きしなかった。ペニシリンの備蓄は二、三日で底をついた。フローリーは警官の尿からペニシリンを回収することまでして治療を続けたが、五日目に警官は死去した。現在では、引っかき傷や膿瘍で命を落とすなど考えられないことだ。抗生物質が「命を救う薬」であることを、私たちはほとんど忘れてしまっている。外科手術が安全にできるようになったのも、抗生物質を点滴しながらメスを入れるからだ。

二一世紀は、微生物との戦いがいわば休戦状態となっている。予防接種、抗生物質、水質浄化、医療現場の衛生習慣で感染症を抑えこめるようになり、私たちはもはや感染症の発生に脅かされることはなくなった。そのかわり、それまでめったになかったような病態が、過去六〇年間でつぎつぎと出てきた。こうした一連の慢性的な「二一世紀病」は、あまりにあちこちで見聞きするため私たちは日常的な「ふつう」のものとして受け入れてしまっている。だが、はたしてそれは、ほんとうに「ふつう」なのだろうか？

ヒトにとって「ふつう」でないことの急増

あなたの友人や親族をざっと見まわしたところで、天然痘や麻疹、ポリオを経験した人はもういないはずだ。よかった、いい時代に生まれて。でも、もう一度よく見まわしてみよう。春になるとあなたの娘は花粉症でくしゃみをしながら目を真っ赤にしていないだろうか。義理の妹が1型糖尿病で、一日数回インスリン注射を自分で打っていないだろうか。あなたの妻の叔母は多発性硬化症で車いすのまま一生を終えていて、同じ病気になった妻もそうなることを恐れていないだろうか。かかりつけの歯科医の息子が自閉症で、しょっちゅう大声を上げて体を揺らし、アイコンタクトをしようとしないという話を聞いていないだろうか。母親が不安で不安で買い物にも行けないと言っていないだろうか。息子がアトピー性皮膚炎で、あなたはそれを悪化させずにすむ洗剤を探しまわっていないだろうか。いとこは小麦を食べると下痢になるからといって会食に参加するのをためらっているかもしれない。隣人はたまたまナッツを口にして、エピペン〔アナフィラキシー補助治療薬〕を探しているうちに意識を失ったことがあるかもしれない。そしてあなた自身も、美容雑誌や医者が言うように体重を減らそうと思いながらできずにいるかもしれない。アレルギー、自己免疫疾患、消化器トラブル、心の病気、そして肥満は、いまや「ふつう」だ。

アレルギーを例にとろう。あなたは娘が花粉症でもそれほど特別なこととは思わないだろう。娘の友だちも、五人に一人は同じ時期に鼻をつまらせ、くしゃみをしている。息子のアトピー性皮膚炎についても特別だとは思わないだろう。クラスメートの五人に一人が同じ悩みを抱えている。隣人がアナフィラキシー反応を起こしたことは気の毒だが、ナッツを含む食品にはかならず警告文がついている。しかし、学校で喘息の発作を起こしたときに備えて吸入器を携帯して登校する子どもが五人に一人もいるという事実を疑問に思ったことはないだろうか。呼吸は生きていくうえで欠かせないことなのに、薬に頼らないと息ができない子どもがこんなに多いのはおかしいのでは？　一五人に一人の子どもが少なくとも一種類の食品アレルギーを抱えている状況は？　これを「ふつう」と言っていいのだろうか？

先進国なら人口のほぼ半数が何らかのアレルギーをもっている。私たちは抗ヒスタミン剤を飲み、ネコを抱き上げないようにし、買い物するときは原材料の欄をチェックする。花粉やホコリ、ペットの毛、牛乳、タマゴ、ナッツなどに免疫系が過剰反応しないよう、無意識のうちに自分の行動を制限する。これらの物質や食材はどこにでもある平凡なものなのに、免疫系から敵とみなされ、攻撃されてしまう。昔はこんなことはなかった。一九三〇年代に喘息の子どもは学校に一人いるかいないかだった。一九八〇年代には一クラスに一人くらいの割合になった。過去一〇年で上昇カーブは横ばいになったが、いまでは四人に一人の子どもが喘息持ちだ。ほかのアレルギーも傾向は同じで、たとえばピーナッツ・アレルギーは二〇世紀最後の一〇年で三倍になり、その後の五年でさらに二倍に増えた。いまでは学校や職場全体をピーナッツ持ちこみ禁止の「ナッツ・フリー・ゾーン」にしているところもある。アトピー性皮膚炎と花粉症もかつては希少だったが、現代では避けようのない人生の一部となっている。

　これは「ふつう」なんかじゃない。

　自己免疫疾患はどうだろう。一〇〇〇人のうち四人が1型糖尿病を患っている現在、あなたの義妹がインスリン注射をしているのは別段めずらしいことではない。あなたの妻とその叔母の神経を破壊している多発性硬化症の名前もあちこちで見聞きする。自己免疫疾患にはほかに、関節炎を生じさせる関節リウマチ、腸を襲うセリアック病、筋線維を変性させる筋炎、細胞をその中心から崩壊させる狼瘡（ろうそう）、その他およそ八〇種類がある。アレルギー同様、免疫系が暴走して病原体だけでなく自分自身の細胞まで攻撃してしまう自己免疫疾患に苦しむ人は、先進国では人口の一〇％近くに達している。

　この傾向を把握するには1型糖尿病がいい例となる。間違えようのない病態で、記録の信頼性が高いからだ。1型糖尿病は通常一〇代など若年期に発症し、膵臓の細胞が破壊されてホルモンの一種であるインスリンが分泌されなくなる（2型糖尿病では、インスリンは分泌されるのだが体がそれに反応しにくくなるため、結果的にインスリンがうまく働かなくなる）。インスリンがないと血液中のブドウ糖――甘いものやデザートに含まれる単糖であれ、パスタやパンに含まれる炭水化物であれ――の変換と貯蔵ができなくなる。ブドウ糖は血液中にどんどんたまり、喉の渇きや多尿をもたらす。患者は日に日に衰弱し、腎不全で数週間後か数か月後に死亡する。患者はインスリン注射を続けないかぎり生きていられない。

1型糖尿病はほかの病気に比べていまも昔も診断がつきやすいという特徴がある。最近では空腹時に血糖値をちょっと測るだけでわかる。一〇〇年前でも調べる気になれば簡単に調べることができた。調べる気になれば、と言ったのは、その調べ方というのが患者の尿を舐めるという方法だからだ。口の中で甘みが広がれば、腎臓で血液から尿に排出されたブドウ糖の量が多いということになる。もちろん現在より過去のほうが見過ごされるケースは多かっただろうし、記録に残されていないものもあっただろうが、1型糖尿病の有病率の変化は自己免疫疾患全般の有病率の変化を知る目安として信頼に足りうる。

欧米ではおよそ二五〇人に一人が1型糖尿病で、ブドウ糖がたまるのを防ぐために自分に必要なインスリン量を計算し、それを注射している。だが、ここまで有病率が高くなったのは最近の話だ。1型糖尿病は一九世紀にはほとんどなかった。アメリカのマサチューセッツ総合病院が一八九八年まで七五年以上保管していた記録によれば、同院を訪れたおよそ五〇万人の患者のうち小児期に糖尿病と診断されたケースは二一件しかなかった。昔は診断されなかったから見逃されていたのでは、という疑いは排除していい。尿を舐めて調べる検査、急激な体重減少、そして死が避けられないというわかりやすい診断基準で、この病気は当時から簡単に見分けられていたからだ。

第二次世界大戦の直前に公的な記録制度が整うと、それ以降の1型糖尿病の有病率の推移をたどるのは簡単になった。第二次世界大戦前、アメリカ、イギリス、スカンディナビアで1型糖尿病の小児患者は五

○○○人に一人だった。有病率は戦争中は変わらなかったが戦後に上がりはじめ、一九七三年には一九三○年代の六倍から七倍になった。一九八○年代に現在と同じ二五○人に一人となり、その後は横ばいを続けている。

1型糖尿病の増加と連動するように、ほかの自己免疫疾患も増加している。神経系を破壊する多発性硬化症は二○○○年の時点で二○年前の二倍になっていた。小麦を含む食品を摂取すると免疫系が小腸細胞を攻撃してしまうセリアック病は現在、一九五○年代と比べて三○倍から四○倍に増えた。狼瘡、炎症性腸疾患、関節リウマチも増えている。

これは「ふつう」なんかじゃない。

太りすぎはどうだろう？ 失礼を承知で言えば、この本を読んでいるあなたもおそらく自分の体重を何とかしなければならないと思っているはずだ。欧米人の半数以上は過体重または肥満で、健康的な体重を維持している人はいまや少数派だ。みながみな太るようになったので、町の衣料品店はマネキンを大型のものに変え、テレビは減量をゲームにした番組を放映するようになった。

しかし、かつてはそうではなかった。現在の私たちから見ると、一九三○年代や一九四○年代の懐かしの白黒写真に見られる短パン姿や水着姿で夏を楽しむ若い男女の体格は、肋骨が浮き出て腹部がへこみ、いかにも貧弱だ。だが、彼らは不健康でも何でもなく、単に現代人の悩みを抱えていないだけである。二○世紀初頭には、ヒトの体重に個人差はそれほどなく、記録をとる必要がないほどだった。ところが一九五○年代に、肥満病の震源地アメリカで突如、体重増加が目立つようになり、政府は記録をとりはじめた。一九六○年代初期に実施された初の全国調査では、成人の一三％が肥満（ＢＭＩ値が三○を超える）で、三○％が過体重（ＢＭＩ値が二五～三○）だった。ＢＭＩとは、体重（kg）を身長（m）の2乗で割って出た数値、ボディ・マス・インデックスのことである。

一九九九年には、成人のアメリカ人の肥満率は倍増して三〇％となり、過体重のゾーンに入る人は三四％となった。合わせると過体重または肥満は六四％になる。イギリスも少し遅れて同じ傾向を追いかけた。一九六六年には成人イギリス人の肥満の割合は一・五％、過体重は一一％だった。一九九九年になると肥満は二四％、過体重は四三％、合わせて六七％だ。肥満の問題は単に太っていることだけではない。肥満は2型糖尿病や心臓病、一部の癌の原因ともなり、実際、これらの病気は着実に増えている。

くり返すが、これは「ふつう」なんかじゃない。

お腹のトラブルも増えている。グルテンフリー・ダイエットを実践中のあなたのいとこは、会食に誘われるたびにびくびくしながら参加しているかもしれない。でも、同じテーブルで過敏性腸症候群に苦しんでいるのはそのいとこだけではない。一五％もの人が同じように苦しんでいる。過敏性腸症候群という名前のせいで虫刺され程度に軽く考える人も多いようだが、この病気になると生活の質は著しく損なわれる。トイレの近くにいることを最優先するあまり、まともに仕事ができなくなったり、逆に何日も排便がないことに悩まされてそれ以外のことを考えられなくなったりするのだ。クローン病や潰瘍性大腸炎などの炎症性腸疾患も増えていて、大腸の損傷があまりにひどいときは体外に人工肛門袋を造設しなければならなくなる。

これは明らかに「ふつう」ではない。

最後に、心の病気がある。あなたのかかりつけの歯科医の息子と同じ自閉症の患者は、かつてないほど多くなっていて、六八人に一人の子ども（男児では四二人に一人）が自閉症スペクトラムと診断されている。一九四〇年代には自閉症はあまりに希少で病名さえついていなかった。記録をとりはじめた二〇〇〇年でさえ、現在の半分以下だった。患者数が増えた背景に、自閉症への認識率の高まりや過剰診断があることは否定できない。だが、それを差し引いても自閉症の有病率が増加しているのは事実であり、昔とは明らかに違うと大半の専門家は認めている。注意欠陥障害やトゥーレット症候群、強迫性障害も増加している。うつ病と不安障害もだ。

心の病気がこんなに増加しているのは「ふつう」ではない。

こうした病気はあまりに常態化していて、曾祖父母とそれ以前の世代にはほとんどなかった新しい病気だということに気づかない人が多い。医者でさえ気づかないことがある。虫垂炎もそうだが、現代の医者は現代の知見をベースにした教育を受けているから、昔はなかった病気だと言われても、ぴんと来ないだろう。医療の最前線で働く医者にとって、診察する患者とそのために使える治療法を考えるのが最優先事項だ。病気の起源を理解するのは彼らの仕事ではないし、有病率の変化を知らなくても無理はない。

二一世紀の暮らしは一九世紀から二〇世紀にかけての四つの医療・公衆衛生イノベーションで様変わりした。二一世紀の病気が同じように様変わりするのはある意味、当然だろう。しかし、先に紹介したような二一世紀に急増している病気は、「これまでもあったが感染症の圧倒的な多さの陰に隠れていただけ」というようなタイプのものではない。これらの病気には共通点がなく、それぞれ別の種類の病気のように見えるかもしれない。だが、アレルギーによるくしゃみやかゆみ、自己免疫疾患による日常生活の崩壊、肥満による自己嫌悪、消化器疾患による恥辱、心の病気による社会的排斥などを大局的に見ると、これらの病気の攻撃標的がすべて自分自身だという点が浮き上がる。感染症がなくなったとたんに、自分の体が自分に歯向かうようになってきたのだ。

この新しい運命を受け入れて、感染症に怯えることなく長生きできることに感謝しながら生きるのも悪くない。だが、何が状況を変えているのか、この際じっくり考えてみるのもいいだろう。肥満とアレルギー、過敏性腸症候群と自閉症のように、まるで無関係に見える病態に何か関連性はあるのだろうか。感染症のかわりにこうした新種の病気が現れたのなら、私たちの体がバランスを保つのに感染症を必要としていたということではないのか。それとも、感染症の減少と慢性疾患の増加の同時進行は、もっと根深い原因を示唆しているのだろうか。

そしてもう一つ。なぜこんな二一世紀病が出現したのだろう？

二一世紀病を疫学的に問うてみる

昨今は、病気の由来を遺伝学で調べるのが流行している。ヒトゲノム・プロジェクトは、変異すると病気を引き起こす可能性のある遺伝子をたくさん発掘した。遺伝子変異の中には病気との因果関係がはっきりしているものもある。たとえば４番染色体にあるＨＴＴ遺伝子のコードに変化が生じると、かならずハンチントン病になる。病気になる確率を高める遺伝子変異もある。たとえばＢＲＣＡ１とＢＲＣＡ２の遺伝子にミススペルがあると、その女性が生涯で乳癌を発症する確率は八〇％に跳ね上がる。

ゲノムの時代とは言うものの、現代病の増加の原因がすべて遺伝子にあるはずはない。肥満になりやすい遺伝子があったとしても、その遺伝子がたった一世紀で集団全体に広まることはありえない。ヒトはそんな短期間で進化しない。そもそも、自然選択で集団内に特定の遺伝子が広まるのはそれが有益だからであって、有害なら広まらない。喘息、１型糖尿病、肥満、自閉症は、その持ち主を有利にはしない。

現代病急増の原因から遺伝子という候補を外すと、つぎに考えられるのは環境の変化だ。身長が遺伝子だけでなく、栄養や運動、生活習慣などの環境で決まるように、病気のなりやすさも環境が影響しているはずだ。しかし環境と一口に言っても複雑で、また私たちの暮らしは過去一世紀に激変したので、何が原因で何が相関関係にすぎないのかを正確に示すには、気が遠くなるような検証・評価が必要となる。肥満とそれに関連する病気については食生活の変化が関係しているのは明らかだと思えるが、同じ影響がほかの二一世紀病にどう関係しているのかはよくわからない。

二一世紀病に共通する要素で、すぐにぴんと来るようなものはあまりない。肥満と同時にアレルギーをも生じさせる要素とは何だろう。自閉症や強迫性障害のような心の病気と、過敏性腸症候群のような消化器の病気に共通するものとは？

こうして考えていくと、二つの共通項が浮かび上がった。まずは、アレルギーと自己免疫疾患に関係している免疫系だ。どうやら、免疫系が過剰反応を起こしているらしい。もう一つは、症状が社会的に容認されているせいでつい見過ごされがちな、消化器障害だ。過敏性腸症候群や炎症性腸疾患の症状はずばり、腸の機能不全だし、ほかの現代病も腸とは一見関連していないように見えてじつは関連している。自閉症の患者は慢性的な下痢に悩まされているし、うつ病と過敏性腸症候群は連動して起こる。肥満も腸内を通過する食べ物が起源だ。

腸と免疫系も一見無関係のようだが、構造と働きを見れば大いに関係していることがわかる。免疫系というと白血球やリンパ腺を思い浮かべる人が多いかもしれないが、免疫系の主戦場は別のところにある。体内で免疫細胞がいちばん多く集まっている場所は腸だ。免疫系組織の六〇％は腸にあり、とりわけ小腸の最終地点と盲腸、虫垂に集中している。人体の内外を分ける境界としてわかりやすいのは皮膚だが、腸壁も外から見えないところで「外界」と接している。皮膚一平方センチに対し、腸壁は二平方メートルもある。したがって、免疫系にとって腸内を見張るのは重要な仕事で、腸を通過するあらゆる分子、あらゆる細胞をチェックして、必要があれば締め出さなければならない。

感染症の脅威はすっかり過去のものとなったが、私たちの免疫系はいまも暴れまわっている。でも、なぜなのか。ここで、一八五四年ロンドンのソーホーでコレラが大発生したときジョン・スノーが先駆けて用いた疫学の手法を思い出してみよう。スノーが論理学（ロジック）と証拠（エビデンス）でコレラの出どころを解明して以来、疫学は医学的な謎を解くのに欠かせない手段となった。それはいたってシンプルで、つぎの三つの点を問う。（1）その病気は「どこ」で起こっているのか。（2）その病気に「だれ」がなっているのか。（3）その病気は「いつ」から問題になっているのか。これらの問いの答えは、大きな問い、二一世紀病は「なぜ」起こっているのかを解く手がかりとなる。

どこで起こっているかを解くためにジョン・スノーが作成したコレラの発生地図は、疫病の震源地がブロード・ストリートの井戸であることを明らかにした。では、肥満や自閉症、アレルギー、自己免疫疾患が発生しているのはどこか。この答えは聞き取り調査しなくてもわかる。欧米社会だ。ユニヴァーシティ・カレッジ・ロンドンで外科学教授をしているスティーグ・ベンマークは、肥満とその関連病の震源地を、ずばりアメリカ南部の州だと指摘した。「アメリカおよび世界で最も肥満と慢性病の発生率が高いのはアラバマ州、ルイジアナ州、ミシシッピ州だ」と彼は言う。「そして津波の波紋のように世界中に押し寄せている。西はニュージーランドとオーストラリアに、北はカナダに、東は西欧とアラブ世界に、南は南米とりわけブラジルに波及した」

ベンマークは他の二一世紀病についても調べた。アレルギー、自己免疫疾患、心の病気はみな、欧米発だった。もちろん、この上昇傾向を地理だけで説明することはできない。別の要素が関係している場合もあるし、単なる偶然ということもある。流行国の特徴を一言でいうなら「豊か」だということだ。慢性病と豊かさの相関関係を示す証拠は山のようにある。各国間のGNPの比較でも、地域住民の平均所得の比較でも、同じ傾向が示されている。

ドイツは四〇年間、東西に分かれていて、一九九〇年にベルリンの壁の崩壊により再統一した。このとき、意図せぬ対照試験が表面化した。二つに分かれていたとはいえ東西ドイツは隣同士で、気候も人口も、人口に占める人種の構成比も同じだった。西ドイツは欧米各国の経済成長に歩調を合わせて豊かになったが、東ドイツは第二次世界大戦のあと貧しいままだった。富の違いは健康状態の違いとなって表れた。ミュンヘン大学小児病院の医師たちが調べたところ、豊かな西ドイツの子どもはそうでない東ドイツの子どもに比べ、アレルギー患者が二倍、花粉症患者が三倍も多かった。

アレルギーと自己免疫疾患でこの傾向はあらゆるところで見られる。アメリカでは以前から、貧しい家庭より裕福な家庭に食物アレルギーや喘息の子どもが多かった。ドイツでは、両親の学歴や職業などから「恵まれている」とされる家庭の子どもは、そうでない子どもに比べてアトピー性皮膚炎になりやすい。北アイルランドの貧困家庭に1型糖尿病を発症する子どもはほとんどいない。カナダでは、炎症性腸疾患は多くの場合、高所得者層と相関関係がある。この傾向は国内の比較だけにとどまらない。国ごとのGNPを見るだけで、どの国で二一世紀病の有病率が高いか予測できる。

いわゆる「欧米病」が増加しているのは欧米諸国にかぎらない。どこであろうと豊かになった国や地域で増える。経済的に追いついた新興国ではかならず文明病が流行する。欧米特有だったはずの問題が、いまや地球全体をのみこもうとしている。肥満の流行はその典型で、新興国から途上国にまで広がっている。肥満にともない、それに関連する心臓病や2型糖尿病（インスリンが分泌されないのではなく、インスリンに体が反応しなくなる糖尿病）も増えている。喘息やアトピー性皮膚炎などのアレルギー障害も、南米、東欧、アジアの中所得国で急増中だ。自己免疫疾患と行動障害は流行のタイミングが遅いようだが、ブラジルと中国などの高中所得国で現在、広がりつつある。現代病の多くが富裕国で横ばいに達したとたんに、ほかの国で上昇をはじめている。

二一世紀病の場合、お金のあることがリスクを高める。あなた自身の給料、周囲の富、国の経済力が高いほど、あなたは二一世紀病になりやすい。もちろんお金が悪いわけではない。お金があれば清潔な水や薬、栄養価の高い食品を手に入れられるし、高い教育、ホワイトカラーの職種、少人数の家族、休暇の旅行といった余剰を享受できるからだ。「どこで」という問いの答えは、単に地理的な場所だけでなく、経済的な豊かさをも指し示している。

不思議なことに、裕福になれば不健康になるという相関関係は、所得のものさしの最上部にのぼりつめたところでぷつりと切れる。最富裕国の最富裕層は、二一世紀病の流行にのみこまれずにすんでいる。かつて富める人の嗜好品だったもの（タバコや持ち帰り食品、できあい食品など）はいまでは困窮者の日常品となり、富裕層は見向きもしなくなっている。さらに最富裕層は最新の健康情報や最高の医療サービスを得られ、自身の健康維持のために選択をする自由がある。いまや、途上国では富裕層が体重とアレルギーを増やし、先進国では貧困層が過体重と慢性的な不健康状態に陥っている。

つぎに、だれが病気になっているかの問題を考えてみよう。高所得と欧米式のライフスタイルは、そこに属する全員を等しく不健康にしているのか、それとも影響を受けやすい集団と受けにくい集団に分かれるのか。第一次世界大戦後の一九一八年に地球全土を吹き荒れたインフルエンザ（スペイン風邪）を例にとろう。世界で一億人が死亡したこのインフルエンザで、だれが犠牲になったのか。一九一八年に現在と同じ医学知識があれば、「だれが」を明確にしただけでかなりの患者を救えたはずだ。インフルエンザは通常、子どもやお年寄り、すでに病気になっている人を死なせる。ところが一九一八年のインフルエンザは健康な若者を狙い撃ちした。犠牲者たちは人生の最盛期に、インフルエンザ・ウイルスそのものではなく、ウイルスを退治しようと免疫系が解き放った「サイトカインの嵐」のせいで亡くなった。免疫反応を劇的に高める伝達物質のサイトカインは、退治する相手のウイルス以上に危険な存在になることがある。患者が若く健康であるほどサイトカインの嵐が強力で、結果的に患者を死に至らしめる。だれが病気になっているのかを問うていくと、何が当該のインフルエンザ・ウイルスを危険なものにしているのかがわかるようになり、医療側はサイトカインの嵐をなだめるような対処が有効であることに気づく。

この疑問は三つの要素に分解できる。二一世紀病になっているのはどの年齢層か。病気になりやすいかどうかは人種によって違うのか。性別による違いはあるか。

年齢層から考えてみよう。医療施設が整っている豊かな先進国で病気の人といえば、まず思いつくのは高齢者だろう。これだけ長生きする人が増えたのだから新しい病気も増えるに決まっている、とあなたは思うかもしれない。七〇代や八〇代まで長生きすれば、以前はそれほど目立たなかった病気になる人が増えるだろうし、感染症が減れば必然的に別の病気が目立つようにはなるだろう。しかし、私たちが現在直面している病気の多くは、社会の高齢化にともなう高齢者の病気とはかぎらない。癌については、老化による細胞の機能低下が原因の一つであるため社会の高齢化とともに有病率が高くなるのはわかるが、二一世紀病は断じて高齢者の病気ではない。子どもや若者を中心に広がっている病気で、むしろ感染症が脅威だった時代を知っている高齢者にはあまり見られない。

食物アレルギー、アトピー性皮膚炎、喘息、皮膚アレルギーはしばしば出生直後、または一、二歳のころ出現する。自閉症はよちよち歩きのころから兆候を示し、五歳になる前にほぼ診断がつく。自己免疫疾患はどの年齢層でもなりうるが、多くは若いころ発症する。たとえば1型糖尿病は、まれに成人期に発症することもあるものの、たいていは幼少期か一〇代前半で発症する。多発性硬化症や乾癬、クローン病や潰瘍性大腸炎はどれも通常、二〇代を襲う。狼瘡になるのは一五歳から四五歳だ。肥満も幼いころからはじまる。アメリカの赤ん坊の七％は出生時ですでに標準体重を超えており、歩きはじめるころには一〇％が、小児期に入ると三〇％が過体重となっている。二一世紀病は若い人に多く出るという事実からすれば、これらの病気の背景が社会の高齢化でないことは明らかだ。

欧米で高齢者のおもな死因となっている心臓病、脳卒中、糖尿病、高血圧、癌なども、もとをたどれば小児期や成人期前半にはじまる過体重に行き着くことが多い。成人病による死亡者増加の原因は単に長寿のせいだとは言えないのだ。実際、八〇代や九〇代まで生きる長寿者は、世間で言うところの「加齢関連病」で死ぬことはめったにない。二一世紀病は人口ピラミッドの上のほうに位置する層ではなく、むしろ、一九一八年のインフルエンザのように人生最盛期にいる人々を襲っている。

人種はどうか。北米、ヨーロッパ、オーストラリアは基本的に白人が多いから、近年の健康問題は白人の遺伝的な性質が関係しているようにも見える。だが、これらの大陸で肥満、アレルギー、自己免疫疾患、自閉症を高い割合で発症しているのは白人とはかぎらない。黒人、ヒスパニック、南アジア人はむしろ白人より肥満の有病率が高く、アレルギーと喘息の有病率は、一部地域で白人より黒人が不釣り合いなほど高くなっている。自己免疫疾患に関してははっきりした傾向は見えないが、狼瘡と強皮症は黒人に、1型糖尿病と多発性硬化症は白人に多い。自閉症に人種の差は見られないが、黒人の子どもは年齢が高くなってから自閉症の診断を受けるケースが多い。

人種の違いのように見えても実際には別の要素、たとえば所得や居住地が遺伝的な要素以上に関係している場合もある。この複雑な条件をすべて計算に入れて見直した統計研究によると、アメリカの黒人の小児における喘息の有病率の高さは、人種というより彼らが暮らす都市のスラム街の環境に起因することが判明した。こうした環境では黒人以外の子どもも同じように喘息を多く発症しているからだ。なお、アフリカにいる黒人の子どもの喘息は、他の途上国地域と同様に低い。

人種と環境のどちらが二一世紀病に強く関係しているかを調べるには、移民の健康状態を見るのが有効だ。一九九〇年代には大量の難民がソマリアからヨーロッパと北米に移住した。内戦による混乱から逃れてきたソマリア人家族は新たな問題に直面した。自閉症の有病率は祖国ソマリアではきわめて低かったというのに、移住先で生まれた子どもでは先進国並みに急上昇したのだ。カナダのトロントにある大規模なソマリア人コミュニティでは、自閉症を「西洋病」と呼んでいる。スウェーデンでも、ソマリア人移住者の子どもの自閉症有病率は、受け入れ側のスウェーデンの子どもと比べて三倍から四倍も高い。人種よりも居住地のほうがはるかに重要な要素であることがわかる。

性別はどうだろう。女性と男性での発症率は同じだろうか。男の人はただの風邪を引いただけでも「インフルエンザにかかった」と大げさに言うことから、女性のほうが免疫系の働きが強いことはみなさんもご存じだろう。ところが、免疫系が関与する慢性病に関しては免疫系の強さが裏目に出る。男性がただの風邪をしょっちゅう引いている一方で、女性は自らの免疫系がもたらす慢性病と闘っている。

自己免疫疾患には幅広い種類があるが、一部を除いてほとんどの病気は男性より女性に多く現れる。アレルギーは、小児期においては女児より男児に多く出るが、思春期以降は女性が多くなる。腸疾患も女性のほうが多い。炎症性腸疾患ではやや多い程度だが、過敏性腸症候群だと二倍の開きが出る。

ちょっと意外かもしれないが、肥満も女性に多いようだ。とくに途上国ではそのように見える。しかし

ＢＭＩ値以外の、たとえば腹囲を指標にした調査によれば、重篤な過体重になっている割合に男女の差はないようだ。似たような例でいうと、うつ病や不安症、強迫性障害など一部の心の病気は女性のほうが多いように見えるが、これには、男性はこの種のことを認めたがらないという性質が関係している可能性がある。自閉症は男の子に多く、少年患者は少女患者の五倍いる。おそらく自閉症は、幼少期にはじまるアレルギーや小児期にはじまる自己免疫疾患と同じく、思春期前の発病というところが重要なのだろう。成人の性ホルモンの影響を受ける前なので、「女性に多い」というバイアスがかからないのかもしれない。

女性の免疫系が強いことは、いくつかの二一世紀病で女性患者が多いことの背景になっていると思われる。アレルギーや自己免疫疾患のような免疫系の過剰反応をともなう病気の場合、発症時の免疫系の強さがそのまま反応の強さにつながりやすい。なぜ女性のほうが影響が大きいのか、まだ明確な答えは出ていないが、性ホルモン、遺伝、生活習慣の違いなども関係しているかもしれない。いずれにせよ、こうした現代病に女性のほうがなりやすいという事実は、病気の進展に免疫系が関与している可能性を示している。二一世紀病は高齢者の病気ではない。遺伝的な病気でもない。若くて、経済的に恵まれていて、強靭な免疫性をもつ者（とくに女性）の病気だ。

いよいよ最後の、そして間違いなく最も重要な疑問に近づいてきた。二一世紀病はいつからはじまったのだろう。私はこの一連の病気を二一世紀病と呼んできたが、起源は一つ前の世紀にある。二〇世紀は、人類の歴史を通じて最も偉大な革新と発見がもたらされた世紀だった。しかしその一〇〇年間で、先進国では致死的な感染症がほぼ消滅したあと、それまでめったになかった一連の病気が拡大した。この現象を引き起こした原因は、二〇世紀に起こった変化、あるいは変化の連鎖にあるはずだ。二一世紀病が増加しはじめた時期を正確につきとめることができれば、その原因を探る大きなヒントになる。

その時期についてはみなさんもすでに見当がついているだろう。アメリカでは、1型糖尿病の件数が二〇世紀半ばに急上昇した。デンマークとスイスの徴集兵から得られたデータの分析によるとそれは一九五〇年代前期で、オランダでは一九五〇年代後期、経済発展がやや遅れていたサルディニア島では一九六〇年代だった。喘息とアトピー性皮膚炎が増加したのは一九四〇年代後期と一九五〇年代前期で、クローン病と多発性硬化症は一九五〇年代にはじまった。肥満の流行は一九六〇年代に初の大規模調査で報告されたため、流行の始発点を特定するのはむずかしいが、第二次世界大戦が終わった一九四五年がターニングポイントだったと一部の専門家は考えている。肥満の急増が目立つようになったのは一九八〇年代だが、その前から確実に兆しはあった。同じように、自閉症と診断される子どもの数が記録されるようになったのは一九九〇年代後半からだが、この病態がはじめて記載されたのは一九四〇年代半ばである。

二〇世紀の中盤に何かが変わった。それは一回きりの変化ではなく、その後数十年と続く変化だったと思われる。その変化は世界じゅうに広がり、多くの国をつぎつぎ巻きこんだ。二一世紀病の原因を見つけるには、一九四〇年代の一〇年間に起こった変化に注目すべきだ。

ここまででわかったことをまとめてみよう。まず、二一世紀病は腸で起こることが多く、免疫系と関係している。つぎに、二一世紀病は子どもや一〇代、二〇代など若い世代が狙い撃ちされ、男性より女性のほうがなりやすい。そして、これらの病気は欧米ではじまり、新興国や途上国でも近代化にともなって増えている。そもそものはじまりは、欧米における一九四〇年代にある。

さて、いちばん大きな疑問に戻ろう。なぜ、二一世紀病がこんなに蔓延するようになったのか。現代の欧米式の豊かな暮らしはなぜ、私たちを慢性的に苦しめているのか。

私たちは個人としても社会としても、貧しさを抜け出しゆとりを手に入れた。伝統に縛られることなく進歩的になった。快適な品が不足していた時代からあり余る時代になった。医療サービスは格段に向上し、製薬業界は大繁盛している。よく体を動かしていた時代から座りっぱなしの時代になった。社会はローカルからグローバルになっている。古いものを修理しながら使う時代から、新しく買い替えて使う時代になった。堅苦しい生き方から、自由気ままな生き方ができるようになった。

こうした変化の中に、また先ほどの疫学的な謎解きの答えの中に、無数の小さな手がかりが隠れている。

ニワムシクイはバードウォッチャーにとって見分けるのがむずかしい「茶色い小鳥」だ。特別な特徴が何もない、というのがいちばんの特徴で、手元が安定しない双眼鏡越しにこの小鳥を見つけるのはきわめて困難だ。だからといって、つまらない鳥だと思ったら大間違いだ。孵化してからほんの二か月で、若いニワムシクイは六五〇〇キロの渡りに出る。夏の居住地であるイギリスから、ヨーロッパ大陸を越え、冬の居住地であるサハラ以南のアフリカまで移動するのだ。まだ一度も経験したことのないルートを、親の誘導も地図の助けもなく飛んで行く。

長距離の旅に出る前に、ニワムシクイは飛行と食料不足に備えて体を太らせる。体重は二週間ほどで一七グラムから三七グラムになる。人間なら病的な肥満だ。渡りの前のニワムシクイは毎日、元の体重の一〇％ずつ増やしていく。体重六三キロの人が毎日六キロ半ずつ太って、最終的に一四〇キロになるようなものだ。こうして丸々と太った鳥は、途中でごくわずかな食料を口にする以外、数千キロの距離を飛び続ける。

短期間でこれだけ太るためにはたくさん食べなければならない。ニワムシクイはある日を境に食べるものをがらりと変える。前日まで昆虫を食べていたのに、その日から液果類やイチジクを食べ出す。液果類もイチジクも、数週間前から熟していて食べられる状態にあったものだ。ニワムシクイはそれまで見向きもしなかったのに、体内でスイッチが切り替わったかのようにいきなり食べはじめる。

研究者たちは長らく、ニワムシクイなど渡り鳥が体重を増やすのは、単に食欲の異常亢進（こうしん）、つまり過食のせいだと考えていた。しかし、スリムな体から病的な肥満体型に変わるスピードがあまりに速いことから、何か別のことが働いている可能性が示唆されていた。食べた量ではなく、貯蔵する方法が関係しているのではないか。研究者たちは、ニワムシクイが摂取したカロリーと糞として排泄されたカロリーを計算し、大食だけで体重が増えたわけではないことを見出した。

体重を減らすときの作用も不可解だ。太ったニワムシクイは、地中海やサハラ砂漠を越えながら痩せてゆき、アフリカの越冬地に着いたころには元の体重に戻っている。ここで不思議なのは、カゴの中で飼われているニワムシクイも同じような体重の増減を見せることだ。野生のニワムシクイが渡りに備えて太る晩夏のころ、カゴの中の鳥も体重を増やして肥満体型になる。そして、野生のニワムシクイが越冬地に着くころを狙ったかのように、カゴの中の鳥も余分な脂肪をきれいに落とす。六五〇〇キロの距離を飛ぶことなく、また好きなだけ餌を食べられる状況にあるというのに、飼われているニワムシクイは渡りが終わる時期に体重を元に戻す。

気候や日照時間、得られる食料の違いといった外からの合図がないのに、カゴの中の鳥は野生の鳥の渡りのタイミングにぴったり合わせて、急速に脂肪を蓄えたり、難なく痩せたりできる。相手は豆粒ほどのサイズの脳しかもっていない鳥である。太ったから本気でダイエットしなくちゃ、などと考えているはずもない。ダイエットも絶食も狂ったように運動することもなく、楽々と体重を減らす。体重減少期には、たしかに大食期と比べて小食になるが、それだけでは説明がつかない。あなたが毎日六キロ半ずつ体重を減らすところを想像してみてほしい。飲まず食わずで過ごしたとしても、これほど激しく減量するのは不可能だ。

鳥の体内でどんな調節作用が働いているのか正確なところは不明だが、摂取するカロリーだけで体重が決まるわけではないことは明白だ。ニワムシクイの体重は、入ってくるカロリーと出ていくカロリーが同じなら維持されるというような単純なものではない。私たちヒトの場合、「肥満と過体重の根本原因は、摂取するカロリーと消費するカロリーの不均衡だ」というのが科学的に認められた説ということになっているのだが。

食べた量が多くて運動量が少ないと余ったエネルギーが蓄えられて体重が増えるのは、当然のことのように思える。だが、ニワムシクイは摂取したカロリー以上の脂肪をすばやく蓄えることができ、燃焼させるカロリー以上の脂肪を落とす。体重調節に別の要素がかかわっていることは一目瞭然だ。ニワムシクイに「カロリーイン、カロリーアウト」の法則があてはまらないのなら、ヒトにもあてはまらないのではないだろうか。

インドの医師、ニキル・ドゥランダハルは一万件以上の肥満症の治療を試みながら、同じことを感じていた。彼の患者は、減量にわずかに成功したとしてもリバウンドして再診をくり返すか、何をどうしようが減量できないかだ。ドゥランダハルの父も肥満専門医で、親子はムンバイで肥満クリニックを開業し、一九八〇年代に繁盛させた。しかし、食べる量を減らして運動を増やすよう患者を指導して一〇年、息子は自分と患者の努力が何の役にも立っていないことにむなしさを感じた。「減量に成功してもまたすぐに戻ってしまうのなら、私は何もしていないのと同じで、いつもフラストレーションを感じています」。ドゥランダハルは肥満の裏にあるメカニズムをもっとよく知りたいと思った。食べる量を減らして運動を増やすことが肥満の恒久的な治療にならないのなら、たくさん食べて動かないことだけが肥満の原因ではないはずだ。

この点は私たちとしても、なんとか知りたいところである。ヒトという生物種は現在、渡りの前のニワムシクイのような「体重増進期」にある。そしてニワムシクイと同じく、体重はカロリー摂取量とカロリー消費量の計算と合致しない。人類が全体的に太った原因は、食べる量が増えたからでも運動量が減ったからでもないことは、いくつかの大規模調査で明らかになっている。むしろ、私たちは以前より食べる量が減り、運動量が増えていると指摘する研究さえあるくらいだ。過去六〇年間の肥満の指数関数的な増加は暴飲暴食と怠惰だけで説明できるのかという科学論争に帰着点は見えず、効果的なダイエット法を探る研究の土台部分でくすぶり続けている。

ドゥランダハルがフラストレーションを抱えているころ、インドではニワトリに奇妙な病気が広まり、養鶏業界に打撃を与えていた。ドゥランダハル家は、その疫病の原因と治療法を探している獣医学者と交流があった。原因はウイルスだと獣医学者は会食の席でドゥランダハルに言った。肝臓が肥大し、胸腺が縮小し、大量の脂肪がつくのだという。ドゥランダハルは会話をさえぎって、死んだのに太っていたのですか、と尋ねた。獣医学者は、そうですと答えた。

ドゥランダハルは頭をひねった。ウイルスに感染して死んだ動物はふつう、痩せ細っている。なぜ太っているのだろう。ウイルスが体重増加を引き起こすなどということはあるのだろうか。このことは、肥満に苦しむ患者が減量できないことと何か関係があるのだろうか。ドゥランダハルはさっそく実験に乗り出した。ニワトリを二つのグループに分け、一方に病気のウイルスを注入し、もう一方には何もしなかった。三週間後、感染したニワトリは健康なニワトリより太っていた。このウイルスは、ニワトリを病気にさせると同時に太らせているように見える。ひょっとして、肥満に苦しむ世界中の人々も、そのウイルスに感染しているという可能性はないだろうか。

カロリー計算で体重コントロールはできない

いま、ヒトという生物種にはとてつもないスケールの変化が生じている。遠い未来の人類が過去をふり返って眺めたとき、二〇世紀は、二つの世界大戦があった時代でもインターネットが発明された時代でもなく、肥満の時代として思い出されるに違いない。ヒトの体型を五万年前と一九五〇年代とで比べてもそれほど違いはないだろうが、こんにちの平均的な体型は明らかに違う。狩猟採集民のころから続いてきた筋肉質でひきしまった体格は、たった六〇年かそこらでぶくぶくになってしまった。これほど大規模な変化は人類史において過去に一度も起こったことはない。いや、ヒト以外の動物（ペットと家畜を除く）でも、体型をこれほど変えてしまう病気が広がったことはない。

地球上の成人は、三人に一人が過体重で、九人に一人が肥満だ。なおこの比率は、過体重より栄養不良のほうが心配な地域を含めた全世界の平均値である。肥満率の高さで上位にいる国の現実は想像を絶する。たとえば南太平洋の島国ナウルでは、成人のおよそ七〇％が肥満で、そのほかに過体重が二三％いる。この小国の人口は一万人だから、まともな体型は七〇〇人しかいないことになる。ナウルは太った人が世界一多い国家と認定されている。南太平洋のほかの国々や中東諸国の多くが僅差で続く。

欧米でも、太った人がいると目立ったのは過去の話となってしまった。いまや、痩せた人を数えるほうが早い。成人の三人に二人は過体重で、さらにその半分は単なる過体重ではなく肥満だ。アメリカは肥満国家という印象があるが、意外にも世界ランキングでは一七位で、過体重または肥満の割合は七一％にとどまる。イギリスは世界ランキング三九位で、成人の六二％が過体重（二五％の肥満を含む）と西ヨーロッパで最も高い。恐ろしいことに、欧米世界では子どもにまで太りすぎが蔓延し、一二歳未満の小児の三分の一が過体重でその半数が肥満である。

肥満は静かに世界に広がり、それが「ふつう」に見えるまでになった。もちろん、この疫病の危機を指摘する記事やニュースは間断なく流れている。だが私たちは、大半の人が太りすぎの社会で暮らすことにあまりに早く慣れてしまった。太るのは、欲望と怠け癖の先にある結果で、人間の性（さが）のようなものだと簡単に思いこんでしまった。携帯電話、インターネット、航空機、救命医療など過去一世紀に人類が成し遂げた偉業を見れば、私たちがただ単にごろごろして甘いものばかり食べている存在でないのは明白だ。先進国で痩せた人が少数派になりつつあること、何万年も変わらなかったヒトの体型がたった五〇年か六〇年で変わったことはショックとしか言いようがない。なぜこんなことになってしまったのだろう？

平均すると、欧米人は過去五〇年で自身の体重のおよそ五分の一を増やした。あなたに割り当てられた地球上での時間が過去にずれたとすると、つまり、いまが二〇一〇年代ではなく一九六〇年代だとすると、あなたはおそらく、かなり軽いはずだ。二〇一五年時点で体重七〇キロの人なら、一九六五年には五七キロで、特別な努力は何も必要ない。こんにち、膨大な人が一九六〇年代以前の体重を取り戻そうと生まれつき備わった食欲に逆らう苦しいダイエットに挑んでいる。しかし、最新のダイエット、ジム通い、サプリメントにどれだけ多くのお金が注がれても、肥満者の増加は止まらない。

専門家たちが何もしなかったわけではない。彼らもこの六〇年間、効果的な体重維持と減量の方法を必死で探してきた。それでも肥満の増加は止まらない。太った人がまだ少なかった一九五八年に、肥満研究の先駆者だったアルバート・スタンカード博士はこう語った。「ほとんどの肥満患者は肥満の治療を続けない。たとえ続けても減量に成功する患者はほとんどいない。まれに減量できた患者がいてもまた元に戻る」。スタンカードの言うことは基本的に正しい。半世紀たったいまも、減量への介入の成功率は悲しいほど低い。この種のプログラムで減量できる参加者は半数に満たず、しかも一年以上かけて二キロほどしか減らせない。体重を減らすのは、なぜこれほど困難なのだろうか?

近年では、なぜ太るのかの説明――あるいは言い訳――に、遺伝子をどうこう言うのが流行している。しかし、DNAの違いと体重増加に明確な関連性は見出せず、太りやすさを遺伝子で説明できる部分はごくわずかしかない。二〇一〇年、数百名の科学者から成るチームが特大規模の調査をした。二五万人を対象に、体重に関連する遺伝子を隅から隅まで探したのだ。驚いたことに、ヒトゲノムの中で体重増加に作用していると思われる遺伝子は、二万一〇〇〇個のうち三二個しかなかった。これらの遺伝子の影響を最も受けている人と最も受けていない人の体重差の平均は、たったの八キロだ。親のせいにしてしまいたい気持ちもわからないではないが、遺伝子配列の最悪の組み合わせを親から受け継いだとしても、それで上がるリスクは一%から一〇%のどこかでしかない。

いずれにせよ、肥満の流行を遺伝子だけで説明することはできない。なぜなら遺伝子の配列は、だれもがスリムだった六〇年前もこんにちも基本的に同じだからだ。それよりもっと信憑性がありそうな説明は、環境の変化だ。食生活や生活習慣が遺伝子の働きに影響しているに違いないというわけだ。

私たちが好きなもう一つの言い訳は、新陳代謝の悪さだ。痩せた人は「私、新陳代謝がいいみたいで、何を食べても太らないんです」などと憎らしいことをよく言うが、これは科学的に何の根拠もない。新陳代謝が悪い――正確に言うと基礎代謝率が低い――とは、ある人が何もしていないときに消費するエネルギーが少ないことを意味する。体を動かさず、テレビも観ず、頭の中で計算することもしていないときの基礎代謝率は痩せた人のほうが低い。つまり、太った人のほうが新陳代謝がいい。小さな体より大きな体を維持するほうが多くのエネルギーを使うのだから当然といえば当然だ。

遺伝子と基礎代謝率の低さは関係なく、また食べた量と運動量だけで人類全体の体重増を説明できないとなると、ほかに何が関係しているのだろう。これまでとは別のところに答えを探すべきだ、とニキル・ドゥランダハルは考えた。ひょっとすると、ウイルスが肥満に関与しているのかもしれない。彼はムンバイで、患者五二人に例のニワトリのウイルス抗体検査をしてみた。患者が過去にそのウイルスに感染したことがあるかどうかを調べる検査だ。結果はなんと、五二人のうち最も肥満度の高い一〇人が、このニワトリ・ウイルスに過去に感染していたことがわかった。ドゥランダハルは、肥満の治療を無益に続けるよりも原因の究明に心身を捧げようと心を決めた。

人類の歴史において私たちは——少なくともイギリスでは——肥満で死ぬのを防ぐ最善の方法として、進化が与えてくれた消化器官に文字どおりメスを入れるところまで来てしまった。脳や体が欲するまま食べ物を摂取しないよう、胃のサイズそのものを縮めてしまおうという方法だ。胃緊縛術(いきんばくじゅつ)および胃バイパス手術は、肥満の流行と社会コストの増大を止めるのに、いまのところ最も効果的で安価な方法のようだ。胃バイパス手術が唯一の希望となるほどダイエットや運動が役に立たないとすれば、「摂取したエネルギーから消費したエネルギーを引いたものが蓄積されたエネルギーとなる」という、みなが口にする物理原則はいったい何だったのだろう。

そんな単純なものではないことを、私たちはいまやっと理解しはじめているところだ。ニワムシクイのような渡り鳥や、冬眠をする哺乳類を見ればわかるように、体重はカロリー計算だけで管理できるものではない。カロリー帳に摂取量と消費量を記入するだけの方法は、栄養と食欲調節、エネルギー貯蔵の複雑さをまったく考慮していない。肥満が流行しはじめたころからこの問題を研究している医師、ジョージ・ブレイはかつて「肥満はロケット科学ではない。もっとずっと複雑だ」と語っている。

微生物が引き起こす消化器系のトラブル

二五〇〇年前、医学の父ことヒポクラテスは、すべての病気は腸からはじまると考えていた。ヒポクラテスは腸の機能や構造については何も知らなかったし、ましてやそこに一〇〇兆の微生物がいることも知らなかったが、二〇〇〇年後に知られるようになることを何か感じとっていたようだ。当時、肥満はかなりめずらしく、もう一つの腸由来の二一世紀病である過敏性腸症候群もほとんど存在しなかった。共生微生物の重要性が明るみに出たのはこの不快な病気、過敏性腸症候群がきっかけだった。

二〇〇〇年五月の第一週、カナダのウォーカートンという田舎町を季節はずれの豪雨が襲った。嵐が過ぎ去ったあと、ウォーカートンの住民数百人がばたばたと病に倒れた。胃腸炎と血のまじる下痢を発症する人がつぎつぎと出てきたので、当局は水源を調査した。そして、水道会社がここ数日伏せていたことを知った。町の上水道が大腸菌O１５７に汚染されていたのだ。

つまりはこういうことだった。水道会社の上層部は数週間前から貯水池の塩素消毒装置が壊れているのを知っていた。修理をあとまわしにしているうちに大雨が降り、農地からあふれ出た水が肥料の牛糞を含んだまま上水道に流れこんだ。汚染がわかった翌日、三名の大人と一名の赤ん坊が亡くなった。翌週と翌々週にさらに三名が死亡した。この二週間の感染者の総計は、ウォーカートンの人口五〇〇〇人の半数になった。

上水道はすぐに浄化され、飲料水は安全になったが、話はこれで終わらなかった。ウォーカートンではその後も大勢の人が病気に苦しんだのである。激しい腹痛と下痢が町を襲い続けた。二年が過ぎても三分の一の住民が苦しんでいた。彼らは「感染後過敏性腸症候群」を発症しており、その半数はO157の大発生から八年たってもまだ治っていなかった。

ウォーカートンの住民は日常生活を腸に支配されることになった。多くの患者は激しい腹痛と発作的にはじまる下痢のせいで、行動の自由が制限された。逆に、便秘とそれにともなう腹痛が数日、ときには数週間続く患者もいた。後者の便秘型の場合は「少なくとも家から外に出ることができる」と、イギリスの胃腸科医ピーター・ホーウェルは言う。下痢と便秘の二重苦を抱える少数派は日々の生活がとりわけ予測不可能となる。

人生を台無しにするこの病態に、欧米人のほぼ五分の一（多くは女性）が苦しんでいる。にもかかわらず、その実態はまだよくわかっていない。それが「ふつう」でないことははっきりしている。「過敏性」という言葉のせいで、この病気に苦しむ人の深刻さがうまく伝わらないという問題もある。生活の質を下げる病気のランキングでは、過敏性腸症候群はつねに上位に入る。人工透析を要する腎不全や、インスリン注射を要する糖尿病より上位である。何が悪いのかわからないだけでなく、どうすれば管理できるのかがわからないというのでは、生活の質は著しく下がる。

過敏性腸症候群の流行は、隠れたパンデミックの一つだ。医者を訪問する一〇人に一人はこの病気で、胃腸科医のところにはこの症状を訴える患者が切れ目なくやってくる。胃腸科が診る患者の半分は過敏性腸症候群だ。アメリカでは毎年この病気で三〇〇万人が診療所に行き、二二〇万人が処方を受け、一〇万人が入院までする。にもかかわらず、私たちは口をつぐみ続ける。人はみな、下痢のことなど話したがらない。

原因ははっきりしない。炎症性腸疾患の患者なら結腸に潰瘍ができるが、過敏性腸症候群の患者の腸は健康な人と同じピンク色で健康そうに見える。目に見える症状がないことから、心理的なものと片づけられることがよくある。ストレスを受けたとき症状が悪化するのは事実だが、ストレスだけがこのしつこい病気の原因であるはずがない。過敏性腸症候群の有病率の高さを思えば、何かしらの説明があっていいはずだ。ヒトは数百万年かけて、排便を三〇秒以内ですますことができるよう進化してきたはずだからだ。

ウォーカートンの悲劇から一つの手がかりが見つかった。過敏性腸症候群の患者には、上水道汚染事件のあと過敏性腸症候群になった人だけではなく、ほかの似たような感染性胃腸炎のあと同じ症状になった人が含まれていたのだ。そうした患者のおよそ三分の一は、いつから腸の不調がはじまったかはっきり答えられる。食中毒などを起こしたのをきっかけに、その後ずっと治っていないと言う。旅行先での下痢が引き金になることも多い。海外で寄生虫にあたった人はそうでない人に比べて七倍も過敏性腸症候群になりやすい。ただ、検査をしても元の寄生虫は出てこないので、引き金になった寄生虫による胃腸炎そのものは治っている。まるで引き金となった最初の感染症が腸内微生物の共同体、つまりマイクロバイオータの足並みを乱したように見える。

過敏性腸症候群のはじまりが、感染したときではなく抗生物質による治療中だったという人もいる。ある種の抗生物質には下痢の副作用があり、患者によっては抗生物質を飲み終わったあともずっと下痢が続くことがある。逆説的だが、過敏性腸症候群を治療するために抗生物質が使われることもあり、この方法で不快な症状を一度に数週間か数か月食い止めることもできるという。

感染性胃腸炎と抗生物質という手がかりが、共通する構図をあぶりだした。短期的にマイクロバイオータが混乱したことで、長期的にそのバランスが崩れたままになるという構図だ。手つかずの多雨林を想像してみてほしい。樹木が青々と茂り、生命に満ちあふれる森だ。下のほうでは昆虫が賑わい、上のほうでは霊長類が枝から枝へとけたたましくスウィングしている。そこへ伐採人がやってきて、一〇〇〇年かけて形成された森のインフラをチェーンソーで切り倒し、ブルドーザーで整地する。そこに雑草が侵入する。ブルドーザーの車輪にくっついて運ばれた雑草の種子は、在来種を押しのけて繁茂する。時間がたてば森は再生するだろう。だがそれは、かつての原生林と同じではない。生物の多様性は縮小する。デリケートな生物種は死滅する。侵入生物種は栄える。

腸の複雑な生態系も、スケールこそ極小サイズだが原理は同じだ。抗生物質の「チェーンソー」や、病原体という「侵入種」が、無数の小さな相互作用でバランスを保ち合っていた生態系をばらばらに引き裂く。破壊の規模が大きければ、その生態系は元通りにならないまま荒れる。多雨林なら原生地が崩壊し、ヒトの腸内ならディスバイオシス（マイクロバイオータのバランスの乱れ）が生じる。

抗生物質と感染症だけがディスバイオシスを引き起こすのではない。不健康なダイエットをしたり危険な薬を服用したりしたときも同じように、微生物のバランスが乱れてその多様性を減少させる。いずれにせよ、二一世紀病の中心にあるのはこのディスバイオシスだ。過敏性腸症候群のように腸にはじまり腸に終わる病気はもちろんのこと、全身の器官や系に影響する病気の場合も最初のきっかけはディスバイオシスである。

過敏性腸症候群の場合、抗生物質や感染性胃腸炎が引き金となってディスバイオシスを引き起こし、それが慢性的な下痢や便秘の症状となって表れているものと思われる。ＤＮＡ解析の技術を使えば、人々の腸内にどんな微生物種がどのくらい存在しているかがわかる。この方法で過敏性腸症候群の人と健康な人を比べると、マイクロバイオータにはっきりと違いが見られた。しかし、前者の一部は健康な人と変わらないマイクロバイオータを有している。そうした患者は気分が憂鬱だと訴えることが多く、心の病気がもとで過敏性腸症候群に移行したものと思われる。それ以外は、ディスバイオシスがおもな原因であり、ストレスはそれを悪化させる付加要素でしかない。

ディスバイオシスが見られる過敏性腸症候群の患者間には、症状のタイプ別にそれぞれ、微生物の存在量が異なることがいくつかの調査で判明した。膨満感や食欲不振を訴える患者ではシアノバクテリアが多い。腹痛に苦しむ患者ではプロテオバクテリアが多い。便秘の患者では、一七種類の細菌グループすべてにおいて腸内での存在量が増えていた。ほかの調査によれば、過敏性腸症候群のマイクロバイオータは健康な人と比べて単に違うというだけでなく不安定である。つまり、細菌グループ間の存在量比率が高くなったり低くなったりと移り変わりが激しいという。

いまになってみれば、過敏性腸症候群とは、腸内環境の平和が乱された結果の病気だということがよくわかる。汚染水を飲んだり、加熱が不充分な鶏肉を食べたりして急性の下痢になったあと慢性的な腸の不具合に移行するのも、腸内細菌がバランスを崩したからだと考えれば理屈が通る。急性の下痢を引き起こす病気なら、原因となる病原性細菌を特定しやすいが（たとえば生の鶏肉で食中毒を起こすカンピロバクター・ジェジュニなど）、過敏性腸症候群にはそうした明白な犯人を特定できないことが多い。友好的な細菌の相対的な比率が減っただけでもバランスは崩れるし、いつも多い細菌が少なくなったり別の細菌が優勢になったりしたときもバランスが崩れる。いつもはおとなしくしている細菌が、周囲のバランスが崩れたとたんに好機とばかりに暴れ出すこともある。

しかし、過敏性腸症候群の患者の微生物集団に明白な病原体が見つからない場合、腸の機能を混乱させている原因をディスバイオシスだと決めつけることはできない。この患者の腸内にいる細菌グループは、健康な人の腸内にもいる。微生物の存在量比率が変わるだけでほんとうに腸の働きが乱れるのだろうか。科学は現段階ではこの疑問に答えることはできない。だが、いくつか興味深い手がかりが見つかっている。過敏性腸症候群は、炎症性腸疾患と違って腸の表面に潰瘍こそできないが、正常なときにはない炎症が別のところに生じている。このとき体は、腸壁を覆う細胞間にすき間をつくってそこから水分を出し、トラブルのもとを腸の外に洗い流そうとしているように見える。

お腹の中の微生物バランスがおかしくなって過敏性腸症候群になる、というところまでは想像しやすい。だが、お腹まわりに肉がつくことについてはどうだろう？「カロリーイン、カロリーアウト」の法則だけでは説明できない体重問題の背景に、マイクロバイオータが関係している可能性はないだろうか。

エネルギーをどう吸収するか

スウェーデンは肥満を深刻な問題ととらえている国の一つだ。肥満の世界ランキングでは九〇位で、ヨーロッパ内ではむしろ肥満率が低い国であるにもかかわらず、胃バイパス手術の実施件数は世界一だ。スウェーデンは高カロリー食品に課税する「脂肪税」の導入を検討しており、医者は太りすぎの患者に運動を命じることができる。そしてこの国には、肥満がパンデミック化しはじめたころからこの病気の研究に多大な貢献をしてきた人物がいる。

フレドリク・バークヘッドはヨーテボリ大学の微生物学教授だ。彼の実験室にあるのは、微生物学という言葉から連想されるペトリ皿や顕微鏡ではなく、数十匹のマウスだ。マウスはヒトと同じく多種多様な微生物を腸内に棲まわせている。だが、バークヘッドのマウスは違う。帝王切開で生まれたのち無菌室で育てられているため、体内に微生物がまったくいない。この「白いカンバス」のようなマウスに、バークヘッドの研究チームは思いのままに特定の微生物を植えつけることができる。

バークヘッドは二〇〇四年に、マイクロバイオータ研究の世界的第一人者、ジェフリー・ゴードンとの共同研究に乗り出した。ゴードンは実験で使っている無菌マウスがひどく痩せていることに目をとめ、バークヘッドと共にその理由を腸内細菌が不在だからではないかと考えた。このとき二人は、腸内細菌が宿主動物の代謝に与える作用について、ごく基礎的な研究でさえまったくなされていないことに気がついた。そこで、バークヘッドは第一弾として、腸内細菌がいるとマウスは太るのか、というシンプルな疑問を研究することにした。

この疑問に答えるため、バークヘッドは無菌マウスを成体まで育てたあと、そのマウスの毛に、通常マウスの盲腸の内容物をなすりつけた。無菌マウスが自分の毛をなめると、腸内に通常マウスと同じ微生物が棲みつく。結果は大当たりで、元無菌マウスは太ってきた。少し太った程度ではなく、一四日間で体重を六〇％も増やした。餌を食べる量は逆に減っていた。

この状態は、マウスの腸内に棲み処を得た微生物が恩恵を受けるだけでなく、マウスも恩恵を受けているように見えた。腸内に棲む微生物が、宿主に消化できない食べ物を食べていることはみな知っていたが、この第二ラウンドの消化作用がエネルギー摂取にどれほど貢献しているのかについては、まだだれも知らなかった。微生物が食べ物に含まれるカロリーを吸収するのを助けてくれるのなら、マウスは食事の量が少なくても大丈夫だということになる。それまでの栄養についての常識は何だったのだろう？　マウスが食べ物から得るカロリーをマイクロバイオータが決めているのだとすれば、肥満になるかどうかを決めているのもマイクロバイオータなのだろうか。

ジェフリー・ゴードンの研究室で、別の研究グループの一員だった微生物学者のルース・レイは、太ったマウスと痩せたマウスでは腸内の微生物が違うのではないかと考えた。それを確かめるため、彼女は遺伝的に肥満体の「オブオブ・マウス」を使うことにした。オブオブ・マウスは通常マウスの三倍の体重があり、ほぼ球体の体型をしている。そして、やむことなく食べ続ける。まるで別の種かと思うほど見た目は違うが、たった一つの遺伝子変異だけで、ノンストップで食べ続けて丸々と太るマウスになる。変異を起こしているのは、レプチンというホルモンをつくる遺伝子だ。レプチンは、マウスでもヒトでも脂肪が充分蓄積されているとき食欲を抑えるホルモンだ。オブオブ・マウスは、もう食べなくていいという指令を脳に送るホルモンがないため飽くことなく食べ続ける。

肥満マウスの腸内にいる細菌の、バーコードのような役割を果たす16SリボソームRNAの塩基配列を解析し、どんな菌種がどれだけいるのかを調べることで、レイは肥満マウスと通常マウスのマイクロバイオータを比較した。どちらのマウスでも、バクテロイデーテス門とフィルミクテス門という二大グループの細菌の存在量が高かった。だが肥満マウスには、通常マウスの半分ほどしかバクテロイデーテス門の細菌がおらず、その不足をフィルミクテス門の細菌が埋めていた。

バクテロイデーテス門とフィルミクテス門の細菌における存在量の違いが肥満の原因なのかもしれないと思ったレイは、期待に胸を膨らませながらヒトについても調べた。マウスと同じ結果が出た。太った人にはフィルミクテス門の細菌が、痩せた人にはバクテロイデーテス門の細菌が多かった。とても単純に思えた。肥満と腸内細菌の存在量比率には、直接的な関連性があると考えていいのだろうか？　それ以上に重要なのは、微生物が肥満マウスとヒトを太らせたのか、それとも太った結果として微生物の存在量比率が変わったのかだ。

この疑問の答えは、ゴードンの研究室で三番目の研究グループの一員だった大学院生のピーター・ターンバウが見つけた。ターンバウは無菌マウスにレイが使ったのと同じ遺伝性肥満マウスの微生物を移し、別の無菌マウスに通常マウスの微生物を移して、どちらのマウスにも同量の餌を与えた。一四日後、肥満マウスのマイクロバイオータを移されたマウスは太り、通常マウスのマイクロバイオータを移されたマウスは太らなかった。

ターンバウの実験は、腸内細菌にマウスを太らせる力があるだけでなく、ある個体の腸内細菌を別の個体に移動させるのが可能だということを示していた。この実験の成功は、単に細菌集団の移動が可能だという以上の意味合いを含んでいた。瘦せた人の腸内細菌を採取して太った人に移せば、食事療法なしに体重を落とせるかもしれないということだ。これは治療法に使えるかもしれない、しかもいい営利事業になりそうだとターンバウと共同研究者たちはすぐに気づき、マイクロバイオータの改変で肥満を治療するというコンセプトの特許をとった。

だが、これで肥満を治せると喜ぶのはまだ早い。その前に、なぜそうなるのかを知る必要がある。腸内細菌の何が私たちを太らせているのだろう。ターンバウが肥満マウスの微生物を移して太らせたマウスは、フィルミクテス門の細菌が多くバクテロイデーテス門の細菌が少ないマイクロバイオータを有しており、それにより食べ物から多くのエネルギーを吸収しているようだった。これは「カロリーイン、カロリーアウト」の法則を根底から覆す。単に食事のカロリー計算をするだけでなく、そこから吸収するエネルギーの量を知らなければならないのだ。ターンバウは、肥満型のマイクロバイオータを移されたマウスは餌から二％多くカロリーを吸収していると算出した。同じ量の餌に対し、通常マウスが一〇〇キロカロリーを得るところを、太ったマウスは一〇二キロカロリーを得る。

なんだ、たいしたことはないと思うかもしれないが、一年以上たつと差はどんどん開く。身長一六三センチ、体重六二キロ、ＢＭＩ値二三・五という平均的な女性を例にとってみよう。この女性は一日に二〇〇〇キロカロリーを摂取するが、肥満型のマイクロバイオータを有していると二％余分にカロリーを吸収する、つまり一日に四〇キロカロリーが加わる。エネルギーの消費量がいつもどおりであれば、この余分な四〇キロカロリーは理論上、一年で一・九キロの体重増になる。一〇年で一九キロ増え、彼女の体重は八一キロに、ＢＭＩ値は肥満レベルの三〇・七になる。腸内細菌が食べ物から二％余分にカロリーを引き出すだけで、一〇年で肥満になるということだ。

ターンバウの実験は、ヒトの栄養についての考え方に革命をもたらした。食品ラベルに表示してあるカロリー量は、炭水化物一グラムは四キロカロリー、脂肪一グラムは九キロカロリーというように、標準的な換算表で計算されたものだ。食品の品目ごとに「このヨーグルトは一三七キロカロリー」「このパン一枚は六九キロカロリー」と、だれが食べても同じカロリーになることを前提としている。だが、事はそれほど単純ではない。そのヨーグルトはふつうの体重の人には一三七キロカロリーでも、太った人には一四〇キロカロリーになる。別のマイクロバイオータを抱えた人ならまた別のカロリー量になるかもしれない。そして、このわずかな差は積もり積もって大きな差となる。

微生物があなたに代わって食べ物から余分にエネルギーを引き出すのなら、あなたが食べ物から得るカロリー量を決めるのは標準換算表ではなくあなたの微生物群だ。どれだけダイエットに励んでも成功しないのは、これが原因かもしれない。忠実に食品のカロリー計算をするダイエット法は、毎日一定期間続ければ体重は減ると宣伝する。だが、カロリー吸収量についての前提が違っていれば、このダイエット法では体重を変えられないか、場合によっては増やしてしまうだろう。このことは別の実験でも裏づけられた。二〇一一年、アメリカのアリゾナ州フェニックスの国立衛生研究所で、ライナー・ジャンパーズは有志の被験者にカロリー量を一定にした食事をしてもらい、消化されたあとの糞便に残るカロリーを測定した。痩せた人に高カロリー食を与えると、バクテロイデーテス門の細菌よりフィルミクテス門の細菌が増えてくる。腸内細菌の比率が変化すると、それにともなって、糞便として出てきたカロリー量が減った。細菌の比率が変わったことで、同じ食事をしていても毎日一五〇キロカロリーが余分に吸収されていた。

腸内細菌の組成比が、食べ物からエネルギーをどれだけ引き出すかを決めている。私たちが食べたものは小腸で消化吸収されたあと、大量の細菌がいる大腸に移動する。ここで細菌は、流れ作業で働く工場労働者のようにそれぞれの好みの分子を分解し、吸収できるものだけ吸収する。細菌に吸収されなかったものは、私たちが大腸の内壁から吸収できるほど単純な形になっている。ある菌種は、肉に含まれるアミノ酸分子を分解するのに必要な遺伝子をもっているかもしれない。別の菌種は、緑の野菜に含まれる長鎖炭水化物を分解するのに適しているかもしれない。また別の菌種は、小腸で吸収されなかった糖分子を回収するのが得意かもしれない。私たちが食べる食べ物によって、腸内で優勢になる菌種が変わる。たとえば、ベジタリアンの腸内にはアミノ酸の分解が得意な菌種はそう多くないだろう。そうした菌種は肉の安定供給がなければ繁栄できないからだ。

バークヘッドは、私たちが食事から何を引き出せるかは腸内の微生物工場がどんな準備をしているかで決まるのではないかと考えている。菜食主義の人があるとき信条を捨ててローストポークにかぶりついたとしても、その人の腸内には豚肉のアミノ酸を分解するのに必要な微生物が充分に存在していないはずだ。だが、いつも肉を食べている人なら、腸内に肉食に適した微生物が相当量いるはずだから、ローストポークを食べると菜食主義の人より多くのカロリーを引き出すことができる。ほかの栄養分についても同じことが言える。脂肪をあまり摂らない食生活をしている人には脂肪向けの微生物がほとんどいないから、たまに食べるドーナツやチョコレート・バーは、カロリーの大半が吸収されないまま大腸を通過する。一方、毎日おやつに甘いものを食べている人には大量の脂肪好きの細菌がいるため、食べたドーナツは片っぱしから分解され、ほとんどのカロリーが吸収される。

エネルギーをどう貯蔵するか

食べ物からどれだけのエネルギーを引き出すかは微生物によって変わることはわかった。では、私たちはそのエネルギーをすぐに筋肉や器官を動かすために使うのだろうか。それとも、食べるものがなくなったときに備えてためておくのだろうか。どちらになるかは遺伝子しだいだ。しかし、それはあなたが両親から引き継いだ遺伝子配列の違いという意味ではなく、どの遺伝子がオンになるかオフになるか、どの遺伝子の発現量が大きくなるか小さくなるかによる。

人体はあらゆる伝達物質を使って、遺伝子のスイッチをオンにしたりオフにしたり、発現量を大きくしたり小さくしたりする。こうした制御のおかげで、目の細胞と肝臓の細胞はそれぞれ異なる仕事ができる。脳の細胞は覚醒時と睡眠時で働き方を変えることができる。しかし、ヒトの遺伝子に命令を出しているのはヒトだけではない。微生物も各自のニーズに合わせてヒトの遺伝子の一部に命令を出している。

微生物はヒトの遺伝子に、エネルギーを脂肪細胞に貯蔵するよう命令する。なぜなら、ヒトが無事に冬を越せれば微生物も冬を越せるからだ。肥満型マイクロバイオータはその遺伝子をさらに活性化させ、私たちの食事からどんどんエネルギーを引き出して、脂肪として貯蔵しようとする。体重を増やしたくない人にとっては皮肉でしかないが、微生物がヒトの遺伝子にエネルギーを蓄えておくよう命令することはヒトにとって恩恵がある。食料危機に瀕したときのための備蓄になるからだ。昔は豊穣と飢餓が代わる代わるやってきたから、飢餓のときを助けるものなら何であれ命を救うものになった。

摂取カロリーは実際にどれだけ食べるかよりも、腸がどれだけ吸収するかで決まる。その吸収量は手伝ってくれる微生物がどれだけいるかに左右される。消費カロリーについても同様で、運動で使うエネルギーだけで決まるものではない。そのエネルギーを備蓄しておくのか、すぐに燃やして使うのか。抱えている微生物集団しだいで、エネルギーを多く吸収・蓄積できる人とできない人に分かれる。ここでまた疑問が生じる。人はなぜ、エネルギーをたくさん吸収して脂肪に蓄積した時点で満足してやめないのだろう。充分すぎるほどカロリーを吸収し、充分すぎるほど脂肪を蓄えたのに、それでもまだ食べ続ける人がいるのはなぜだろう?

食欲を制御する信号には、即座にわかる満腹感から、脂肪として蓄積されたエネルギー量を脳に伝えるホルモンまで、いろいろある。遺伝性の肥満マウスに欠けている化学物質、レプチンもそんなホルモンの一つだ。レプチンは脂肪組織から直接分泌されるホルモンなので、脂肪細胞が多い人の血液には、より多くのレプチンが放出される。健全な量の脂肪がたまると、レプチンは脳にもう充分だと伝え、食欲は低下する。

それなら、ヒトはなぜ体重が増えはじめた時点で食べ物への関心を失わないのだろうか。一九九〇年代に、遺伝的にレプチンを産生できないオブオブ・マウスのおかげでこのホルモンが見つかったとき、これで肥満患者の治療ができるのではないかという期待が高まった。オブオブ・マウスにレプチンを注射すると、そのマウスはあっというまに食べる量が減り、周囲を動き回る量が増え、体重を一か月で半分近くまで減らした。太っていない通常マウスにレプチンを与えた場合も、やはり体重が減った。マウスをレプチンで治療できるなら、ヒトの肥満も同じようにレプチンで治せるのでは?

その答えは、肥満人口が増え続けていることからもわかるとおり「ノー」だ。肥満患者にレプチンを注射しても体重や食欲には何の変化も現れなかった。つまり、オブオブ・マウスとは異なり、ヒトはレプチンが足りないから太るのではないということだ。太った人にはレプチンを分泌する脂肪組織がたくさんあるため、血中のレプチン濃度はむしろ高くなる。問題は、脳がレプチン効果に耐性をつけてしまうことだ。痩せた人の場合、少し体重が増えるとレプチンの分泌量が少し増え、それが食欲を抑える。しかし、太った人ではレプチンがたくさん分泌されても脳がそれを検知せず、いつまでたっても充分だと感じられない。

この「レプチン耐性」の話は重要なことを示唆している。ヒトは太ると食欲の調節とエネルギー貯蔵のメカニズムが正常に働かなくなってしまうのだ。正常な場合、脂肪組織はサーモスタットのようにエネルギーの使用量を自動調節する。体内の脂肪細胞が充満すると、サーモスタットのスイッチはオフになり、食欲を落としてエネルギー備蓄をストップさせる。脂肪の蓄えが減ってくると、サーモスタットはオンになり、食欲を高めてより多くのエネルギーを脂肪として蓄えようとする。ニワムシクイの場合と同じく、体重増加は食事量だけで決まるのではなく、エネルギーをやりくりする方法を生化学的にどう切り替えるかで決まる。この「ニワムシクイ効果」は、食べ物の摂取カロリーと運動による消費カロリーを均衡させれば体重を維持できるという基本前提を土台から覆す。この前提が間違っているとすれば、肥満は暴飲暴食と怠惰からくる生活習慣病ではなく、本人にはコントロール不能な器質的疾患ということになる。

医学の前提が土台から覆るというと過激に聞こえるかもしれないが、このような例はほかにもある。数十年前まで胃潰瘍の原因がストレスとカフェインだと信じられていたことを思い出してほしい。かつては胃潰瘍も生活習慣病とされ、習慣を変えれば問題は消えると思われていた。ゆったりくつろいで、水を飲むように、と医師は指導した。だが、この方法では治らなかった。胃潰瘍は何度も再発し、胃酸が胃壁に穴を開けた。治らないのは患者のせいだとされた。医師の指導に従わずストレスを放置している患者が悪いのだと。

ところが一九八二年、二人のオーストラリア人科学者、ロビン・ウォレンとバリー・マーシャルが真相を突き止めた。潰瘍とそれに関連する胃炎を引き起こしていたのは、ときおり胃の中にコロニーをつくるヘリコバクター・ピロリという細菌だとわかったのだ。ストレスとコーヒーは症状にともなう痛みを悪化させる付加要素にすぎなかった。当初、ウォレンとマーシャルの説は科学界から強い抵抗に遭った。ウォレンは自らピロリ菌の溶液を飲んで胃炎になり、自分の体で証明することまでした。それでも彼らの新説が医学界に完全に認められるまでに一五年を要した。現在、胃潰瘍には抗生物質が安価で有効性のある治療法となっている。二〇〇五年、ウォレンとマーシャルはノーベル生理学医学賞を受賞した。胃潰瘍は生活習慣病ではなく感染症であることを見出した点が評価されたのである。

同じように、ニキル・ドゥランダハルは肥満が生活習慣病ではなく感染症の一種ではないかと考えていた。ウイルス感染がヒトの体重を増加させうる可能性を調べるためには臨床医ではなく研究医になる必要がある。彼は意を決し、家族を連れてアメリカに渡った。アメリカならこの謎の解明に必要な研究資金を得られるだろうという見込みがあった。彼のアイデアは突飛で、当然ながら既存の科学界から強い反対に遭った。だが、いつかは報われると彼は信じていた。

渡米して二年たったが、ドゥランダハルはニワトリのウイルスの研究資金をどこからも得られずにいた。もはやこれまでと、インドに帰ることを考えていたころ、ウィスコンシン大学の栄養学教授のリチャード・アトキンソンが手を差し伸べてくれた。これでやっと実験ができると喜んだのもつかの間、またもや大きな壁が立ちはだかった。彼が肥満の原因と考えていたニワトリのウイルスを、アメリカに持ちこむことを当局が許可しなかったのだ。

アトキンソンとドゥランダハルは別の方法を考案した。アメリカ人の多くが体内に抱えていて、体重増加に関与している可能性の高そうな、別のウイルスで研究することにしたのだ。二人は、ニワトリのウイルスに似ているという直感に従って、呼吸器感染症を引き起こすことで知られていたウイルスを実験用カタログで選び、郵便で注文した。そのウイルスの名はアデノウイルス36（AD36）である。

ドゥランダハルはまず、ニワトリ相手に実験した。半分のニワトリにAD36を感染させ、もう半分には鳥類によく見られる別のアデノウイルスを感染させた。ドゥランダハルとアトキンソンは結果を待った。はたしてAD36は、インドのウイルスと同じようにニワトリを太らせるだろうか？

もし太ったなら、ドゥランダハルは画期的な説を唱えることになる。肥満は、過食と運動不足といった意思力の弱さのみに起因する病態ではなく、感染症の一種だと示唆することになるからだ。さらに議論を呼びそうなのは、肥満が伝染性の病気だという示唆だ。

過去三五年のアメリカでの肥満の広がり方を示した地図を見ると、たしかに肥満はヒトからヒトへと伝染して広がる感染症のような印象を受ける。震源地はアメリカ南東部の州で、そこで肥満者が増えるにつれ、北部と西部の州へと押し出されるように国全体に波及している。大都市にひょいと出現すると、そこが新たな中心地となってじわじわと周囲に広がる。この伝染病のようなパターンを指摘する科学論文はすでにいくつかあったが、あまり真剣に受けとられなかった。ファストフード店、高カロリー食品を並べるスーパーマーケット、運動不足のライフスタイルなど、肥満を誘発する環境の広がりを示すにすぎないと思われたのだ。

肥満が個人から個人に伝染病のように広がるようすを浮き彫りにした研究調査もあった。それは一万二〇〇〇人の体重と対人関係を三二年にわたって分析した調査で、ある人が肥満になるかどうかは、その人の家族や親友の体重増加と強い相関関係があるとわかったのだ。たとえば、配偶者が肥満になった場合、その人自身も肥満になるリスクは三七％上昇する。夫婦は同じような食生活をしているのだから当然だと思うかもしれないが、いっしょに暮らしていない、成人のきょうだい間でも同じような伝染傾向が見られた。さらに驚きなのは、親友が肥満になるとその人も肥満になるリスクは一七一％に跳ね上がる。こうした人たちは自分に似た体型の人を選んで友達になっているわけではなく、太る前から親しくつき合っている。逆に、友人とは呼べないただの隣人が肥満だというだけで当人の肥満リスクが連動して高まることはない。つまり、家の近所にファストフード店ができたとか、地域内のスポーツジムが廃業したというような理由で地域住民が一斉に太りはじめるわけではない。

もちろん、この現象はヒトの社会性そのものに起因する部分が大きい。親しい人とは暮らし方や考え方、食べ物の好き嫌いが似ていることが多いからだ。しかし、そうした理由の箇条書きにもう一つ、微生物の交差という可能性を加えてはどうだろう。ドゥランダハルが疑っていたウイルスが主犯でなかったとしても、ほかに調べてみるべき微生物は多々ある。おそらくは、人づき合いの中で「肥満を引き起こす」タイプの微生物を共有することで肥満になりやすい環境ができ、肥満の広がりを容易にしてしまうのではないか。親友どうしは互いの家で長時間を過ごし、同じものに触れ、同じ食事をし、同じトイレを使う。つまり、同じ微生物を共有する機会が多く、そうした環境だと肥満が伝染しやすいのかもしれない。

ドゥランダハルによるニワトリ実験の最終日がやってきた。インドで慣れ親しんだ暮らしを捨て、家族を引き連れて渡米するという無謀な賭けは、ついに報われた。ＡＤ36はインドのウイルスと同じように感染したニワトリを太らせた。別のアデノウイルスに感染させたニワトリは太らなかった。ドゥランダハルはこの発見を論文にして発表した。だが、まだ多くの疑問が残っていた。いちばん重要なのは、ＡＤ36がヒトでも同じ作用をするかどうかだ。ヒトもこのウイルスに感染すると太るのだろうか？

このウイルスを意図的にヒトに感染させることはできない。その被験者が肥満になった場合に元に戻す治療法がないからだ。ドゥランダハルとアトキンソンは次善策として、霊長類の仲間であるマーモットという小型のサルで実験することにした。そして、マーモットもＡＤ36に感染すると太った。たしかな手ごたえを感じたドゥランダハルは、ヒトの肥満とこのウイルスの関連性を見るために、自主的に提供に応じた数百人から集めた血液にＡＤ36の抗体反応を示すものがないか調べてみた。なんと、肥満者の三〇％が過去にこのウイルスに感染していたことがわかった。太っていない人では一一％である。

ＡＤ36は「ニワムシクイ効果」の説明の一助となる。ニワトリがこのウイルスを保有していると、食事量や運動量を変えないまま、同じ食事からより多くのエネルギーを脂肪として蓄える。太った人の腸内細菌と同じように、ＡＤ36のウイルスも通常のエネルギー貯蔵システムを改変してしまう。このウイルスが肥満の流行にどの程度関与しているのか正確なところはまだわからないが、ニワムシクイの話と重ね合わせると、肥満は生活習慣病というよりエネルギー貯蔵システムの機能障害と言ったほうがよさそうだ。

食事で摂取する余分なカロリー量から増加する体重を算出することは机上でなら可能だ。体に必要なエネルギーのほかに三五〇〇キロカロリーを余分に摂取するごとに、体重は〇・四三五キロ（一ポンド）ずつ増える。その余分な三五〇〇キロカロリーを一日で摂ろうが一年かけて摂ろうが結果は同じはずで、その日に一ポンド太るか一年後に一ポンド太るかである。

しかし、実際にはそんなふうにはならない。摂取カロリーと体重が連動するという説が普及する前から、その計算はけっして合わなかった。ある実験では、一二組の一卵性双生児（成人男性）に一日一〇〇〇キロカロリー余分に食べることを週に六日、計一〇〇日間続けてもらった。彼らは体が必要とするカロリーより八万四〇〇〇キロカロリー余分に食べたことになる。理論どおりであれば、みな一一キロ太ることになる。だが実際はそんな単純なものではなかった。全体の体重増の平均は、予想値よりずっと低い八キロだった。個人単位で見ると、体重の増減はさらに予想値から外れる。ある男性は四キロ（予想値の三分の一）しか増えておらず、逆に予想値を上回る一三キロになった双子もいた。実際値の振れがこれだけ大きいと、理論に基づく予想値の一一キロは目安としてすら意味がない。

摂取カロリーから消費カロリーを引いた分が体重増になるという予想値からこれほど外れた結果になるということは、「ニワムシクイ効果」が渡り鳥や冬眠性の哺乳類だけでなくヒトにも働いていることを意味している。なお、ここでの話は、入ってくるエネルギーは体重として蓄えられるエネルギーと同量になるという熱力学の法則そのものを否定しているわけではない。ここで言いたいのは、身体メカニズムは食事量と運動量だけでカロリーの吸収量や消費量、蓄積量が決まるほど単純ではない、ということだ。

理論どおりにいかない理由の一つが、ＡＤ36のようなウイルスによる介入だ。通常、皮膚下と臓器まわりにある脂肪組織は中身が空の細胞でできており、エネルギーが余っているときその細胞を脂肪で満たす。ＡＤ36に感染したニワトリの脂肪組織は、エネルギーが余っていなくても脂肪の貯蔵に励む。そうなるよう仕向けているのはＡＤ36だ。このウイルスに感染したニワトリは太るためにたくさん食べる必要はない。エネルギーはほかのことに消費されることなく、まっすぐ貯蔵庫に向かう。

ヒトの肥満患者でも同じようなことが起きているのだろうか。太った人と痩せた人では脂肪の貯蔵法が違うのだろうか？　ベルギーのルーヴァン・カトリック大学で栄養代謝学の教授をしているパトリス・カニは、太った人は食欲抑制ホルモンのレプチンが効かないばかりか、脂肪組織そのものが病んでいるように見えると言う。太った人の脂肪細胞には免疫細胞がぎっしり集まっていて、まるで感染症と戦っているみたいだという。

痩せた人がエネルギーを貯蔵するときは、新しい脂肪細胞を数多くつくり（活発に細胞分裂して細胞数を増やし）、それぞれに少量の脂肪を入れる。だが太った人は、数少ない肥大化した脂肪細胞に多量の脂肪を入れる。カニによれば、過体重の人の脂肪細胞は炎症を起こしていて新しい脂肪細胞がつくられていない、これはエネルギー貯蔵プロセスが健全でなく不健全になっている兆候だという。この状態はもはや厳しい冬を生き延びるための正常なエネルギー貯蔵システムではなく、一種の病気なのだとカニは言う。

炎症を生じさせ、脂肪の貯蔵法を改変しているのは、肥満型マイクロバイオータのせいではないかとカニは考えている。腸内細菌の中には、その表面にリポ多糖（ＬＰＳ）という分子をつけているものがある。リポ多糖は血液中に入ると毒素のようにふるまう。案の定、太った人は血液中のリポ多糖濃度が高いことをカニは突き止めた。脂肪細胞に炎症を生じさせているのはリポ多糖だった。さらに、リポ多糖は新しい脂肪細胞の形成をさまたげ、その結果、既存の脂肪細胞に過剰な脂肪がつめこまれているのをカニは発見した。

これは大きな前進だった。太った人の脂肪は、貯蔵されたエネルギーを層状に重ねたものではなく、生化学的に機能不全に陥った組織になっており、どうやらリポ多糖がその機能不全を引き起こしているらしい。では、リポ多糖はどのようにして腸から血液中に入りこんでいるのだろうか。

痩せた人と太った人の腸内で存在量の違いが見られる微生物に、アッカーマンシア・ムシニフィラという細菌がいる。痩せた人にはこの細菌が多くいて、この細菌が少ない人ほどＢＭＩ値が高い。この細菌は、痩せた人では腸内微生物全体の四％を占めているのに対し、太った人ではほとんどゼロだ。アッカーマンシア・ムシニフィラは腸壁を覆う厚い粘液層の表面に棲んでいる（ムシニフィラとは粘液好きという意味だ）。腸壁の粘液層は、腸内微生物が血液中に入りこんで悪さをするのを防ぐ障壁となっている。アッカーマンシアの存在量はＢＭＩ値に関係するだけではない。この細菌が少ないと粘液層が薄くなり、リポ多糖が血液中に入りこみやすくなる。

アッカーマンシアが痩せた人の腸内に多いのは、この細菌が粘液好きで、粘液層が厚いほど繁栄するからだと思うだろう。実際はその逆で、この細菌が腸壁細胞に働きかけて、より多くの粘液を分泌させている。アッカーマンシアはヒトの遺伝子に化学信号を送って粘液の分泌を促し、それによって自分たちの棲み処を得て、結果的にリポ多糖が血液中に入りこむのを阻止している。

もしアッカーマンシアが粘液層を厚くするのなら、この細菌は血液中のリポ多糖濃度を下げ、体重増加を防いでくれるのではないか、とカニは考えた。彼は太ったマウスの一群にアッカーマンシアを加えた食事を与えてみた。思ったとおり、マウスの体内ではリポ多糖の濃度が下がり、新しく健全な脂肪細胞がつくられるようになった。そして何より、体重が減った。さらに、アッカーマンシアを与えたマウスはレプチンへの感受性が高くなり、食欲が減少した。マウスの体重が増えていたのはたくさん食べていたからではなく、リポ多糖がエネルギーをひたすらためこむよう働きかけていたからだ。ドゥランダハルが推測したとおり、ヒトにおいてもエネルギー貯蔵システムは一定ではなく変化する。つまり、食べ過ぎのせいで肥満になるとはかぎらない。ときには――むしろこちらのほうが蓋然性が高そうだが――ヒトは病気になった結果として食べ過ぎるようになる。

アッカーマンシアがマウスの肥満を防ぐというカニの発見は、医学に革命をもたらす可能性を秘めている。彼はいま、過体重の人にアッカーマンシアをサプリメントとして与えて減量効果を見るという治験を

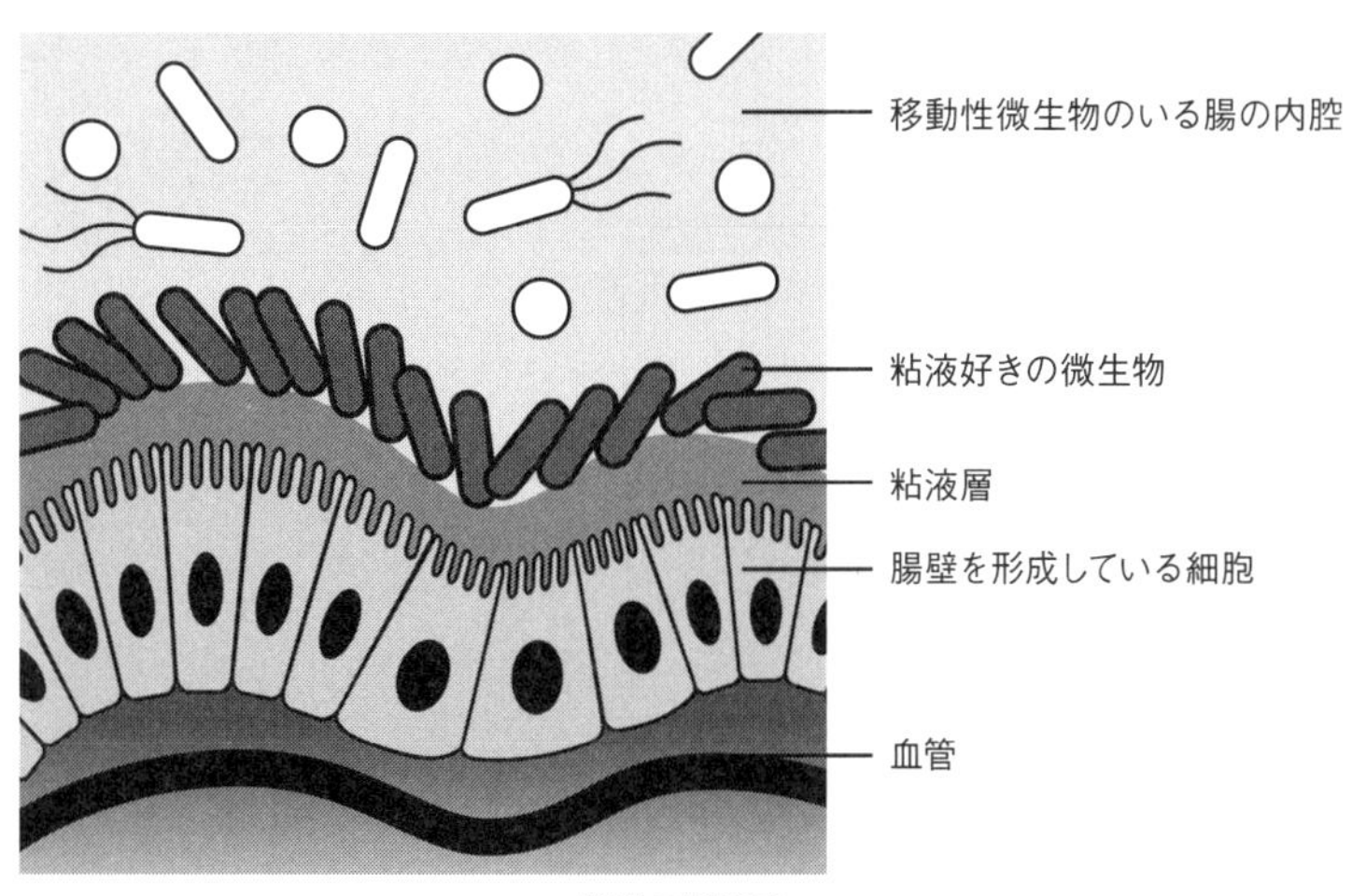

腸壁の断面図

計画中だ。それだけではなく、太った人の腸内でなぜアッカーマンシアが減ってしまうのかについても調べなければならない。多少の手がかりはある。マウスに高脂肪な餌を与えて太らせるとアッカーマンシアは減るのだが、餌に食物繊維を加えると、アッカーマンシアはまた増えて健全な量に戻る。

二〇三〇年にはアメリカの人口の八六％が過体重または肥満になると予測されている。二〇四八年には全員がそうなるだろう。これまで五〇年、食べる量を減らしてもっと運動するようにと言われ続けてきたのはいったい何だったのだろうか。人々はスリムな体型を保とうと、あるいは減量しようと、あらゆる努力とお金を費やしている。それでも肥満になる成人と子どもは増える一方だ。そして肥満を治療しようと試みられている方法は、半世紀前からほとんど進歩していない。

現在、ただ一つ堅実な効果を上げている治療法が胃バイパス手術だ。食事療法による減量に挑んでは失敗し、挑んでは失敗した患者が過食を止めるには、胃のサイズを鶏卵程度にまで縮め、入ってくるカロリーを制限するしかない。

抜本的な対策としての胃バイパス手術を受けた患者は、数週間で体重を数十キロ落とす。

　この方法は、意志力に頼ることなく、毎回の食事量を物理的に減らせるから効果があるのだろうと思われてきた。だが、どうやら、食事量の制限以上のものが働いているらしい。バイパス手術から一週間で、腸内マイクロバイオータは肥満型でなくなり、痩せた人と同じような組成に変わりはじめる。フィルミクテス門とバクテロイデーテス門の細菌の割合が逆転し、懐かしのアッカーマンシアが一万倍にも増える。マウスに小さな胃バイパス手術を施した場合も、マウスの腸内マイクロバイオータの組成に同じような変化が起こる。しかし、切開して縫合するだけのニセ手術をしたマウスでは、同じ効果は現れない。本物のバイパス手術をしたマウスのマイクロバイオータは、それを無菌マウスに移すと即座に減量効果が出る。まるで、一個体のマウスが全身で減量態勢になるよう、栄養成分や酵素、ホルモンがリセットされたかのようだ。胃バイパス手術を受けた患者の体重が減るのは、食べる量が制限されたからというより、食べる量が減って腸内マイクロバイオータが痩せ型にリセットされて、エネルギーの貯蔵法が変わったからだろう。

　ムンバイでニワトリ・ウイルスの大流行が起こってから二五年後、ニキル・ドゥランダハルはアメリカの肥満協会の会長となった。ウイルスが肥満を引き起こすというドゥランダハルの研究は徐々に科学界に受け入れられるようになった。彼はいまも肥満の流行の背後にある原因を追究している。

　ウイルスと細菌を含めた微生物は、過食と運動不足だけで肥満になるわけではないことを教えてくれている。食事からエネルギーをどう引き出すか、そのエネルギーをどう使ってどう貯蔵するかは、各人が抱える腸内の微生物集団と複雑に関係している。肥満の流行の本質を本気で知りたいと思うなら、マイクロバイオータに目を向け、何が健全なバランスを乱しているのかを考えてみる必要がある。

第3章　心を操る微生物

　農薬汚染がすすんだアメリカ北西部の湿地帯には、グロテスクなカエルがよく出現する。八本もの後ろ足が腰から斜めに生えているものがいるかと思えば、まったく足が生えていないものもいる。奇形カエルは泳ぐのも跳びはねるのも困難で、成長しきる前に鳥についばまれて命を果てる。こうした発生異常は遺伝子変異のせいではない。微生物——吸虫という小さな寄生虫——のせいだ。吸虫の宿主はカタツムリの一種であるヒラマキミズマイマイで、宿主から排出された吸虫の幼体は、つぎなる寄生先としてカエルの幼体であるオタマジャクシに入りこみ、そのオタマジャクシが変態したとき後ろ足になる部分に嚢胞を形成する。それが後ろ足の正常な発生をじゃまし、一本の足になるはずのものが二股に分かれ、さらに二股に分かれる。

　カエルにとって、奇形に生まれつくことは死を意味する。ついばむのが簡単な餌を探すサギから逃れられないからだ。吸虫にとって、カエルの奇形は自分たちの生活環を存続させるのに好都合だ。サギは簡単にカエルを捕まえて消化し、カエルの中にいた吸虫を糞として出す。湿地帯に戻った吸虫は、新たなヒラマキミズマイマイに寄生する。なんとも巧妙な戦略だが、吸虫にその戦略を練る知能があるわけではない。カエルの不運を招いたのは自然選択だ。カエルを捕食者の餌食にすることに成功した吸虫は生き残る。生き残ることができれば、自身の生活環を有利にする遺伝子（カエルの奇形を誘導する遺伝子）を次世代に引き継ぐことができる。

繁殖を有利にするという進化的適性を上げるには、このように宿主の身体構造を変えるという方法があるが、もう一つ、宿主のふるまいを変えるという方法もある。

パプアニューギニアの多雨林で、頭の高さくらいのところにある木の枝の葉をひっくり返すと、死んだアリの抜け殻が見つかることがある。葉の主脈にアリの顎（あご）が食いこんで、死骸をぶら下げたままにしているのだ。アリの抜け殻からは一本の柄（え）が伸びており、先端につけた胞子嚢の重みでしなっている。この柄は、冬虫夏草と呼ばれる菌類の一種で、アリを殺してその体を栄養として吸収し、胞子を放出して林床にまき散らす。アリの体内で成長するのは繁殖に必要なエネルギーを得るのに賢明な方法であるが、冬虫夏草にとってアリはもう一つ別の役割を果たす。

アリは冬虫夏草にとりつかれるとゾンビになる。アリの巣社会での通常の義務を放り出し、ほうけたように木に登る。林床から一五〇センチほど登ったところで、木の幹の北側にある葉脈を見つけ、そこに深く食いつき自身の体を固定する――死ぬまで動けなくなる行為であるにもかかわらず。そして間もなく、冬虫夏草がアリの体を乗っ取る。数日後、冬虫夏草は芽を出し、柄を伸ばし、胞子を放出する。胞子は林床にばらまかれ、落ち葉の下にいる新しいアリにとりつく。冬虫夏草はアリのふるまいを変え、自身の次世代を育てるのに都合がいいように操っている。

宿主のふるまいを変える微生物はほかにもいる。狂犬病ウイルスに感染したイヌは、衰弱して死ぬのではなく、極度に攻撃的なふるまいに出る。ウイルスがたくさんまじった唾液を口のまわりに泡立てながら、喧嘩の相手を探す。そう、別のイヌに噛みつくためだ。トキソプラズマに寄生されたラットは、開け（ひら）た空間や明るい光をこわがらなくなる。ネコの尿の匂いに引きつけられてふらふらと出てゆき、どうぞお食べくださいと言わんばかりにネコの餌食になる。毛様線虫に寄生された昆虫は、水に飛びこんで自殺する。死んだ昆虫の体から、毛様線虫は泳いで脱出する。

微生物が宿主のふるまいを操るのは、その微生物が新しい宿主に拡散するのを容易にするための進化戦略だ。狂犬病ウイルスは、宿主のイヌに喧嘩させて別のイヌに噛みつかせることで、繁殖し続ける。トキソプラズマは、寄生したラットをネコの前に差し出して、ネコに食べさせてネコの体内に入りこみ、自身の生活環を存続させる。毛様線虫は、つがいを探して生殖するために何が何でも水場にたどりつかなければならない。宿主のふるまいを操ることができれば自身の生存と繁殖が有利になるため、それに成功した微生物は生き延び進化する。それにしても、寸分の狂いもない宿主操作には驚かされる。

微生物によるふるまいの操作は、野生生物の世界にかぎった話ではない。ヒトも操られる。ベルギーの若い女性、Aさんの例を紹介しよう。Aさんは一八歳になるまで明るく健康で、試験勉強に励んでいた。ところがわずか数日で喧嘩腰になり、つき合いが悪くなり、性的にだらしなくなった。彼女は精神科の病院に送られ、統合失調症の治療薬を処方され、退院した。三か月後、Aさんはふるまいがさらに悪化し、嘔吐と下痢が止まらなくなって再入院した。医者たちは彼女の脳の生検をおこない、この症状の原因が微生物であることを見出した。彼女はウィップル病にかかっていた。細菌によって引き起こされるめずらしい感染症で、行動の激変がきっかけで感染が発覚する。

じつは、Aさんには精神科の病院に連れて行かれることになった一連の行動障害のほかに、胃腸の症状が現れていた。ウィップル病の患者は通常、急激な体重減少や腹痛、下痢を訴えて医者のところにやってくる。どれも消化管感染症の症状だ。Aさんの場合、腸だけでなく脳にも影響が出たため、真の原因から医者の関心をそらせてしまった。いや実際、心の病気や神経症の患者に消化器系の症状が出ることはよくあるのだが、行動が変わることに比べれば胃腸障害など重要でないと思われて、見過ごされがちなのだ。

そんな中、自閉症の息子の下痢に注目し、新たな見地を得た非凡な女性がいる。

遅発性自閉症のきっかけ

エレン・ボルトにはすでに三人の子がいた。一九九二年二月、四番目の子どもアンドルーが、コネチカット州ブリッジポートで生まれた。アンドルーは姉のエリンと二人の兄と同じように健康体で生まれてきて、あらゆる面で標準的に育っていた。生後一五か月検診で小児科医を訪れたときも、何の問題もないように見えた。だが医者は、アンドルーの耳を覗きこみ、滲出液がたまっているのを見つけた。耳に感染症ができているから抗生物質で治療する必要があるという。「熱もないし、いつもどおり飲食して遊んでいたので、びっくりしました」とエレンは言う。一〇日間の抗生物質による治療後の再診で、滲出液はまだ消えていなかった。こんどは別の種類の抗生物質を一〇日間、処方された。治療期間が終わり、アンドルーの耳はきれいになった。

だがこの治癒は一時的で、再発をくり返した。アンドルーは三クール目、四クール目の抗生物質治療を受けた。毎回、種類の異なる細菌グループを標的とする種類の異なる抗生物質が投与された。この段階で、エレンはこれ以上薬を使うことに疑問を感じた。息子には不快感があるようにも、聴覚に問題があるようにも見られなかったからだ。だが医者は、「万一のことがあってはいけないから、抗生物質の投与を続けましょう」と言って譲らなかった。エレンは言われたとおりにした。このころ息子の下痢がはじまった。下痢は抗生物質のよくある副作用の一つだ。医者は下痢のことには気を留めず、感染症を根絶しようとさらに三〇日間の抗生物質治療を続けた。

この最後の治療期間中に、アンドルーのふるまいが変わった。最初はちょっと酔っぱらったような感じで、にこにこと、よろめきながら歩いた。「ほろ酔いした人のようでした」とエレンは言う。「息子の姿を夫と笑いながら眺めて、こんどのパーティーであの子に抗生物質を飲ませて、みんなで盛り上がろうか、なんて冗談を言い合うほどでした。これまで続いていた耳の痛みが消えて喜んでいるのかもしれない、と勝手にいいように解釈していたんです」。だが、ほろ酔いは長続きせず、一週間後にアンドルーは人が変わった。不機嫌に引きこもっていたかと思うと、とつぜん怒り出し、一日じゅう叫び声を上げる。「抗生物質で治療する前まであの子は何ともなかったのに、逆に重症の病気になってしまったんです」。アンドルーには消化器系の症状がほかにも出てくるようになった。下痢が止まらず、大量の粘液と、未消化の食べ物が出てきた。

アンドルーのふるまいは悪化した。「どんどんおかしくなっていったんです。つま先で歩いたり、私と目を合わそうとしなくなったり。以前は話していた言葉を話さなくなり、名前を呼んでも返事をしなくなり、まるで別人になってしまいました」。両親はアンドルーを耳の専門医に診せた。専門医は小さな管で耳の中の液体を抜き、耳の感染症は治っているので牛乳を飲ませるのをやめるといいと助言した。このときの診察でアンドルーの耳はきれいになっていたので、エレンは胸をなでおろした。耳が治ったのだからふるまいもそのうち元に戻るはずだと彼女は思った。だが、そうはならなかった。

アンドルーの消化器症状はどんどん悪くなり、体重は年齢相応だったが、手足は痩せて腹だけ膨らんできた。ふるまいはさらにおかしくなった。ひざを曲げずにつま先立ちで歩く。部屋のドアのところに立ったまま、半時間も電気のスイッチを入れたり切ったりする。鍋やふたなどモノには異常に執着するのに、ほかの子どもには関心を示さない。なにより、甲高い叫び声を上げる。両親は困りきって、医者から医者へとアンドルーを診せて回った。アンドルーは二歳一か月で自閉症と診断された。

アンドルーがそう診断されたころ、エレンをはじめとする多くの人にとって自閉症のイメージは、一九八八年の映画『レインマン』でダスティン・ホフマンが演じた自閉症の主人公レイモンドだけだった。ホフマン演ずるレイモンドは、社会生活を送ることが極度に困難で、日々の決まりきった行動をくり返す一方、記憶力が抜群で、何年も前の野球リーグのデータをすべて思い出せる。レイモンドは障害を負いつつ特異な才能を有する「自閉症サヴァン」だった。だが、音楽や数学、美術に特異な能力を発揮する、メディアが好んでとりあげるような自閉症サヴァンはごく少数だ。自閉症というのは幅広い症状を包括した呼称であり、平均または平均以上の知力を有するアスペルガー症候群から、学習が困難な重度の自閉症までを含む。アンドルーは後者だった。

自閉症スペクトラム障害全般に共通するのは、人づき合いが困難だということだ。アメリカの精神医学者レオ・カナーは一九四三年、この特徴を有する症状を自閉症と命名した。カナーは一一件の小児例を、「出生直後から他者との関係を築くことが困難だという共通点がある」と記載した。カナーは、統合失調症の一部にみられる「過度に自己に引きこもる」という症状に関連するとして、自閉症という言葉を編み出した。「自閉症者は、生後早い時期から外界に無関心で、外からやってくるあらゆるものを無視するか締め出す。他者の口調や真意、冗談、皮肉、比喩などが理解できない。他者への共感が抱けず、社会生活における暗黙のルールを身につけることができない。決まりきった行動を好む、あるいは単一の考えまたは対象物に異常に執着する」。このようにカナーは自閉症を定義した。

アンドルー・ボルトが自閉症と診断された一九九〇年代に、この病気はレオ・カナーが唱えたとおり先天的なものと思われていた。エレンは誤診だと思った。「アンドルーは生まれたときには完全に正常でした。四人も子どもを産み育てた私に、それがわからないはずがありません」。だが、医者はみな、お母さんが兆候を見逃していただけで息子さんの自閉症は死ぬまで治らない、と言い張った。アンドルーは自閉症なんかじゃない、正しい診断がどこかにぜったいある、とエレンは固く信じ、自ら調査に乗り出した。

彼女のこの信念は、やがて自閉症の原因に対するまったく新しい視野を開くことになった。

かつて自閉症は、一万人に一人に出る程度のまれな病気だった。一九六〇年代後期にこの種の初の調査がなされたときには、自閉症の子どもは二五〇〇人に一人だった。アメリカの疾病管理予防センター（CDC）が正式に記録をとりはじめた二〇〇〇年、自閉症スペクトラム障害と診断されたのは、八歳の子どもで一五〇人に一人に増えていた。二〇〇四年には一二五人に一人、二〇〇六年には一一〇人に一人、二〇〇八年には八八人に一人と、有病率は上昇の一途をたどり、二〇一〇年にはついに六八人に一人にまでなった。じつに一〇年で二倍に増えたのである。

自閉症の増加傾向が減速する気配はなく、憂慮すべき事態となっている。このままこの傾向が続けば、未来の社会は現在とは様変わりする。消極的に見積もっても二〇二〇年には三〇人に一人の子どもが自閉症となり、二〇五〇年にはアメリカの一家族に一人の自閉症スペクトラム障害者がいることになる。自閉症スペクトラム障害は女児より男児に出現しやすく、現在では全男児の二％以上がこの障害を抱えている。単に診断される数が増えただけだとする説もあり、実際、この障害の認識率の高まりが数字を押し上げている点は否めないが、それでも自閉症が増えていることには変わりないと専門家の意見は一致している。だが、その原因については最近まで、統一的な見解はほとんどなかった。

エレン・ボルトが調査に乗り出したころ、自閉症は遺伝的なものだというのが一般的な見方だった。それより一〇年前ごろには、精神医学者の多くが「冷蔵庫マザー」仮説を信じていた。これは一九四九年にレオ・カナーが意図せず広めてしまった仮説だ。カナーはついうっかり、こんなことを書いてしまった。「親が冷淡で、強迫観念的で、物質的な欲望にばかりとらわれていると、生まれたばかりの子どもは冷蔵庫に置き去りにされたような状態になる。その子は引きこもり、孤独でいることに安らぎを見出すようになる」。だがカナーは別のところで、自閉症は生まれる前から決まっている先天性の障害で、親の性格や育て方には関係しないとも書いている。一九九〇年代になると、「冷蔵庫マザー」仮説はほぼ退けられ、かわりに当時の最先端分野であった遺伝学に注目が集まった。

ところで、エレンは自閉症の原因そのものを解明しようとしていたわけではない。彼女は、何がきっかけで息子が自閉症になったのかを探していた。幸いにもエレンには、物事を寛容な心と懐疑心の両方から眺めることのできる、優秀な科学者に匹敵する資質が備わっていた。仮説を論理的に検証するには、コンピュータ・プログラマーをしていた経歴も役に立った。彼女は医学や生命科学の専門的な訓練こそ受けていなかったが、まずは観察からはじめよ、という基本を知っていた。「私は息子を観察し、何が息子をそんなふうにふるまわせているのかを考えました。あの子が私のつくった食事に手をつけず、暖炉の灰やティッシュペーパーを食べるのはなぜなのか。ちょっと触れられたり大きな音がしたりするだけで悲痛な叫び声を上げるのはなぜなのか。徹底的に観察しました」

エレンは手はじめに、公共図書館で関係しそうな文献を読みあさった。別の診断を下してくれる医者がいないかと、あいかわらずドクター・ショッピングは続けていた。どこかでだれかが別の診断を下してくれることを期待した。アンドルーの状態に興味を示してくれるだけでもよかった。興味を示した医者が一人、現れた。その医者はエレンに、本気で調べるつもりなら医学論文を読まなければいけないと助言した。

エレンはそれに従った。当初はちんぷんかんぷんだった論文をだんだん速く読めるようになり、医学用語も理解できるようになった。行きつ戻りつしながらも、やがて彼女は、息子の耳の治療に使われた抗生物質を疑うきっかけとなる論文を見つけた。それは抗生物質の治療後に一部の人に長期の重症の下痢が出現する、クロストリジウム・ディフィシル感染症についての最新の研究論文だった。アンドルーの消化器系の症状が思い当たった。ひょっとすると同じタイプの細菌が、下痢を引き起こすだけでなく、発育中の幼い脳にダメージを与えるような何らかの毒素を放出している可能性はないだろうかと考えた。

この時点で、エレンが思いついた仮説はこうだ。アンドルーは、クロストリジウム・ディフィシル感染症を引き起こす細菌の一つ、破傷風菌（クロストリジウム・テタニ）に感染しているのではないか。破傷風菌は通常、血液に入って筋肉に感染するが、アンドルーの場合は腸に入った。アンドルーの腸内では、通常なら破傷風菌が定着するのを阻止する細菌が耳の治療の抗生物質で殺されていたため、破傷風菌が増殖した。その破傷風菌が産生した神経毒素が何らかの形でアンドルーの脳に到達したのではないか。エレンは興奮して、自分の主治医にこの話をした。

彼女の主治医は心が広く、妥当性のある検査ならその検査を試してみようと言い、アンドルーの血液に、免疫系がかつて破傷風菌と戦ったことのある証拠を探すスクリーニング検査の手配をしてくれた。アメリカの幼児のほとんどがそうであるように、アンドルーも破傷風の予防接種を受けている。血液検査でその痕跡が見つかるのは想定内だった。しかし、検査結果は驚くべきものだった。アンドルーの破傷風菌に対する抗体値はグラフに収まらないほど高かったのだ。予防接種しただけでこれほどの数値が出ることはまずない。その後の数か月で、それ以外の証拠を探す検査結果がすべて陰性という報告が戻ってきたのを見て、エレン・ボルトは自分の仮説が的外れなものでないことを確信した。

エレンはあちこちの医者に手紙を書き、自分の考えに理解を求め、アンドルーの腸内にいる破傷風菌を抗生物質のバンコマイシンで治療してほしいと頼んだ。だが、どの医者からも反論された。破傷風の典型的な症状である筋収縮がみられないし、神経毒素が血液脳関門を通過できるはずがない、そもそも予防接種しているのになぜ破傷風菌に感染するのだ、と医者たちは言った。エレンは何を言われようと、自分の数か月に及ぶ調査から得た仮説を信じていた。

どの医者からも賛同を得られなかったエレンは、さらに多くの論文を読んで調べた。そして、皮膚傷から感染したあと筋収縮が起こるのは神経毒素が筋肉の神経に影響するからで、腸内で感染したときは脳の神経に影響しうるのだと知った。破傷風の神経毒素が迷走神経をとおって腸から脳に到達することを示した実験についても知った。迷走神経は、脳の血管から脳の神経に有害物質が移動しないよう設けられている障壁「血液脳関門」を迂回して、腸と脳をつないでいる神経だ。エレンは、予防接種したのに筋収縮性の破傷風に感染した患者の病歴もかき集めた。ところで、エレンはこのころすでに、アンドルーの自閉症の診断を誤診ではなく正しい診断だと受け入れるようになっていた。自閉症以外の診断を探すためにはじめた彼女の調査はいつしか、自閉症をこれまでとは違う角度から見ることに変わっていた。

エレンは、三七番目の医者に相談するころには自分の説をあらゆる面から完全に確信していた。シカゴのラッシュ小児病院で小児胃腸科専門医をしているリチャード・サンドラーが、エレンの話を二時間かけて聞いてくれた。サンドラーは、破傷風菌を殺すためにアンドルーにさらに抗生物質を投与するというアイデアについて、二週間考えさせてほしいと答えた。「馬鹿馬鹿しい気もしますが、科学的にはありうる話なので、ちょっと考えさせてください」

サンドラーはすでに四歳半になっていたアンドルーに抗生物質を八週間、投与してみることに同意した。

彼は治療の前に一連の血液検査、尿検査、便検査をした。臨床心理学者にも協力を要請し、アンドルーの行動を連続して観察させ、治療期間中に何か変化が起こったらすぐに測定できるよう準備した。アンドルーへの抗生物質の投与がはじまって二日後、彼のふるまいはいつもよりさらに激しくなった。だが、その後に起こったことはサンドラーを心の底から驚かせた。それはエレンが挑んだ医療体制との二年間の闘いを正当化するもので、のちに自閉症研究を一変させることになるものだった。

腸と脳はつながっている

チャールズ・ダーウィンは根っからの観察好きで、一八七二年の著書『人及び動物の表情について』に、「消化管の分泌物が感情の影響を強く受けるようすは……消化管にある感覚器が直接作動していることを示しており、それは意志によってどうにかできるものではない」と書いた。ダーウィンが言わんとしているのは、悪い知らせを聞いたとき腹が下(くだ)る感じがしたり、寝坊して試験に遅刻しそうなとき胃がひっくり返る感じがしたり、恋に落ちたとき胸が締めつけられるような感じがしたりすることだ。脳と腸は、離れた場所で別の機能を担っているにもかかわらず、深いところでつながっている。感情が腸の働きに影響するだけでなく、腸の活動が気分やふるまいに影響する。お腹がごろごろしたときのことを思い出してほしい。そのとき、消化管が不機嫌を起こしていただけでなく、あなたの感情も不機嫌になっていたはずだ。

過敏性腸症候群など長期の病気に苦しんでいる人にとって、感情は症状に大きく影響する。強いストレスを受けると症状が悪化し、それがさらにストレスとなる。仕事の初日や重要なプレゼンをする日はただでさえ不安だというのに、過敏性腸症候群の不快さやトイレの心配のせいでますます不安になり、症状とストレスの悪循環を起こす。過敏性腸症候群が腸とマイクロバイオータの変化と関係していることはわかったが、腸と脳のつながりがもう一つのカギになっている可能性はないのだろうか。「腸とマイクロバイオータと脳」という三者の関係として考え直してみるべきでは？

この疑問を最初に追究したのは二〇〇四年、日本人医学者の須藤信行と千田要一だった。二人はマウスでシンプルな実験を設計した。腸のマイクロバイオータが脳のストレス反応に影響するかどうかを観察する実験で、二グループのマウスを使った。一方は腸内に微生物がいない無菌マウスで、もう一方は腸内微生物一式を抱えた通常マウスだ。狭い管に閉じこめてストレスを与えると、両グループともマウスはストレスホルモンを出したが、無菌マウスのホルモン濃度は二倍高かった。腸のマイクロバイオータが欠けていると、マウスはストレスをいっそう強く感じるということだ。

須藤と千田は、ストレスに過剰反応する無菌マウスに通常マウスのマイクロバイオータを入植させる（コロニーを形成させる）とどうなるか、実験を続けた。成体になっていた無菌マウスでは、ストレス反応はすでに定着していて微生物群を入植させても変わらなかった。だが、幼いうちに入植させれば、ストレスに過敏にならないマウスに育つ。それどころか、たった一種類の細菌、ビフィドバクテリウム・インファンティスを幼い無菌マウスに入植させるだけで、通常マウスと同程度のストレス反応に落ち着かせるには充分だった。

この一連の実験は、新しい考え方へのドアを開いた。腸内微生物は、体の健康を左右するだけでなく心の健康をも左右していた。さらに、乳幼児期に腸のマイクロバイオータが乱されると、その影響が小児期以降に現れることがある。ヒトの脳は乳幼児期に集中的に発達する。一人の脳には生誕時におよそ一〇〇〇億の神経細胞（ニューロン）がすべて割り当てられているが、これは角材のような建築材料にすぎない。何かしら意味のあるものを建設するには、神経細胞どうしを結合させるシナプスを使って複雑に組み立てなければならない。乳幼児期の経験は、どのシナプスを組み立てに使うか、どのシナプスを強化すべきか、そしてどのシナプスを廃棄するかを決定づける。毎日のように新しい刺激にさらされる幼児は、何かを新しく学んだり伸ばしたりすることに備えて一秒につきおよそ二〇〇万個のシナプスを用意する。だが、健全な脳の発達には記憶と忘却のバランスをとることが必要で、用意した新しいシナプスの大半は小児期に捨てられる。幼児期のシナプスは「使うか、さもなくば捨てろ」で、脳をきれいに整頓しておくためには強化する必要のないシナプスを定期的に廃棄する必要があるのだ。

もし腸内微生物が、幼い脳が発達する重要な時期に影響するのなら、アンドルーの自閉症は腸内感染症が原因だというエレン・ボルトの仮説を裏づけることになるかもしれない。遅発性自閉症は正常に成長したあと一〜三歳になって発症する。これは脳の大半が発達する時期と重なる。この時期は、大人とほぼ同じ安定した腸内マイクロバイオータが確立する時期でもある。アンドルーが幼いころ耳の感染症を疑われて受けた抗生物質の治療は、まだ安定していないマイクロバイオータを乱し、神経毒素を産生する破傷風菌の増殖を許したのかもしれない。エレンは、アンドルーの腸内に巣食っていると思われる破傷風菌を抗生物質で滅ぼせば、息子の脳へのダメージが治まるのではないかと期待した。

リチャード・サンドラーが破傷風菌を殺す抗生物質の投与を開始して二日後、アンドルーの多動は驚くほど落ち着いた。エレンはそのときのことをこう語る。「これほどまでに効くとは思っていませんでした。二週間目に入ると、正しいランプが一つまた一つ点灯していくように戻っていきました。私は息子のトイレ訓練を開始しました。四歳になって、やっとですよ。二週間ほどで習得しました。そしてこの三年ではじめて、息子は私の言うことを理解できるようになったんです」。アンドルーは家族の愛情に応え、共感を示す子どもになり、それまで二、三言しか話せなかった言葉をたくさん覚えるようになった。着替えを嫌がらなくなり、Tシャツの前面がどろどろになるような食べ方をしなくなった。抗生物質治療中のアンドルーのふるまいの変化は臨床心理学者が記録していたが、サンドラーにはその記録を読むまでもなく、一目見ただけでアンドルーが変わったことを理解した。

サンプル・サイズはたった一例でしかなかったが、この改善はあまりに明白で、自閉症の原因が腸にあることは疑う余地がないように見えた。幸運なことに、著名な微生物学者がアンドルーの事例に関心を示してくれた。シドニー・ファインゴールドは、酸素のないところで生きる嫌気性細菌に詳しい専門家だった。彼は二〇一二年に九〇歳の誕生日を迎えたとき、新聞に「嫌気性微生物の研究における二〇世紀最大の、いや史上最大の貢献者」と紹介されている。破傷風菌（クロストリジウム・テタニ）を含むクロストリジウム属も嫌気性細菌の一グループだ。エレンの仮説は、莫大な知識と経験をもつファインゴールドの手に委ねられることとなった。

サンドラーはファインゴールドとエレンと共に、遅発性自閉症と下痢を併発している子ども一一名を対象に抗生物質試験をおこなった。この試験の目的は、抗生物質が自閉症治療に適するかどうかを見るのではなく、コンセプトの証明として使えるかどうかを見るものだった。抗生物質の投与によって被験者に一部でも、あるいは短期的にでも改善が認められたなら、腸に棲む破傷風菌その他の微生物が原因であることを疑っていいことになる。アンドルーのときと同じくこの試験は目をみはる結果をもたらした。みな、単一の事物や行動に固執することがなくなり、家族の言うことをよく聞くようになった。残念ながら、アンドルーも他の子どもたちも、試験中に改善した健康状態とふるまいを持続させることはできなかった。抗生物質をやめると一週間で以前のような退行状態に戻ってしまう。それでも、自閉症という病気が知られるようになってからはじめて、腸内微生物との関連という手がかりが示されたのは大きな一歩だった。

破傷風菌仮説がひらめいてから六年後の二〇〇一年、エレン・ボルトはついに自分が正しかったことを知る。シドニー・ファインゴールドは、自閉症児一三名と健康児八名で、大腸内にいる微生物を比較する対照試験をした。当時、マイクロバイオータのすべてを調べるにはＤＮＡ解析技術はまだ高価すぎたが、ファインゴールドは無酸素状態で細菌を培養する特殊な技能を有していたため、クロストリジウム属の細菌種をカウントすることができた。破傷風菌そのものは見つからなかったが、重要なことがわかった。自閉症児は健康児に比べて、平均すると腸内にクロストリジウム属の細菌が一〇倍も多くいたのだ。おそらく、破傷風菌の仲間の菌種も幼い脳にダメージを与えるような神経毒素を出すのだろう。エレン・ボルトの仮説は原因菌種を狭く特定していただけで、考え方の方向性としては合致していたことがこの段階で示された。

さて、腸内細菌の組成が違うだけで、ほんとうに子どものふるまいが変わるのだろうか。自閉症児のように平手打ちをくり返し、体を前後にゆすり、何時間も叫び声をあげるようになってしまうのだろうか。どうやらその可能性は高い。トキソプラズマに感染したラットが恐怖心を失って、広々した場所に出ていったりネコの尿のにおいに引き寄せられたりするように、トキソプラズマに感染したヒトもふるまいが変わる。ネコ好きの人はトキソプラズマに感染しやすい。ペットとして家の中で飼われているネコであってもこの原虫に寄生されていることはあるので、飼い主がトイレ砂を始末しているときなどに、引っかき傷から簡単に感染する。フランスのパリで妊婦を対象に検査したところ、なんと八四％がトキソプラズマに感染していた。ほかの都市の妊婦では、ニューヨークで三二％、ロンドンで二二％だった。検査対象が妊婦にかぎられているのは、妊娠中にトキソプラズマに初回感染すると胎児に危険が及ぶからだ。妊婦以外の成人感染者に健康の影響が出ることはめったにない。しかし、健康に影響は出なくても性格が変わる。

不思議なことに、トキソプラズマに感染すると男と女では性格が逆向きに変わる。感染した男性は陰気になり、社会ルールや道徳を無視するようになる。そして疑り深く、嫉妬深く、不安になりがちだ。一方、感染した女性は明るくおおらかになり、心が広く決断力のある自信家になる。この変化は、不特定多数との性行為を許す環境になると考えれば納得がいく。女性がガードをゆるめ、男性が他人へのリスペクトやモラルをなくせば、ヒトの男女もラットと同じように大胆になるということだ。

トキソプラズマ感染の影響は性格の変化にとどまらない。感染者は男女とも、反応が鈍くなり集中力を失うことが多くなる。このことは実験室内ではさほど問題にならないが、外界では深刻な問題となる。プラハのカレル大学の調査によると、交通事故を起こして入院した患者一五〇人は、交通事故を起こしたことのない市民に比べて高い割合でトキソプラズマに感染していたという。つまり、トキソプラズマに感染すると三倍も事故を起こしやすくなる。トルコでも似たような調査結果が出ている。交通事故を起こした運転者はそうでない人の四倍も多くトキソプラズマに感染していた。

ラットと違ってヒトは、トキソプラズマ原虫にとって行き止まりの宿主だ。原虫を寄生させたヒトがネコに食われることはまずもってない。しかし、寄生者と宿主の共進化の長い歴史の中で、トキソプラズマは寄生した宿主の性格やふるまいを変えてしまう方法を習得した。宿主がネコに食われて死ぬように進化してきたら、現在の宿主は交通事故で死ぬようになったというだけのことだ。あるいは、トキソプラズマからすればヒトを操るつもりなどまったくないとも言える。ネコに食われるようラットの脳に働きかけるメカニズムが、たまたまヒトの脳でも働いてしまうのだろう。いずれにせよ、あなたの体が小さな生き物のおせっかいを受けること、そしてそのせいで性格まで変わってしまうことはわかってもらえたことと思う。

トキソプラズマが性格を変えるというだけなら笑ってすませられるが、この原虫に感染するとそれだけではすまないことがある。話は一九世紀の一八九六年にさかのぼるが、雑誌『サイエンティフィック・アメリカン』が「狂気は微生物が原因？」と題する記事を掲載した。当時、微生物が病気を引き起こすという考え方はひじょうに新しく、同じことが精神疾患にもあてはまるのではないかと思われたのは自然なことだった。ニューヨーク州の病院に勤める二人の医者が、統合失調症に苦しむ患者の髄液をウサギに注射すると、ウサギにも似たような症状が出ることを見出した。二人は、心の病気を抱える患者にどんな微生物が潜んでいるのだろうと疑問をもった。

この小実験に科学的な厳密さはなかったが、心の病気の原因が微生物かもしれないという関心を一時的にかき立てるには充分だった。この考え方には大いなる見込みがあったにもかかわらず、二〇年後にジークムント・フロイトが唱えた精神分析理論が人気を得たせいで、静かに消えていった。フロイトは、神経学的な症状の原因を生理学に求めず、幼少期の体験に由来する感情的なものだと主張した。フロイトの理論は、躁うつ病の治療にはカウンセリングよりリチウムが効くと二〇世紀後半に判明するまで、長きにわたって定着した。

二〇世紀前半には微生物が引き起こす病気がつぎつぎと明らかになったが、脳という器官の不具合だけは、微生物とは無関係なものとして例外扱いされてきた。腎臓や心臓の不具合をカウンセリングで治そうとするのが無益なことは、だれにでもわかる。なのに、脳の不具合だけはカウンセリングで治せると信じられていたのは、いまとなっては笑止千万だ。脳以外の臓器がおかしくなれば、私たちは外部の原因を考える。ところが脳（心）がおかしくなったときは、本人か、親か、生活習慣のせいにされる。

脳は、自己認識や自由意思が宿る特別な場所だと思われているからだろうが、二〇世紀末になるまで微生物学者の研究対象とされてこなかった。いざ研究対象とされるようになると、多くの微生物が心の病気と関係あることが明らかになったが、なかでもトキソプラズマは、心の病気の多くに関連していることが判明した。この原虫にはじめて感染したとき、幻覚や妄想などの症状を呈する人がときどきいる。この症状から、統合失調症という最初の誤診が生まれる。実際、統合失調症の患者集団におけるトキソプラズマ感染の有病率は、一般集団におけるそれの三倍も高い。統合失調症とトキソプラズマとの相関関係は、これまでに明らかになっている統合失調症と遺伝子との相関関係よりずっと強いのだ。

面白いことに、統合失調症のみならず心の病気の患者集団全般で、トキソプラズマ感染は多くみられる。強迫性障害や注意欠陥多動性障害、トゥーレット症候群の患者にトキソプラズマ感染が見つかるケースはここ数十年でどんどん増えている。精神疾患の原因は微生物かもしれないという古い仮説が、より微妙な形でひねりを加えて戻ってきたというわけだ。もちろん、トキソプラズマのような既知の微生物だけがすべての原因ではない。私たちの体の中にいる微生物もまた、トラブルを引き起こす。

微生物が宿主のふるまいを左右するのだとすると、腸内微生物を移せば性格も変わるのだろうか。そう、肥満マウスの腸内微生物を移すと痩せたマウスが太りはじめるように。マウスに性格についての自己診断チェックシートに答えてもらうわけにはいかないが、マウスにも、イヌやネコと同じように特徴的なふるまいをする系統（品種）のようなものがある。たとえばＢＡＬＢマウスという系統の実験用マウスは、引っこみ思案で臆病だ。反対に、スイス・マウスは冒険好きで群れるのが好きだ。二〇一一年、この二種類のマウスで性格の取り換え実験がおこなわれた。

カナダ、オンタリオ州のマクマスター大学の研究チームは、抗生物質を与えて腸のマイクロバイオータを変えたマウスが以前より大胆に新しい環境を探索するようになったことを発見した。そこで研究者たちは考えた。ＢＡＬＢマウスのマイクロバイオータをスイス・マウスに移すと、冒険好きなスイス・マウスが臆病になるのだろうか？　研究者らは二種類のマウスを、互いの腸内微生物を移してから箱の中の台の上に置いた。そして、台の上から降りて周囲を探索しに出かけるまでの時間を測定した。いつもなら勇敢なスイス・マウスは、心配性のマウスの微生物を移されると、台の上から降りるまでに三倍もの時間をかけるようになった。同じく、神経質なＢＡＬＢマウスはスイス・マウスの微生物を移されると、果敢にも台の上から早く降りるようになった。

性格は生まれつき決まっていて人生の途中で変えられるものではない、という遺伝子決定論に反発を覚える人は多い。では、性格を決めているのは腸に棲む細菌だ、という概念についてはどうだろう？　腸に微生物が棲んでいないマウスは反社会的で、他のマウスとかかわろうとせず単独で過ごすのを好む。ケージに新しいマウスが加わったとき、通常のマイクロバイオータを有するマウスはすぐに寄って行ってあいさつするが、無菌マウスはよく知っている仲間のそばを離れない。腸内微生物を抱えているだけで社交的になるようだ。社交性だけではない。あなたのマイクロバイオータはどうやら、あなたがどんな人物に引かれるかまで決めている。

微生物が出す化学物質が信号になる

中米には、両翼のつけ根に深い切り傷があるように見えるコウモリの集団がいる。それは傷ではなく小さな袋で、そのためこのコウモリはサックウィング・バット（翼に袋をつけたコウモリ）と呼ばれている。オスはこの袋を、尿、唾液、精液などの体液を入れるのに利用している。オスはこの混合液を大事に扱い、毎日午後になると袋の中身をきれいに空けて、新しい液を入れ直す。望みの匂いが出ていることを確認すると、飛び立って、メスの群れの前で旋回する。袋から出る匂いでメスの気を引くのだ。

媚薬の効き目は細菌の配合具合に左右されるようだ。オスのコウモリは、入手可能な二五種類の細菌から、一つか二つの菌種を選んで翼の袋の中で飼う。その細菌は尿、唾液、精液を餌にして育ち、排泄物を出す。この排泄物が性フェロモンとなる。強力なフェロモンを発するオスのまわりには、メスが集まってハーレムができる。

性フェロモンを分泌するのは媚薬をブレンドする特別な袋をもつ動物にかぎらない。ショウジョウバエは体長三ミリほどの小さなハエだが、つがいの相手をえり好みすることで知られている。進化生物学者のダイアン・ドッドは二五年前、ショウジョウバエの二集団を長く引き離しておくと互いに別の種になってしまうかどうかを調べようとしていた。二つに分けた集団のうち、一方には麦芽糖を、もう一方にはでんぷんを与え続けた。二五世代を経たあと、この二集団をふたたびいっしょにしたところ、ショウジョウバエは属する集団が違う相手とつがうのを拒むようになっていた。でんぷんバエはでんぷんバエとしか交尾せず、麦芽糖バエは麦芽糖バエとしか交尾しなかった。好みがはっきり分かれてしまったのだ。

当時はなぜそうなるのか不明だったが、二〇一〇年に、テルアヴィヴ大学のジル・シャロンが一つの仮説を立てた。彼はドッドの実験をくり返し、同じ結果を得た。それどころか、餌の種類を分けて二世代育てただけで、つがい相手の好き嫌いが生じる。シャロンは、食生活の違いが腸内マイクロバイオータを変え、それが性フェロモンの匂いを変えたからではないかと考えた。ショウジョウバエに抗生物質を与えてマイクロバイオータを死滅させると、案の定、どちらのグループのハエも交尾する相手を選ばなくなった。無菌化したハエにもういちどマイクロバイオータが不在だと特徴的な匂いを産生することができないのだ。二種類のマイクロバイオータを入植させると、ふたたび相手を選ぶようになった。

ハエのこんな話がヒトにどう関係するのだ、という批判の声が聞こえてきそうだが、もう少し説明させてほしい。ハエのマイクロバイオータ（実際はラクトバチルス・プランタルムという単一種なのだが）は、ハエの体表を覆う化学物質（性フェロモンに相当する物質）の種類を変える。ヒトの異性の好き嫌いも性フェロモンの影響を受ける。いまでは伝説ともなっている、ベルン大学の女子学生を対象にした有名なTシャツ実験がある。男子学生が一晩身につけて寝たTシャツの匂いを女子学生にかがせて、どの匂いを好ましく思うかアンケートをとった。その結果、女性は自分と免疫型が似ていない男性の匂いを好むことがわかった。これは、女性は子孫にできるだけ多様な免疫を受け継がせるために、自分と遺伝子が似ていない相手を選ぼうとして、それを匂いで直感的に判断しているのだと考えられている。

Tシャツに残る匂いのもとは、皮膚のマイクロバイオータ以外の何物でもない。わきの下（腋窩）に棲む微生物は、汗を匂いに変えて空中に放出する。わきの下と陰部が汗ばんでいて毛が生えているのは、よく言われるような冷却メカニズムではおそらくない。むしろ、コウモリの匂い袋に似た、最適な媚薬をつくるためのメカニズムだろう。男子学生の皮膚のマイクロバイオータはそれぞれ遺伝子の影響を受けているはずで、その遺伝子の中には免疫型を決定しているものもあるはずだ。女子学生は無意識のうちに、皮膚のマイクロバイオータを手がかりに、遺伝子の最適な組み合わせを探しているのかもしれない。

その絶妙なメカニズムを、消臭剤や抗生物質、避妊薬がどれだけ破壊してきたかを思うといたたまれない気持ちになる。ベルン大学のTシャツ実験では、ピルを常用している女子学生は本能に反するように、自分と最もよく似た免疫型をもつ男子学生のTシャツを好んだという。

伴侶探しのプロセスにおいて、微生物がつくり出す性フェロモンによる選別が第一段階だとすれば、第二段階としてキスを考えてみよう。キスは、ヒトに固有の文化的なしぐさだと思われることが多い——この人は自分の所有物だということをそれとなく示すための。だが実際には、唇と唇を重ね合う行為をする動物はヒトだけでない。チンパンジーなどの霊長類はもちろん、ほかの動物もキスに相当することをしており、その目的はかなりの部分が生物学的なものだ。

関係を深めるために唾液とその中にいる微生物を交換するというのは、けっこう危険な行為だ。とりわけ、どんな病気をもっているかわからない他人と舌をからめるディープキスは危うい。しかし、そこが重要なのかもしれない。自分の子の父親となるかもしれない相手がどんな細菌を有しているのか、確かめるための手段になるからだ。自分よりもさらに弱い存在である未来の子どもに代わって確かめる、という意味もあるだろう。それだけではない。キスは互いのマイクロバイオータを試食することでもある。キスは、相手の遺伝子や免疫型の味見のようなもので、私たちはその行為をとおして感情的に生物学的に信頼できる相手かどうかを判断しているのかもしれない。

微生物にふるまいを操られると聞くとオカルトのように感じるかもしれないが、この方法は生物学的な自己改善の手段になる可能性を秘めている。高いお金を出して精神分析医にかかり、幼少期のみじめな記憶を掘り起こさなくても、微生物があなたの心理状態をよくしてくれるかもしれないのだ。フランスで、五五人の健康なボランティアが参加した臨床試験がある。本人にはどちらかを知らせず、一方には生きた細菌が二種類入った棒状の菓子を、もう一方には細菌が入っていない（プラセボの）棒状の菓子を、毎日食べてもらった。一か月後にアンケートをとると、生きた細菌を食べた被験者は試験前より幸福感が増し、不安や怒りを感じることが減っていた。細菌の効果はプラセボ効果を上回っていた。この臨床試験は小規模で期間も短かったが、この分野の研究は今後発展するかもしれない。

生きた細菌を食べるとなぜ幸福感が増すのか。一つには、気分の調節をつかさどる化学物質であるセロトニンが関係している可能性がある。神経伝達物質のセロトニンはおもに腸内にあり、腸の働きを円滑にしているが、全体の一〇％ほどのセロトニンは脳にあり、気分や記憶を調整している。ただし、食べた細菌が腸内で工房を開いてセロトニンを増産してくれる、というほど単純な構図ではない。生きた細菌を体内に入れるとそれが合図となって、まずは別の物質であるトリプトファンの血中濃度が上がる。トリプトファンはセロトニンに直接変換されるので、幸福感を得るのに欠かせない物質だ。うつ病患者ではトリプトファンの血中濃度が低いことが多く、トリプトファンを含む蛋白質をあまり食べない国では自殺率が高いという。トリプトファン含有食品の摂取をやめると一時的に重症のうつ病になる。トリプトファン不足はセロトニン不足を意味し、セロトニン不足は幸福感不足を意味する。

ここで注目すべきは、細菌を加えるとトリプトファンが増加するのは細菌がトリプトファンを産生しているからではないということだ。細菌は、トリプトファンを破壊していた免疫系の過剰反応を抑えるのだ。このことはこれまでになかった着眼点で、微生物学者のみならず他の分野でも受け入れられつつある考え方だ。アレルギーや肥満がそうであるように、うつ病も免疫系の機能不全が原因なのかもしれない。免疫系の話はあとで改めて説明する。

その前に、細菌があなたを幸せにする別のメカニズムについても説明しておこう。それには迷走神経が関係している。迷走神経は脳から腹部に伸び、途中でさまざまな臓器に枝分かれしている神経だ。神経とは、全長にわたって小さな電気インパルスが流れている電線のようなもので、指示を出したり知覚の変化を伝えたりする。迷走神経のインパルスが伝えるのは、いま何を消化しているのか、消化活動は順調か、といった腸の現況だ。そして何より独特なのは、迷走神経がいわゆる「腹の虫」や「虫の知らせ」のようなものを脳に伝えることだ。何かがおかしいというような直感や、トイレに行きたくなるような緊張感は脳ではなく腸が最初に感知して、迷走神経の電気インパルスによって脳に伝えられる。

そうであれば、迷走神経経由で電気インパルスを脳に送りこめば幸福感が増すことに不思議はないだろう。実際、薬や行動療法では治らない重度のうつ病に、迷走神経刺激装置を患者の首に埋めこむ治療を施す医者もいる。迷走神経の周囲にワイヤを巻きつけておき、胸に埋めこんだ電池式発電機が電気インパルスをワイヤに送りこんで神経を刺激するという装置だ。このハピネス・ペースメーカーをつけた患者は、数週間、数か月、数年かけて着実に明るくなる。

このペースメーカーを迷走神経につなげると、神経の活性と気分を上げるのに充分な圧が加わる。通常、この種の電気インパルスは化学物質が担う——家電製品の電池と同じ仕組みだ。神経に刺激を与える化学物質は、神経伝達物質と呼ばれている。神経伝達物質についてはよくご存じだと思うが、セロトニンやアドレナリン、ドーパミン、エピネフリン、オキシトシンは基本的に人体内で産生され、神経の先端で小さな電気的興奮を生じさせる。しかしここで言いたいのは、神経伝達物質を産生しているのはヒト細胞だけではないということだ。マイクロバイオータも同じように作用する物質を産生し、迷走神経を刺激し脳に情報を伝える。そうした物質をつくり出す微生物はいわば天然の迷走神経刺激装置であり、迷走神経の活性と気分を押し上げるような信号を送る。なぜ気分がよくなるかの仕組みはいまのところ不明だが、気分がよくなるのは確かなことのようだ。

なぜマイクロバイオータが私たちの気分を向上させて、ふるまいを変えさせるのだろうか。まず考えられるのは、そうすることでマイクロバイオータが利益を得るからだ。たとえば、ある食品に含まれる物質を餌にする細菌がいるとする。私たちがその食品を食べると、その細菌は餌を得てすくすくと育ち、その過程で産生する物質で私たちを幸福にする。細菌が私たちの体内でつくり出す物質は、細菌が餌にしたい食品を食べたくなるよう仕向ける。どこに行けばその食品が見つかるかを記憶するところまで仕向けるかもしれない。私たちはその場所——果樹が生えている場所だったり、お気に入りのパン屋だったり——に通い、もっとたくさん食べ、その細菌を繁栄させる。その細菌は幸福増進物質をもっとたくさんつくり、私たちはその食品をもっとたくさん食べるようになる。

免疫系が脳に与える影響についての話に戻ろう。免疫系の軍隊が攻撃に備えて警戒態勢にあるとき、サイトカインという化学伝達物質が放出されて、不必要な損傷を与えることがある。サイトカインは免疫系の兵士たちを鼓舞し、一斉射撃の号令を出すが、敵がいなければ、それは友軍誤射にしかならない。心の病気に苦しむ人には免疫系の過剰活動、すなわち炎症が観察される。注意欠陥多動性障害、強迫性障害、双極性障害、統合失調症、パーキンソン病、認知症は、どれも免疫系の過剰反応が関係している。うつ病でさえそうだ。フランスの臨床試験で示されたように、有益な細菌を腸に加えると、免疫系の興奮を鎮める効果がある。その細菌はトリプトファンの破壊を阻止して幸福感を上げるだけでなく、炎症を抑えることもできる。

自閉症患者の場合も免疫系が過剰に働いて、サイトカインを好戦的なレベルにまで押し上げている。腸のマイクロバイオータが変わると危険なのはこうした過剰な免疫活動だと一部の研究者は理解しているが、つぎなる疑問は、なぜそうなるかだ。

シドニー・ファインゴールドはその後、自閉症児と健常児のマイクロバイオータを比較する研究を何度かくり返した。そして、自閉症児の多くに共通して見つかる疑わしい細菌種を発見し、エレン・ボルトにちなんでクロストリジウム・ボルテアエという名をつけた。自閉症児と健常児では腸内細菌のバランスが異なり、その違いとしてクロストリジウムが浮上することが多い。だが、これらの細菌は、どのようにして幼い脳を改変し、重度の自閉症を発症させてしまうのだろうか。

短鎖脂肪酸の役割

カナダのオンタリオ州ロンドンにあるウェスタンオンタリオ大学には、脳と腸の関係という新しい研究分野を引っぱるのにうってつけの学歴と経験をもつ研究者、デリック・マクフェイブがいた。マクフェイブは医学部で神経科学と精神医学を学んだ。大学入学前の高校時代には、特別支援クラスの児童を世話するボランティア活動をしていた。児童の多くは自閉症で、胃腸障害も抱えていた。マクフェイブは医学訓練を終えたあと病院で有資格医師として働いているとき、統合失調症か神経症だとみなされて精神科に回されてきた患者に胃腸障害が多いことに気づいた。その中に、ベルギーのAさんのようにとつぜん精神障害が発生して統合失調症と診断された男性患者がいた。だが、胃腸に出ていた症状が手がかりとなって真の原因がわかった。Aさんと同じウィップル病だった。マクフェイブが高校時代に世話をしていた自閉症児と同じように、この若い男性患者も強い固執傾向があり、一日じゅう「マクフェイブ先生、マクフェイブ先生、マクフェイブ先生」と呼び続けた。抗生物質を投与すると彼は一週間で落ち着き、元の自分をとり戻した。男性は後日マクフェイブに、長い夢から覚めたようだったと語った。

こうした経験から、マクフェイブは腸と脳の関連性を信じるようになった。ちっぽけな生き物のつくり出す物質がヒトを狂気に陥れるという考えに、彼は強く引きつけられた。そして、シドニー・ファインゴールドが抗生物質で治療中のときだけ自閉症の症状を改善させたという話を聞いたとき、ウィップル病患者を抗生物質で治した経験と重ねて考えてみた。当時、マクフェイブは脳が脳卒中でどのように傷つくのかを研究しており、その過程でプロピオン酸という分子のことを調べていた。

プロピオン酸は、消化されなかった食べ物を腸のマイクロバイオータが分解するときできる物質、短鎖脂肪酸の一つだ。代表的な短鎖脂肪酸は酢酸、酪酸、プロピオン酸で、どれも私たちの健康と幸福に欠かせない物質だ。マクフェイブが注目したのは、プロピオン酸は人体に重要な物質であると同時に、パン製品の防腐剤にも使われていることだ。パン製品は、多くの自閉症児が好む食べ物だ。さらに、プロピオン酸を産生するのはクロストリジウム属の細菌だということが知られている。プロピオン酸そのものは有害な物質ではないが、ひょっとすると自閉症児の体内にはこの物質が過剰にあるのではないかとマクフェイブは考えた。

自閉症児のマイクロバイオータはプロピオン酸を過剰生産していて、そのプロピオン酸がふるまいに影響しているのだろうか。それを確かめるため、マクフェイブは一連の実験に乗り出した。生きたラットの脊柱に小さなカニューレを挿入し、そこから微量のプロピオン酸を脳脊髄液に注入した。数分後、ラットは奇妙にふるまいはじめた。その場でぐるぐる回ったり、単一の物体に固着したり、突発的に走ったりするようになったのだ。二匹のラットを同じケージに入れてプロピオン酸を注入すると、立ち止まって互いの匂いを嗅ぎ合うことをせず、相手を無視してケージの中をぐるぐる走り続けた。

ラットのふるまいが変わったのは明白で、しかもそれは自閉症患者のふるまいに似ている。そのようすはインターネットの動画で見ることができる。仲間のラットよりモノに興味を示し、一定の動きをくり返し、チックや多動を示すという自閉症患者と同じ特徴が、脳へのプロピオン酸の作用で出現したのは明らかだ。プロピオン酸の効果が半時間ほどで消えるとラットのふるまいは元に戻る。プラセボとして生理食塩水を注入したラットには変化は見られなかった。逆に本物のプロピオン酸であれば、ラットの皮膚下に注射したり食べさせたりした場合でも、同じ変化が現れた。

この小さな分子はラットの脳をハイジャックし、宿主に異常な行動をさせていた。プロピオン酸は、ラットの脳に与えたのと同じようなダメージを自閉症患者の脳にも与えていたのだろうか。その疑問を解くため、マクフェイブの研究チームはラットの脳と、検死解剖された自閉症患者の脳を比べた。その結果、どちらの脳にも免疫細胞が大量にあることが確認された。統合失調症や多動性障害の場合と同じく、やはり炎症の痕跡があったのだ。

脳の炎症はすべてが異常というわけではない。免疫細胞が（病原体を貪食するように）不必要になったシナプスを貪食するときに生じる炎症は正常だ。脳の学習は記憶と忘却の微妙なバランスの上に成り立つ。人間関係を築くのもパターンを踏襲するのも知能のなせる業ではあるが、どちらも度を超すと具合が悪い。マクフェイブは、プロピオン酸を注入したラットを迷路に入れてみた。ラットは正しいルートを難なく学習した。ところがこのラットは、忘れることができないためルートが変わると対応できなくなる。最初に覚えた道順に固執して、新しく設置された壁にがんがん頭をぶつける。

自閉症患者にも、記憶力が異常によかったり、決まりきった行動を好んだりする人がいる。フロ・ライマンとカイ・ライマンは、世界で唯一の女性の自閉症サヴァンの双子として有名で、何度かテレビのドキュメンタリー番組で紹介されてきた。人づきあいが困難で、自分の身の回りの管理さえおぼつかない双子だが、抜群の記憶力をもっている。二人は過去の特定の日の天気やその日に食べたもの、その日のテレビ番組で司会を務めた人物の名前を即座に思い出せる。ヒットチャートにランクインした曲の題名とアーティスト名はもちろん、発売日まで覚えている。こうした記憶はいったん形成されると永遠に固定される。記憶形成のシナプスはぜったいに廃棄されないように見える。一方で、料理するときのルールを守るというようなシナプスは、保持されない。

自閉症のことを科学論文で初記載したレオ・カナーも、同じ現象に注目していた。彼が観察した子どもたちは、いったん習得したことを別のことに応用できないように見えた。何より気になったのは、自閉症児の多くが自分のことを「あなた」と呼ぶことだ。「あなたは外に遊びに行きたいの?」とか「あなたは朝ごはんを食べる?」と両親が語りかけるせいで、子どもは自分の名前を「あなた」だと思ってしまう。この記憶は固定される。なかには親のことを「わたし」と呼ぶ子どもまでいたという。

デリック・マクフェイブは、プロピオン酸を注入されて迷路の最初のルートを忘れることができなくなったラットの脳に、記憶形成に関係する物質が多く存在するのを見出した。これは困ったことのようにも思えるが、生物界の共進化においては意味があったのではないかとマクフェイブは推察している。細菌に、宿主の記憶を固定させるような物質を出す能力があれば、それによって宿主に「細菌の増殖に必要な食べ物のありか」を記憶させることができる。ひょっとすると自閉症は、忘却を阻止する経路が過剰亢進するせいで強迫観念や食べ物の好き嫌い、記憶保持力の増強が生じる症状なのではないか、とマクフェイブは考えている。無菌マウスを迷路に入れると、道を見つけ出すことがまったくできない。これは、すでに試したことのある道の記憶を一時的に保持するための「ワーキングメモリ」が不足しているからだ。もし、マクフェイブの考えが正しいなら、マイクロバイオータの組成比が変わると過剰にプロピオン酸ができて、それが発達中の幼児の脳内におけるシナプス形成と廃棄のプロセスを乱すのかもしれない。

では、大量のプロピオン酸がどのようにして腸から脳に移動するのだろうか。デリック・マクフェイブの職場から歩いて二時間ほどのところに、この疑問に取り組んでいる科学者がもう一人いた。カナダのオンタリオ州、ゲルフ大学で働くイギリス人微生物学者、エマ・アレン゠ヴェルコーは、ある日の昼食時にシドニー・ファインゴールドから自閉症の原因は腸ではないかという考えを聞かされた。マクフェイブと同じくアレン＝ヴェルコーも以前から、子どもの腸内微生物の組み合わせが脳機能や免疫系、ヒト遺伝子にちょっかいを出す物質を生じさせているのではないかと疑っていた。

彼女は原因を単一の微生物種に探すのではなく、腸のマイクロバイオータを多雨林のような一つの生態系と見る姿勢をとっていた。多雨林から一つの生物種を捕獲してきて、カゴの中に閉じこめてそのふるまいを観察しても真の性質はわからない。それは微生物も同じで、他の微生物の有無や他の微生物が出す物質に影響を受ける。そこで、アレン＝ヴェルコーは微生物種を個別に研究するのではなく、棲息地の住民すべてをまとめて腸の外に出して、マイクロバイオータを再現することにした。臭くて泡立つ中身を入れた管とガラスビンを接続した腸外棲息地マシンには、「ロボガット」という愛称がついている。

アレン＝ヴェルコーはロボガットを使って、微生物研究史を一巡しようとしている。ラボで細菌を培養するしか方法のなかった時代から、DNA解析が可能になった時代を経て、また培養に戻ろうとしているのだ。腸内細菌は培養不可能だというかつての定説を、彼女は笑い飛ばした。「大量の装置がいるとか、多大な忍耐力がいるとか、顕微鏡に負けない視力がいるとか、さんざん言われてきましたけど、どうです？　ほら、いまでは培養不可能と言われた細菌がずらりと冷凍庫に並んでいますよ」

自閉症患者の腸内では、組成が変わってしまったマイクロバイオータが大腸壁の細胞を破壊しており、その犯人は特定の細菌ではなくマイクロバイオータがつくり出す化学物質ではないかとアレン＝ヴェルコーは考えている。ロボガットには、重度の自閉症児の糞便から集められたマイクロバイオータが棲息している。人体内を模したにしては人間味のない工場のような見た目だが、ロボガットには餌が通される管と有毒ガスを放出する管がついている。三番目の管は、微生物が暮らす液体の一部を濾過できるようになっている。この液体の中に、マイクロバイオータが代謝の過程で生成する貴重な化学物質が入っている。

ペトリ皿の中で、腸の細胞にそれぞれの物質を加えるとどうなるかを観察する実験をくり返せば、どんな代謝生成物が自閉症児の脳を損なっているのか、またそのメカニズムがどうなっているのかがわかるのではないかとアレン＝ヴェルコーの研究チームは期待している。彼女のチームにはこの実験に熱心に取り組んでいる大学院生がいる。その大学院生、エリンには、自閉症の謎を追究することへの特別な関心がある。だれよりも近しい人、弟のアンドルー・ボルトがこの病気の患者だからだ。

一九九八年、エレン・ボルトは人生初の科学論文を執筆した。「自閉症と破傷風菌」と題する彼女の論文は、『メディカル・ハイポセシス』誌に掲載された。本来なら保護の役割をする腸内マイクロバイオータが抗生物質で破壊されたあと、その腸内で破傷風菌が増殖することが原因で自閉症が起こる、と説いた論文だ。エレンの論文は疫学と微生物学を統合した秀作で、自身の仮説を各方面から裏づける証拠を数十の研究から引用していた。エレンにとっては専門外の分野だったが、かつてコンピュータ・プログラマーをしていた経験から、つねに全体を俯瞰しながら論理的に追う習性が身についていた。彼女の功績は、医学の可能性というパンドラの箱を果敢にも開けたことだ。腸内細菌の組成比が変わるとその人の行動も変わりうるという概念の扉を開いたことは、とくにすばらしい。彼女がこれをやり遂げたのは本人に知力と不屈の精神が備わっていたからだが、そのほかに、なんとしてもわが子を守るという母の強さがあった。とはいえ、エレンのひらめきに影響されて研究を続けるデリック・マクフェイブはあくまで慎重な姿勢を崩さない。「仮説はもちろん大事だが、それだけでは不充分だ。試験して実証するまでが科学だ」

幸いにも、エレン・ボルトには自身の仮説と論理的思考力を受け継がせた娘、エリン・ボルトがいる。エリンは、二十数年前に弟アンドルーの人生経路を変えてしまった病気の謎を解くことを自らの使命ととらえ、エマ・アレン＝ヴェルコーの指導のもと、科学者としての経歴を積もうとしている。エリンの目標は、ロボガットを使って母の仮説をより広範な視点から実証することだ。

エリンは、八週間の抗生物質治療を受けているあいだに自閉症が改善した弟および他の一一人の自閉症児の腸内で何が起こっていたのかを知ろうとしている。また、自閉症児の食事から特定の食品を除くと症状が改善するという親たちからの報告を受け、その理由をも解明しようとしている。自閉症児の腸に抗生物質を投与したとき、グルテン（小麦粉に含まれる蛋白質）やカゼイン（牛乳に含まれる蛋白質）を加えたとき、そのマイクロバイオータにどんな変化が起こるのかを知るために、エリンはロボガットを活用している。抗生物質で自閉症の症状が改善するというのなら、ロボガットに同じ薬を入れてみて、どんな代謝生成物が減っているのかを調べればいい。パン製品を食べると症状が悪化するというのなら、ロボガットにグルテンを入れてみて、どんな代謝生成物が増えているのかを見ればいい。

エリンの実験は、自閉症のみならずさまざまな神経精神医学的な症状とマイクロバイオータの関係を理解していくうえでの土台となるだろう。彼女の母、エレンは親としての役割を超えて、持ち前の論理的思考で複雑な病気を解きほぐし、これまでだれも耳を貸さなかったアイデアに道を切り開いた。そしていま、娘のエリンがバトンを手渡され、こんどはエリンが自身の知力と不屈の精神で、世の中の自閉症児の母親たちに代わってこの病気の謎に挑んでいる。アンドルーについては残念ながら、脳の発達を決定づける幼児期のタイミングを逃してしまったため、この先もずっと自閉症を抱えたまま生きていくことになるだろう。だがエリンは、アメリカはもちろん世界じゅうの家族のために、弟のような犠牲者がこれ以上増えないよう全力を尽くしたいと考えている。その思いはデリック・マクフェイブとエマ・アレン＝ヴェルコーも同じである。

私たちは心と体の健康を遺伝子と経験の産物だと思いこむ。ハードルを飛び越え、落ちた穴から這い上がり、戦いに勝利するとき、私たちは自分にその資質があったからだと思いたがる。私は冒険をしない性格だから、何事も整理されているのが好きだから、というように自身の性質は固定されたものだと考える。何かを達成すれば意志力があったからだと、友人が多いのは人柄がいいからだと、そう思いたがる。

しかし、心も体も共生微生物の影響を受けているとすると、私の自由意思や成功は、どこまで私のものなのだろう。人間らしい、私らしいと言うときの「らしさ」の範囲は？　トキソプラズマその他、体内に棲む微生物が宿主の感情や行動や意思決定を操っているという考えは、正直言って心地よいものではない。だが、その考え方がそれほどショッキングでないなら、微生物は伝染するということも思い出してほしい。風邪のウイルスや細菌性咽頭炎がヒトからヒトへと感染するのなら、マイクロバイオータもヒトからヒトへとうつるだろう。あなたのマイクロバイオータの組成があなたの出会う人や出かける場所に影響されるのなら、集団的な意識の拡張という概念に、新たな意味が加わる。少なくとも、他者と同じものを食べてトイレを共有すれば、いい意味でも悪い意味でも互いの微生物を交換する機会が生じる。ビジネススクールに行けば起業家志向の性格になる微生物を拾うかもしれないし、ロードレースを観に行けばスリルを求める性格になる微生物を拾うかもしれない。性格特性が個人の枠を超えて広まるという考え方はまさに「意識の拡張」にほかならない。

第4章　利己的な微生物

だれだって自分の免疫系をよくする方法を知りたい。グーグルの検索窓に「免疫力」と打ちこめば、最初に出てくる関連語は「高める」だ。完全無欠の世界なら、甘くておいしいスーパーフード、たとえばアンデス山脈の秘密の場所でしかとれないイチゴには、免疫力を高める特別な力が宿っていて、その馬鹿高い値段はたった一つのことを意味する――ぜったいに効きます！　私たちが免疫力を高めたいと思うのは、年がら年中風邪をひきたくないから、バスや電車のバイ菌だらけのつり革からインフルエンザをうつされたくないからだ。だが、免疫系を健康で活発なものにするためには、実際のところ何が必要なのだろう？

私たちの社会は緊密な集団生活で成り立っており、その結果、病原体を拾いやすくなっている。だれにでも、一日中寝ているほどではないが体調がすぐれない、というようなことは一年のうち数週間くらいはある。こんなとき私たちは、重い体を引きずって出勤し、鼻をぐずぐずさせながら一日を過ごすわけだが、これこそまさに微生物の思うつぼだ。ヒトが集団生活を重んじるほど微生物は拡散しやすくなる。宿主を家に閉じこめるほど重症にさせないというのは病原体にとって完璧な「毒性」を達成したことを意味する。宿主を咳やくしゃみで拡散してもらえるほどに強毒で、他人にうつす前に宿主を死なせないほどに弱毒なバランスを獲得したということだ。エボラや炭疽菌は一九九〇年代まで感染すれば大半の人が死ぬ致死的な感染症だったが、一つだけささやかな救いがあった。あまりに毒性が強く、宿主の患者をすぐに殺してしまったためつぎの宿主に移れず、結果的に大流行しなかったのだ。二〇一四年に西アフリカで再燃したエボラは死亡率が五〇～七〇％に下がっていたが、逆に流行は拡大した。毒性が弱くなったせいで感染者が以前ほど早く死ななくなり、つぎの宿主に乗り移る機会をウイルスに与えてしまったのだ。

一方、多くの野生動物はこのような伝染病に苦しむことはない。野生動物のほうが免疫系が優秀だからではない。病気を大流行させるほど個体間の接触機会がないからだ。フランスのアルプス山脈で孤立した暮らしをしているシロイワヤギがピレネー山脈のシロイワヤギと出合うことはないから、病気がうつることはない。同様に、基本的に単独行動を好むヒョウのような動物の場合も病原体は個体から個体へ乗り移ることができない。

集団生活好きなうえ移動癖のある宿主なら、病原体にとってなお好都合だ。新しい宿主に乗り移る機会がいくらでも生じる。コウモリに病原体（おそらくエボラをも含む）の保有率が高いのもそのためだ。コウモリは何万、何十万という個体が狭い巣の中で群れて暮らす。病原体はそこで波状に広がり、変異をし、数か月後か数年後にまた波状に拡散する。おまけにコウモリは飛翔する。それぞれ別の巣から飛んできたコウモリが同じ餌場に集まれば、そこで微生物が交差する。病原体は離れた場所にいる集団に簡単に乗り移ることができる。この点でヒトはコウモリに似てきた。都市に集まって暮らし、ジェット機で世界を飛び回り、行く先々で微生物をばらまく――有害なものも、無害なものも。

ただ、実際のところ、たいていの人が困っているのは免疫系が不活発なことより活発すぎることだ。春になると毎年花粉症になり、ネコを抱き上げるたびにくしゃみをするのは、大勢の人がアレルギーに悩んでいる先進国では日常生活の一部になったという意味では「ふつう」だが、ヒトという生物としては「ふつう」でない。少し立ち止まって考えればわかることだが、呼吸そのものを妨げる喘息に一〇人に一人の子どもが苦しんだり、空気中にごくふつうに漂っている無害な粒子（花粉）に四〇％の子どもと三〇％の大人が拒絶反応を起こしたりするのは、やはりおかしい。そして、アレルギー患者は自身の免疫系が弱いから困っているのではなく、強すぎるから困っている。彼らに必要なのは免疫力を「高める」ことではなく、その逆だ。アレルギーは、免疫系が活発すぎて本来なら敵でないものまで攻撃してしまう病気で、実際、アレルギー治療にはステロイドや抗ヒスタミン剤など免疫系の活動を抑える働きをする薬が使われる。

アレルギーを説明する「衛生仮説」の不備

大半の先進国では、国民の一定割合が罹患するまでにアレルギーは根づいてしまった。それまで続いていた上昇傾向が一九九〇年代から鈍化し、横ばい状態になったのだ。これはつまり、アレルギーの原因そのものの増加が止まったというより、遺伝的にアレルギーになりやすい人はすべてアレルギーになってしまったと考えたほうがいい。逆に、産業化も西洋化もされていない真の辺地にアレルギー問題は存在しない。その中間の、途上地域や新興地域では年々アレルギーが増えている。欧米で増えはじめたのは一九五〇年代ごろで、そのころから原因を問う議論ははじまっていた。

一九八〇年代までは、子どものアレルギーは感染症が引き金になって起こるという説が優勢だった。一九八九年になって、デイヴィッド・ストラカンというイギリスの医師がその説に異を唱えた。彼は簡潔な論文に、アレルギーは感染症になる体験が少なすぎることに起因すると書いた。イギリスにはこの種の研究をするのに便利な公的データベースがあった。一九五八年三月の特定の一週間に生まれたイギリスの小児一万七〇〇〇名を、一三歳になるまで健康状態およびそれ以外の情報――社会階級、経済状態、居住地かどうかの関連性に二つの要素が浮かび上がった。まず、花粉症になりやすいのは圧倒的に一人っ子で、きょうだいの数が多くなるほど花粉症になりにくかった。もう一つの要素は生まれる順番で、弟や妹がいる子よりも、兄や姉がいる子のほうが花粉症になりにくかった。

子育てをしたことのある人なら知っているだろうが、幼児はしょっちゅう鼻風邪をひく。幼児の体は細菌とウイルスの温床のようなもので、幼い免疫系は毎日のように、ヒトにとりつこうとする病原体の総攻撃に遭っている。幼児は手にしたものを何でも口に入れる。つまり、いい微生物も悪い微生物も拾ってくる。そして出かけた先でばらまいてくる。子どもの数が多ければ多いほど、たくさんの微生物が鼻水や唾液を通じて拡散する。大家族で育つ子どもは、きょうだい、とりわけ兄や姉が家にもちこむ感染症の恩恵を受ける。幼いときに多くの感染症にさらされることで花粉症その他のアレルギーが発症しにくくなるのだろう、とデイヴィッド・ストラカンは主張した。

ストラカンの説はすぐさま「衛生仮説」と呼ばれるようになった。アレルギーの増加が衛生水準の向上と一致するという事実が、この仮説を支えた。人々は、かつては日曜に教会に行く前にぬるま湯で体を洗い流すだけだったのに、いまでは毎日熱い湯でシャワーを浴びるようになった。食品を漬けたり発酵させたりするのではなく冷蔵庫や冷凍庫で保存するようになった。家族の単位は小さくなり、暮らしは洗練された都会的なものに変わっていった。衛生仮説はそんな変化にぴったり合致した。現に、感染症の脅威が高い途上国ではアレルギーがまだ少ない。欧米の人々は身辺を清潔にしすぎて免疫系の出番を減らしたため、力をもてあました免疫系が花粉のような無害なものまで攻撃するようになった、というのだ。

衛生仮説は免疫学者にとっては型破りな理論体系だったが、科学界からすぐさま支持された。この考え方は直感的に受け入れやすかった。免疫細胞は、絶えず破壊すべき相手を探している攻撃的なハンターとして擬人化された。予防接種で危険な感染症を抑えこみ、そこまで危険でない微生物まで洗浄剤で洗い流すと、免疫細胞にとっては攻撃する相手がいなくなる。本来の仕事を奪われたせいで無害な花粉を標的に戦い続ける、という光景は免疫細胞を擬人化していれば容易に想像できる。

この考え方は、細菌やウイルスだけでなく寄生虫にまで及んだ。ひも状だったり、ピン状だったり、鉤状だったりするヒトの消化器に棲む内部寄生虫は、先進国ではほぼ一掃された。科学者も一般市民も、これまで免疫系の注意を引きつけていた寄生虫がいなくなったせいで免疫細胞が暇をもてあますようになったのではないかと考えはじめた。

デイヴィッド・ストラカンが明らかにした核家族化とアレルギーの関係は、他の数十件の再調査でも追認された。この考え方がうまくあてはまる気の利いた理論も登場した。免疫系には陸軍と海軍の二種類の軍隊があるとして、陸軍は陸での脅威に、海軍は海での脅威に対峙するという理論だ。海での脅威が減ると海兵隊員が陸軍に異動するが、陸上での脅威が増えなければ陸軍の人手が過剰となる、というわけだ。

この理論によれば、ヒト免疫系も同じだという。免疫細胞のヘルパーT1細胞（Th1細胞）は細菌やウイルスの脅威に反応し、ヘルパーT2細胞（Th2細胞）はサナダムシのような寄生虫に反応する。衛生状態の向上により細菌やウイルスによる感染症が減ると、Th1軍は縮小する。Th2軍はその余剰兵を吸収するものの、実際には仕事がない。こうして余剰兵は寄生虫を探しながら花粉やフケなど無害な粒子を攻撃するようになる、というのだ。シンプルでエレガントな理論ではあったが、現実的には疑問符がついた。

ストラカンは自分の仮説を強化するため、家族サイズとアレルギーの関連性だけでなく感染症とアレルギーの関連性を調べることにした。麻疹やA型肝炎にかかったことのある人はアレルギーになりにくいなど、一部の感染症は関連性を示しているように見えた。だが、ほかの大多数の感染症ではこの関連性を示す証拠が見つからなかった。ストラカン自身、生後一か月以内に感染症にかかった赤ん坊とそうでない赤ん坊を比べて、アレルギーの発症しやすさに違いは見出せなかった。感染症に多くかかっているとアレルギーを発症しないように見える事例においても、その事例はたいてい別の要因で説明がついた。

さらに残念なことに、免疫系におけるＴｈ１細胞とＴｈ２細胞の病原体への反応は、陸軍と海軍のたとえのように単純に二分できるものではなかった。Ｔｈ１細胞だけで、あるいはＴｈ２細胞だけで応戦できるような病原体は一つもなく、どんな病原体も両タイプの細胞と反応する。おまけに、Ｔｈ２細胞の過剰がアレルギーの急増の原因だというなら、１型糖尿病や多発性硬化症まで増加するはずがない。１型糖尿病（小児糖尿病）と多発性硬化症はどちらも自身の細胞を攻撃する自己免疫疾患で、どちらもＴｈ２軍よりＴｈ１軍の過剰に関係していた。

だが、衛生仮説の最大の弱点は、病原体や寄生虫が不在のとき、免疫細胞が標的にしそうな微生物はまだほかにもいるのになぜ花粉やフケを標的にしてしまうのか、ということだ。先進国では真の病原体はめったにやってこなくなったが、人体内にはそれこそ莫大な外来微生物がいる。重量にすると合計一キロにもなる外来微生物集団――マイクロバイオータ――は、結腸内の管理センターと共に免疫細胞のすぐそばで暮らしているが、免疫細胞の標的になることはない。攻撃すべき敵をなくした免疫系が力をもてあましているのなら、まずはこうした外来微生物を標的にするのが早道ではないか。

そもそも、免疫系は攻撃する相手をどのように見分けているのだろう？　そんなことはわかっている、とあなたは思うかもしれない。自分の体の一部でないものを攻撃しているのだ、と。ヒトならヒトでないものを、ネコならネコでないものを、ラットならラットでないものを、つまりは非自己を攻撃する。自己なら許し、非自己なら破壊する――この自己と非自己の教義は、一〇〇年にもわたって免疫学の枠組みとなってきた。

ここで、もしほんとうに免疫系がこの分類法を採用していたらどうなるか、考えてみよう。非自己に出合うと攻撃するというなら、食べ物の分子、花粉、塵、他人の唾液なども攻撃するのだろうか。こうしたものにいちいち反応するのはエネルギーの無駄づかいだ。害のないものを攻撃する必要はない。非自己であるものがすべて危険なわけではなく、放っておいたほうがいいものもたくさんある。

逆に、免疫系が自己をいっさい破壊しなければどうなるかも想像してみよう。自己でありながらも排除すべきものは、あなたが考えている以上に多くある。まず、免疫系が自己を排除しなければ、私たちの手足の指は五本に分かれない。妊娠九週目のころ、ヒトの胎児はようやくヒトらしく見えてくるが、まだブドウの一粒ほどのサイズしかない。この時期に、指のあいだの細胞が「自殺」する。指を五本に分けるためにプログラム化された細胞死が起こるのだ。死骸を掃除する作業を担当する食細胞は免疫細胞の一種で、指と指のあいだの不要な細胞をまるごとのみこんで分解する。

脳のシナプスもそうだ。記憶と忘却の完璧なバランスを形成するには、不要になった神経細胞の接合部を破壊しなければならない。この作業を担当するのも免疫系の食細胞だ。癌化する危険のある細胞も排除しなければならない。DNAがコピーされるときに生じるエラーは、その細胞に不死性、つまり癌性を与えうる。こうしたことが起こらないよう体内を巡回してエラーの兆候を探しているのは免疫系の細胞だ。非自己の物質の一部を受け入れ、自己の分子の一部を攻撃するのは、非自己の病原体を破壊するのと同じくらい重要なことなのである。

マイクロバイオータは明らかに非自己だ。微生物はそれぞれ独立した生き物だ。私たちとは異なる生物種であるだけでなく、属する「界」まで違う。おまけに、マイクロバイオータの構成員は、病原性の細菌やウイルスや菌類とひじょうによく似ている。免疫系が病原体を探すときの目印と同じタイプの被膜分子をもつ微生物までいる。にもかかわらず、こうした微生物は免疫系から攻撃されない。

デイヴィッド・ストラカンが唱えた衛生仮説は当初は画期的な考え方に思えたが、現在は全面的な見直しに入っている。ストラカンは小児期に感染症に多くかかるほどアレルギーになりにくいと考えた。問題は、証拠がその考え方に適合せず、仕組みもうまく説明できないことだ。しかし、この衛生仮説で見直されている部分はある意味、とても微妙だ。マイクロバイオータは、病気を引き起こさなかったとしても、ある種の「感染」をしていると言える。マイクロバイオータの構成員はみな侵入者だ。ただし、あまりに長いあいだ入りこんでいて、宿主に利益までもたらしているものだから、免疫系は受け入れることを学んだ。では、免疫系はそうした微生物をどのように受け入れているのか。また、マイクロバイオータに合わせて緻密にチューンアップしてきた免疫系は、マイクロバイオータのバランスが乱れたときどうなるのだろうか。

ホロゲノム進化論

私は人体に棲む微生物のことを調べるうちに、自分自身を独立した存在と考えるのをやめ、マイクロバイオータの容器だと考えるようになった。私自身と私のマイクロバイオータはまとめて一つの「チーム」なのだ。どんな人間関係もギブ・アンド・テイクで成り立っている。それと同じように、私は微生物に対する提供者であり保護者であり、微生物はそのお返しに私に栄養を与えてくれる。私は私のマイクロバイ

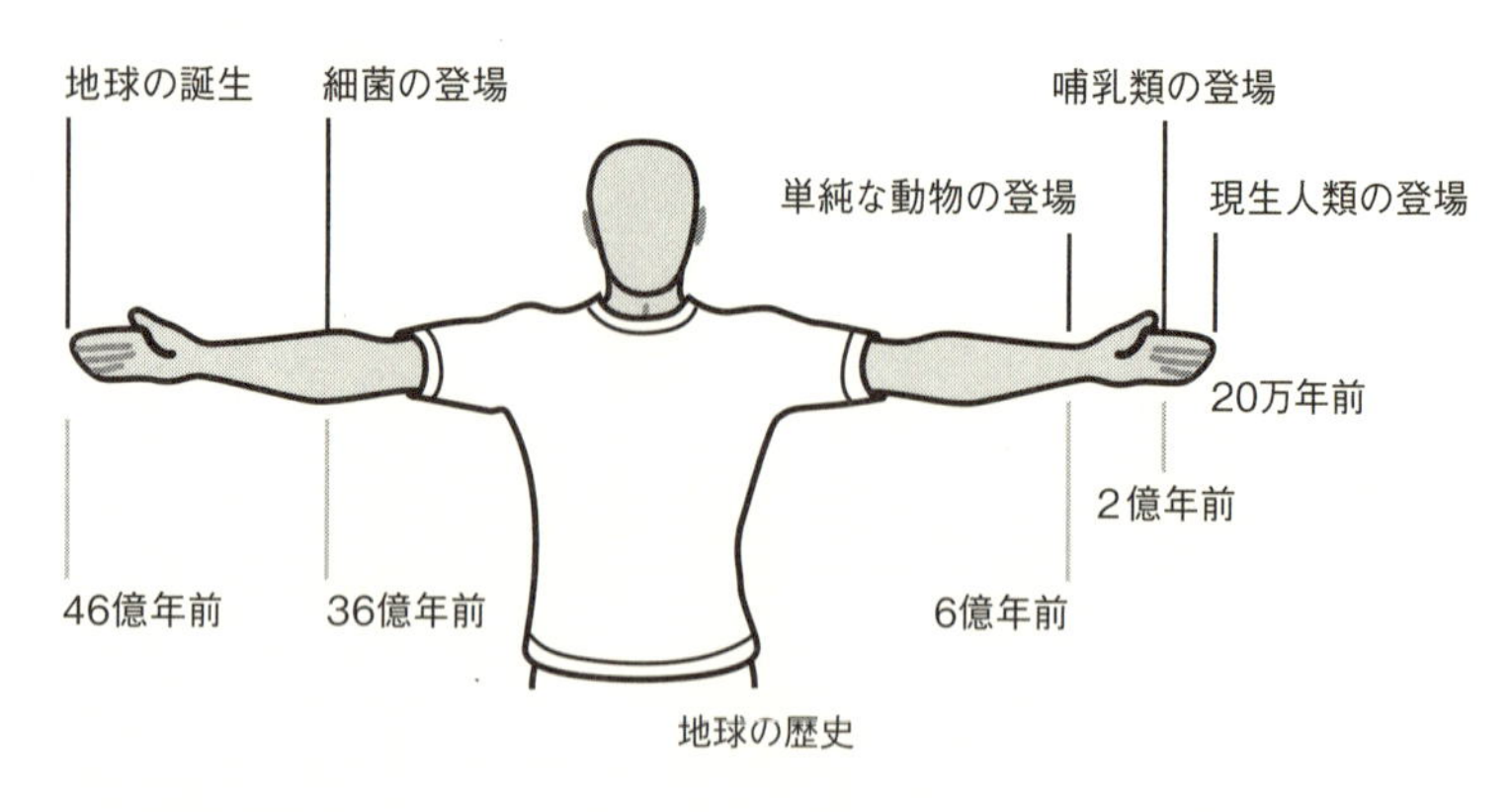

地球の歴史

オータが喜ぶような食事の摂り方を考えるようになった。私の心と体の健康は、微生物の宿主としての私の価値を測る指標だと思うことにした。微生物は私を支える共同体で、それを維持するのは私のためであると同時に微生物のためでもある。

微生物と提携を結んでいるのはヒトだけではない。いずれ第7章で詳しく述べるが、あなたのマイクロバイオータの最初の入植集団は、誕生したときに母親から贈られるノアの方舟のような各種微生物の詰め合わせだ。あなたの母親の最初の微生物集団は祖母からもらったもので、祖母は曾祖母からもらう。八〇〇〇世代ほどさかのぼったあたりでは、ホモサピエンスになる前の祖先が微生物の詰め合わせセットを母が子に贈っていたことだろう。進化史をさらにさかのぼれば、霊長類、哺乳類、動物界で同じことがくり返されてきた。

生物の授業で地球史の概観を教えるとき、両腕を広げて説明してくれる先生がいる。右手の中指の先端が四六億年前の地球誕生。左手の先端が現在。地球の岩石が冷え固まって、細菌という形の生き物が誕生するのは右のひじ。それから三〇億年ほどかけて、単純な動物が生まれるのは左の手首。体毛をもつ哺乳類が登場するのは左の中指のつけ根。ヒトが現れるのは中指の爪の先の先だ。やすりで中指の爪を一回こすっただけで、ヒトの歴史はあとかたなく消えてしまう。

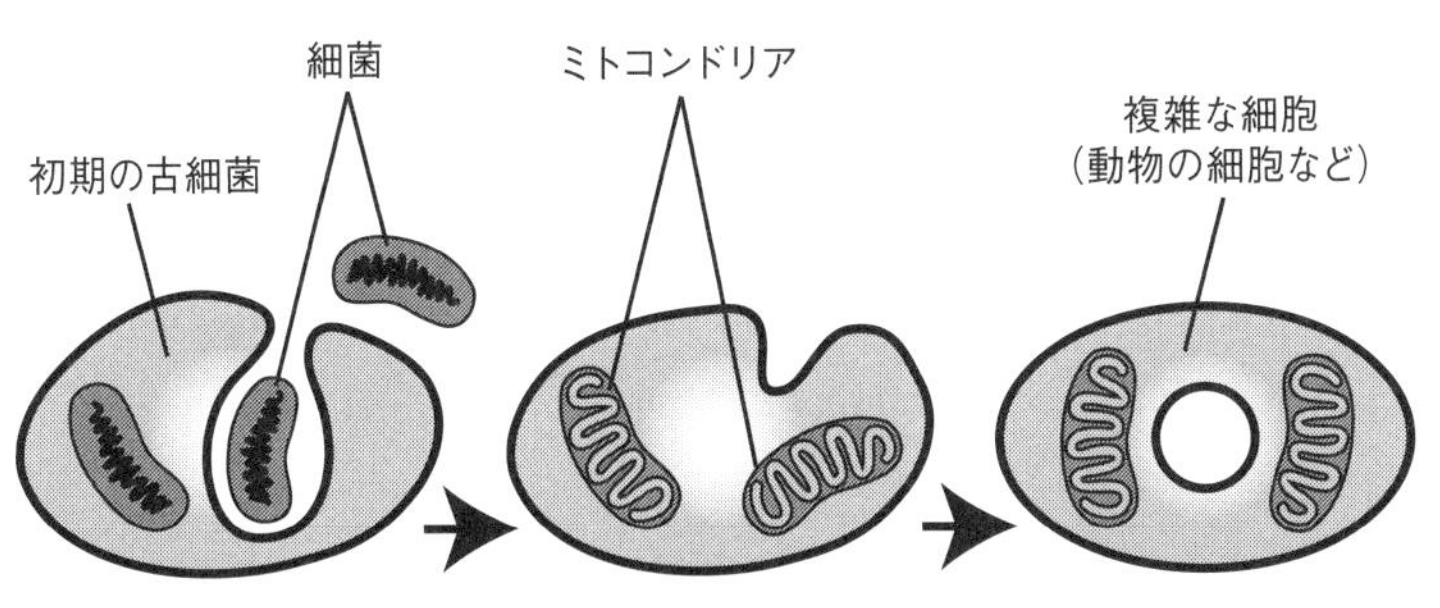

ミトコンドリアの進化

そして、動物は細菌なしには誕生しなかった。動物と細菌の関係はあまりに入り組んでいる。動物の細胞にはそれぞれ大昔にとりこんだ細菌の痕跡が残っている。自分より大きな細胞にのみこまれた細菌は、宿主にとって有益な存在となった。エネルギーを提供するミトコンドリアである。ミトコンドリアは細胞の発電所にあたる小器官で、細胞呼吸を通じて食物分子をエネルギーに変える。こうした「元細菌」は初期の動物界の多細胞生物の土台となり、必須要素となってしまったので、もはや細菌とは呼べない存在だ。ミトコンドリアは二つの生き物が提携関係を結んだ例として、進化史上の一つの突破口となった。以来、小さな微生物はより大きな微生物とチームを組むようになった。

こうした提携関係のパターンは進化系統樹に見ることができる。哺乳類の進化系統樹を描き、つぎに哺乳類の体内に棲む細菌の進化系統樹を描くと、進化の時間経過に合わせて二つの集団が共に歩んでいることがわかる。一方の系統樹はもう一方の系統樹の鏡となっている。ある哺乳類が二つの種に分かれると、その中にいる微生物も二つの種に分かれて新しい哺乳類宿主に合わせた別の道を行く。このような、宿主と微生物の緊密な関係は、自然選択による進化の仕組みの核心につながる共進化という新概念を生んだ。

　ダーウィンの『種の起源』にならい、私も自然選択ではなく人為選択から説明をはじめようと思う。ダーウィンは当時の紳士階級が趣味としていたハトの育種について書いたが、私はイヌを使って説明しよう。グレートデーンとフォックステリアはどちらもオオカミの子孫だが、どちらも祖先とは似ても似つかぬ姿をしている。グレートデーンは、ドイツの森にいるシカやイノシシ、ときにはクマを狩るために育種された。育種家は体の大きさや走行スピード、体力にすぐれた個体を選んで次世代の親にするということをくり返した。さまざまな犬種の中からこうした特性をもつイヌを選んで掛け合わせることで、そうした特性は世代を追うごとに強化された。一方、フォックステリアはスピードと敏捷性、キツネを巣穴まで追いつめる能力などが、やはり育種家による人為選択を通じて強化された。

　自然選択では自然環境が育種家の代わりをする。チーターは、被食者を追走するための強靭な脚と、その追走に耐えうる大きな心臓と肺、被食者の群れの中から狙いやすい幼子を見つけるための視力を強化した。カエルは、水中で水をかくのに便利な水かきのついた脚と、日光の熱に負けない頑丈な卵、ヘビの目をくらますことのできる皮膚のカムフラージュを強化した。こうした特性はどれも、気候や居住環境、競争相手、被食者、捕食者に合わせて選ばれていく。

　では、実際には何が選ばれているのだろうかと、進化生物学者たちは議論した。それは一見すると明白に思える。強い筋力や水かきのついた脚をもつ個体が生き延びて子孫を残すのだから、繁殖状況に有利な個体が選ばれているのだろう。だが、雌ライオンが子ライオンを、働きバチが女王バチを、若いツルが親を助けるふるまいは、個体自身の繁殖に有利には働かない。吸血コウモリにおいては、血にありつけたコウモリがありつけなかったコウモリに、親戚でもないのに吐き戻した血を分け与えるという習性まである。

個体自身の繁殖の成功だけが目的なら、なぜ他者を助けるのか。こうした疑問から、進化生物学者は個体レベルでの選択以上のものが働いていると考えた。もし、ある個体が同じ集団内の一員の、とりわけ血縁とは無関係な一員の繁殖を助けているのなら、環境から選ばれているのは個体のみならず集団全体だ。

リチャード・ドーキンスは、個体選択説と集団選択説はどちらも的をはずしていると指摘した。ドーキンスは一九七六年の著書『利己的な遺伝子』で、有名な進化生物学者数名が唱えていた「自然選択が選んでいるのは、つまるところ遺伝子だ」という理論を一般向けに紹介した。身体は遺伝子の乗り物にすぎず、遺伝子を不死身にするために存在している、と彼は書いた。個人が一人ひとり違うように、遺伝子にも少しずつ違いがあり、それは複製されて子孫に受け継がれる。ここで重要なのは、個体の繁殖の有望度を決めているのは遺伝子であり、したがって、選ばれているのは個体ではなく遺伝子だというのである。もちろん、遺伝子はそれだけでは何もできない。ある個体が突然変異で生存と繁殖に最も有利な遺伝子を得たとしても、その遺伝子の働きは近隣の遺伝子によって制限を受ける。ここで話はふりだしに戻る――やっぱり個体だ。ただし、今回の個体という存在には微生物も含まれる。

宿主の生物種とその微生物が一組になって進化することは、すでに複雑に入り組んでいる自然選択にさらなる複雑さを重ねる。草食動物のバイソンを例に、とりあえずマイクロバイオータのことを考えずに自然選択を想像してみよう。バイソンは、オオカミの餌食にならずにすむほど巨体で、厳冬を難なく過ごせるほど毛深く、食べる草を探して長距離移動できるほど強靭な特性が選択されるだろう。だが、バイソンの生存と繁殖に有利なこれらの特性は、ひとそろいの腸内微生物がなければ役に立たない。バイソンだけでは草を消化することができず、どれだけ草を食べても、食物の分子を吸収することはできず、そこからエネルギーを得ることもできない。エネルギーを得られなければ育つことも動くことも繁殖することもできない。それ以前に、生きることすらかなわない。

　バイソンとその微生物は足並みそろえて進化してきた。両者は共に選択し合ってきた。バイソンは巨体に、毛深く、強靭になるように、そして草を消化するための微生物をたくさん棲まわせるようにと自然選択が働いた。宿主（バイソン、魚、昆虫、ヒトなど）とその微生物の組み合わせは、「ホロバイオント」と呼ばれている。共に依存し、共に進化するホロバイオントの概念は、イスラエルのテルアヴィヴ大学のユージーン・ローゼンバーグとイラナ・ローゼンバーグに、自然選択が働くもう一つの場面を思いつかせた。繁殖の有利さのために個体や集団が選ばれるだけでなく、ホロバイオントも選ばれるというのだ。マイクロバイオータを切り離して生きていける動物はいないし、宿主なしに生きていけるマイクロバイオータもない。どちらか一方だけを選択するのは不可能だ。つまり、自然選択は両方に働き、個体を選ぶのと同じように乗り物と乗客の組み合わせを選ぶ。選ばれるのは生存と繁殖を成功させるのに充分な強さと適性、適応力を備えた「組み合わせ」だ。

　最終的には、ドーキンスが言うように選択されるのは遺伝子だが、宿主動物の遺伝子だけでなく、微生物の遺伝子も同時に選ばれているということだ。このローゼンバーグ夫妻の考え方は、宿主のゲノムとマイクロバイオームが一体となって選ばれる「ホロゲノム選択」と呼ばれている。

　ここで言いたいのは、ヒトの免疫系も単独で進化したのではないということだ。免疫系は、新品の道具を一式そろえて未知の敵から攻撃されるのを待っているようなシステムではない。あらゆる微生物――病気を引き起こす有害な微生物から健康を保つ有益な微生物まで――といっしょに育ってきたシステムなのだ。数千年にわたる提携関係を通じて、免疫系は微生物が共生するのを当然のこととみなしてきた。だから微生物が不在だとバランスが崩れる。たとえば、あなたは常時ハンドブレーキをかけた状態で車の運転を覚えたとする。あなたはハンドブレーキがかかっている分だけ強くアクセルを踏むことを体で覚えた。だが、そうやって一〇年か二〇年、安全に運転してきたあと、ハンドブレーキを解除したとする。あなたの運転は不安定で乱調子なものとなり、これまでのようにうまく車を操ることができなくなるだろう。

「旧友仮説」に書き換える

もちろん、どれほど不健康な人であっても体内に微生物が一つも棲んでいないということはないので、微生物が不在だと免疫系がどんな混乱を起こすのかを知ることはできない。人類史上で、マイクロバイオータなしで生きた人間が一人だけいる。いや、正確に言えば、ほぼマイクロバイオータなしに、である。生き延びるために、その少年はヒューストンの病院で、泡（バブル）のようなビニールで仕切られた空間で暮らした。メディアから「バブル・ボーイ」と呼ばれていたデイヴィッド・ヴェッターは、病原体に対して何一つ防御ができない重症複合型免疫不全症という遺伝疾患を抱えて生まれた。デイヴィッドの両親は最初の息子を同じ遺伝病で亡くしていた。だが、治療法は近いうちに見つかるはずだと医者たちから勇気づけられ、お腹の中にいたデイヴィッドを産むことにした。

デイヴィッドは一九七一年に帝王切開で生まれ、ビニールで覆われた無菌空間に入れられた。彼はビニール手袋越しに世話をされ、消毒された粉ミルクを与えられた。母の肌の香りを嗅いだことも、父の手を握ったこともなかった。たまにほかの子どもと遊ぶことがあったとしても、おもちゃと笑い声はつねにビニールシートで隔てられていた。少年をバブルの外に出すには、デイヴィッドの姉からの骨髄移植が必要だった。移植された骨髄が免疫系を始動させると期待されていたのだ。だが、姉は移植に適合せず、デイヴィッドには残りの人生をバブルの中で過ごすほかに選択肢がなかった。

危険きわまりない病態だったにもかかわらず、デイヴィッドは厳重に保護された環境でまあまあ健康に過ごし、一二歳で死亡するまで一度も病気にならなかった。彼は空間記憶が貧弱だったが時間の経過にはひじょうに敏感だった。おそらく彼の脳は、場所を知ることではなく時間を知ることに特化して発達したのだろう。隔離されたデイヴィッドの体と心の健康状態については多くの研究がなされたが、マイクロバイオータの働きについてはビタミン合成以外にほとんど知られていなかった当時、デイヴィッドを無菌状態にしておくことの影響を研究しようとした人はいなかった。デイヴィッドには適合するドナーが見つからず、不適合のリスクを承知で姉からの骨髄移植に賭けてみることとなった。医者たちも気づかなかったのだが、姉の骨髄にエプスタイン・バー・ウイルスが隠れており、それが弟にうつってリンパ腫を引き起こした。デイヴィッドは免疫系の癌であるリンパ腫で亡くなった。

デイヴィッドは生まれたときから無菌状態に保たれるよう最大の努力が払われてきたが、彼の腸内には少しずつ細菌のコロニーができていた。医者はそのことに気づいていた。デイヴィッドの糞便に含まれる微生物を定期的に培養していたからだ。だが細菌のコロニーがデイヴィッドの健康に害を与えているようすはなかった。もし、デイヴィッドが完全に無菌状態になっていたなら、死後解剖を担当した検死官はデイヴィッドの消化管がふつうの人と劇的に違っていることを発見するはずだった。虫垂がくっついている盲腸は、ふつうならテニスボール大のはずがアメフトのボールのように大きくなっていただろう。小腸壁は、ふつうならあるはずのひだがなく、のっぺりしていたことだろう。小腸に血液を送る血管も少なかっただろう。ところがなんと、デイヴィッドの消化管はほかの子どもと変わらず正常だったのである。

巨大な盲腸や、ひだのない小腸壁は無菌マウスによく見られるが、その理由についてはまだよくわかっていない。ある研究者から聞いた話では、無菌マウスをはじめて解剖したとき盲腸が腹部のほとんどのス

1993 年クリスマスの日のエレン・ボルトと息子のアンドルー。左横にいるのは姉のエリン。このすぐあと、アンドルーは自閉症を発症する。

エレン・ボルトは生物学の専門教育を受けたことはなかったが、息子のアンドルーが幼いときに自閉症になった原因を微生物だとする仮説を立てて調査した。2011 年の家族の写真。左からアンドルー、エレン、エリン、ロン。

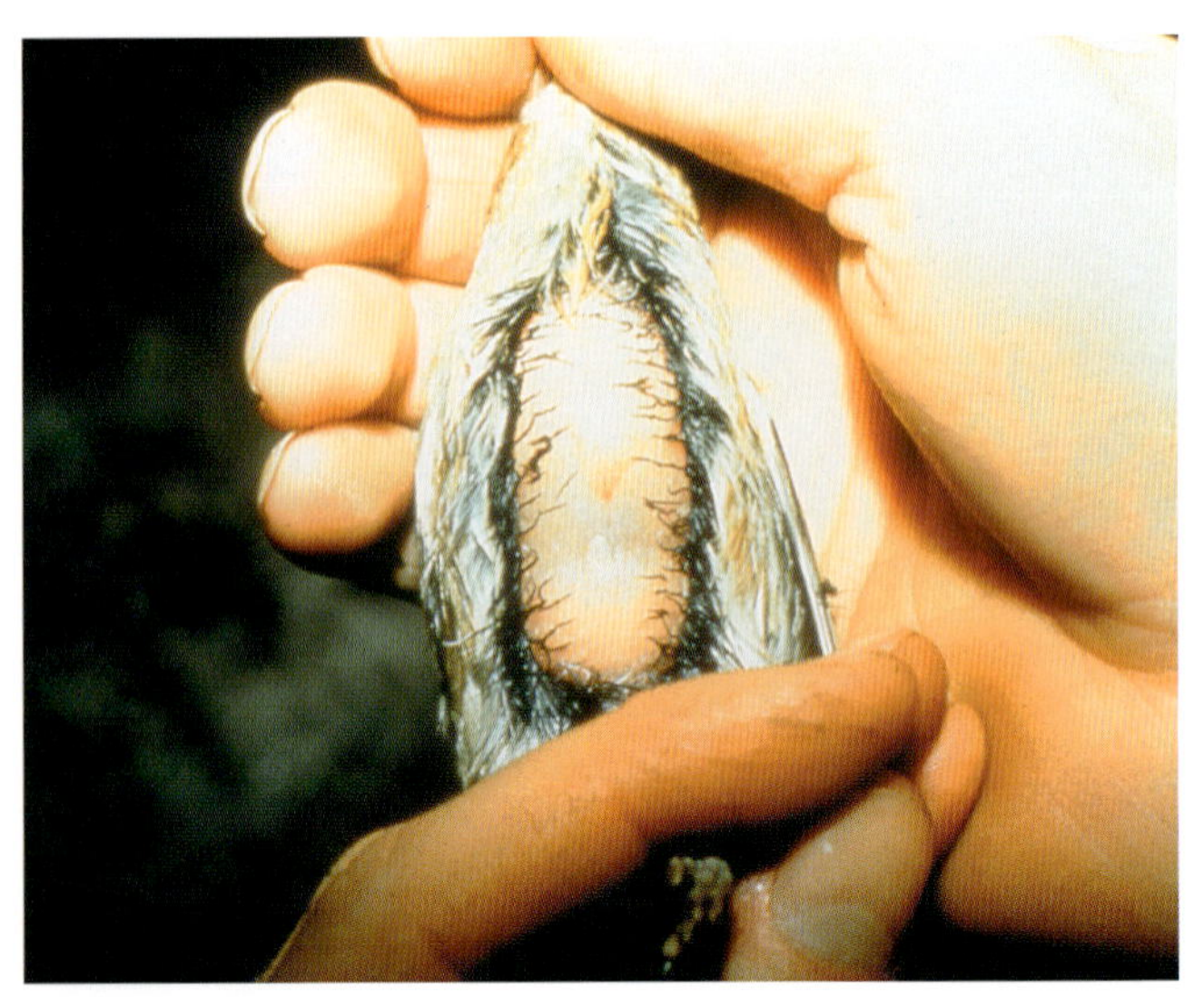

ニワムシクイの腹部を切開したようす。渡りに備えて大食する時期には大量のエネルギーが脂肪として蓄積されている（上）。通常は脂肪の蓄積がない（下）。

右はレプチンというホルモンをつくる遺伝子が変異を起こしている遺伝性の肥満マウス（オブオブ・マウス）。体重は左の同腹マウスの約３倍ある。

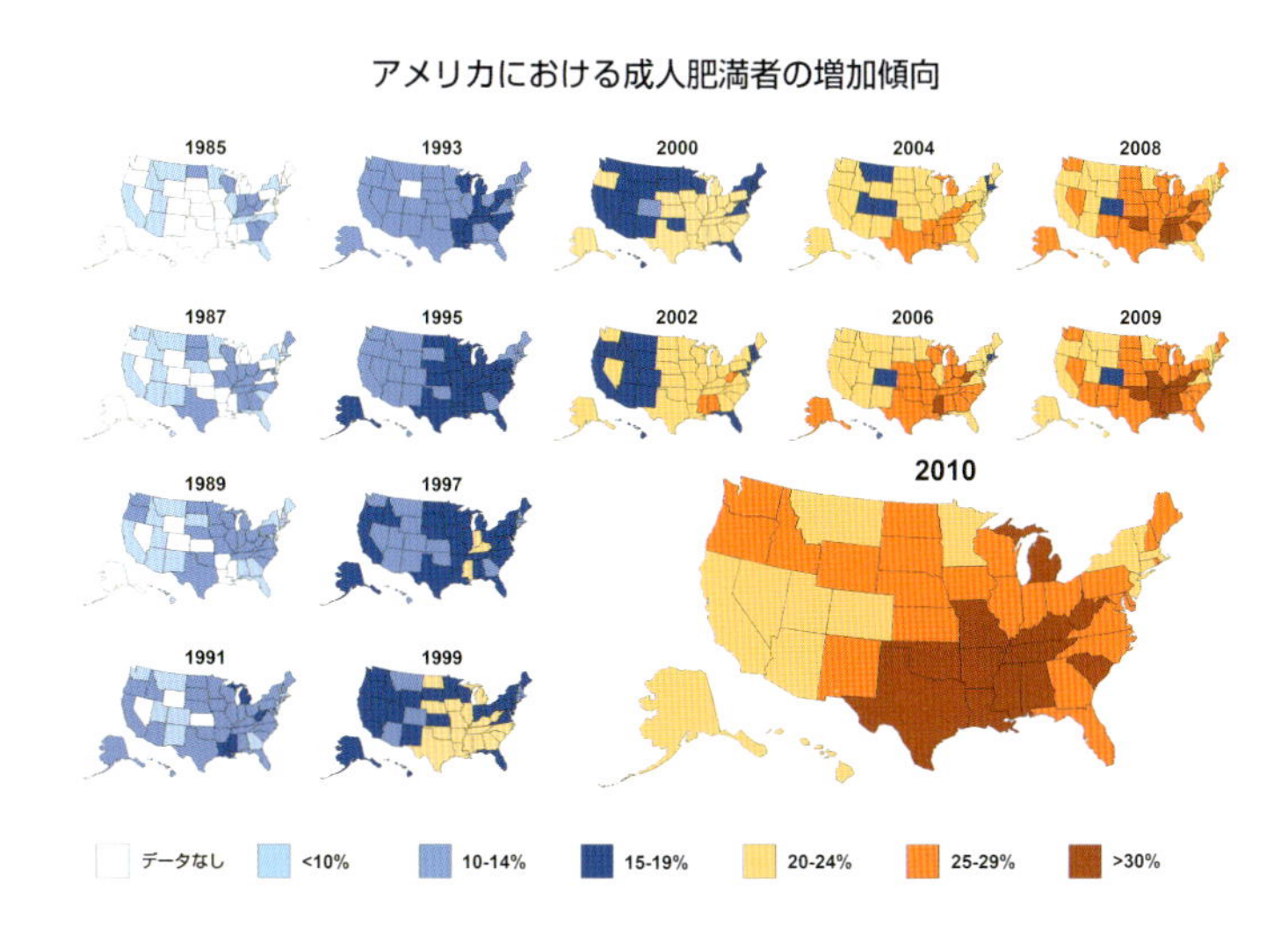

アメリカの疾病管理予防センター（CDC）行動リスク因子調査機構が集めたデータを基に作成された地図。肥満（BMI 値 30 以上と定義）の有病率は年々増加している。アメリカでは 2012 年、成人の 35％と小児の 17％が肥満者だった。このほかに、肥満ではないものの過体重の成人が 34％、小児が 15％いる。

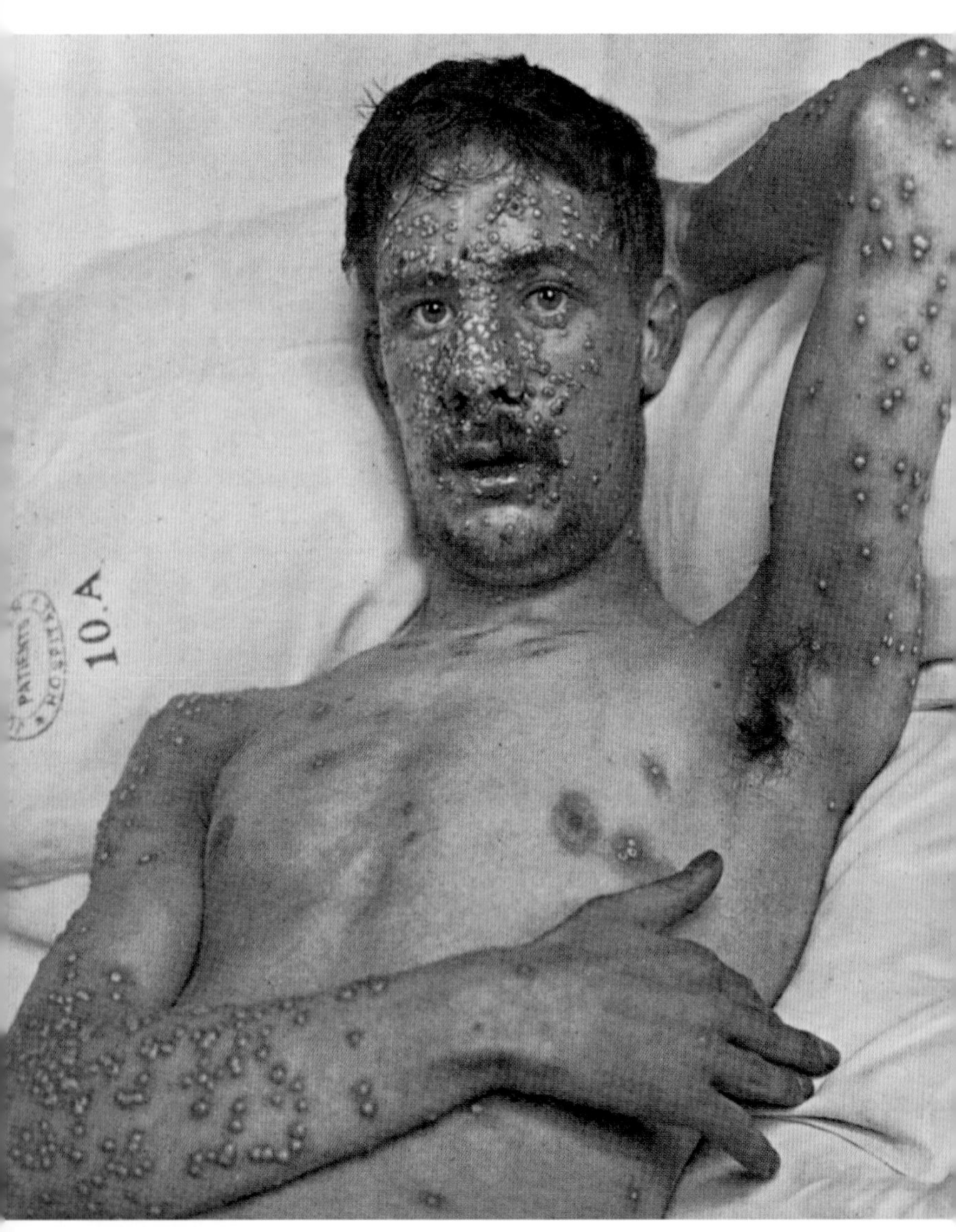

天然痘は先進国でさえ20世紀になっても流行していた。この男性の写真は19世紀から20世紀への変わり目のころに撮影された。

パプアニューギニアにいるアリ。冬虫夏草に感染すると、アリの巣を離れ、木を登って葉の主脈に嚙みついて顎を食いこませる。冬虫夏草は菌類で、アリの体内で育ち、胞子を林床にまき散らす。

寄生虫の吸虫は、カエルの足に奇形を促すよう進化した。そうすることでつぎの宿主（サギ）への移動が容易になり、そこから生活環を存続することができる。吸虫にとっては、農薬による湿地帯の汚染も有利に働く。

中米にいるコウモリは、微生物を混ぜた香水の匂いでメスの気を引く。

その香水は、翼についている袋に入れた尿、唾液、精液の混合液を、微生物の力を借りて発酵させたものである。

カナダのゲルフ大学で、大学院生のエリン・ボルトはロボガットを駆使し、自閉症の原因は腸内微生物ではないかという母のエレンが立てた仮説をテストしている。

ペースを占めているのを見て仰天したという。その研究者はあとになって、無菌マウスはみな巨大な盲腸をしていることを知ったそうだ。無菌マウスは免疫系も通常マウスと異なる。その免疫系は生後まったく成長していないようだという。ヒトを含む哺乳類の小腸壁には通常、パイエル板と呼ばれるパッチワーク状の領域があり、そこには警備室のような働きをする細胞が集まっている。それぞれのパッチには微小なセンサーが並んでいて、通過する非自己の粒子を引き寄せて、ここにやってきた目的を免疫細胞に「尋問」させる。そして疑わしいとなればその情報を腸内全体に、ときには全身に伝達する。ところが無菌マウスでは、この警備室の数が極端に少なく領域も小さい。警備室にいる警備員はトレーニング不足で情報伝達が遅い。このように免疫系がおそまつな無菌マウスは無菌室の外では脆弱だ。実際、外に出したとたんに感染症にやられて死ぬ。

明らかに、マイクロバイオータは免疫系の発達を後押ししている。結果として、病気と戦う能力に大きな開きが生じる。通常モルモットが赤痢菌に感染してもなんともないが、無菌モルモットが感染するとかならず死ぬ。そんな無菌モルモットでも、通常モルモットのマイクロバイオータからたった一種類の菌種を与えられただけで、赤痢菌に感染しても死ななくなる。逆に、通常のマイクロバイオータを有している動物は、そのバランスが抗生物質で乱されると感染症にかかりやすくなる。たとえば、抗生物質を与えられたマウスは、鼻から挿入されたインフルエンザ・ウイルスを追い払うことができずに病気になる。充分な量の免疫細胞と抗体が産生されないため、ウイルスが肺に広がるのを防ぐことができないのだ。抗生物質を与えられていないマウスなら、そうはならない。

妙な話だ――抗生物質は感染症を治すための薬なのに、感染症にかかりやすくなるなんて。だが、抗生物質で一つの感染症が治っても、かわりにほかの感染症に対して無防備になる。これについては、保護役

の微生物がいなくなるから病原体の攻撃をまともに受ける、という説明が理にかなっているように思える

が、実際には抗生物質が保護役の微生物の全体量を減らすことはめったになく、影響するのはむしろ細菌

種別の組成比だ。どうやらその時々のマイクロバイオータに、どの構成員が多くいるかいないかによって、

免疫系のふるまい方が変わるらしい。

腸での最初の防衛線は厚い粘液層だ。粘液層の奥のほう（腸壁細胞側）に微生物はいないが、表面には

マイクロバイオータの構成員の多くが集落を築いている。そこに抗生物質がやってくる。たとえばメトロ

ニダゾールは、無酸素状態で生きる嫌気性の細菌だけを殺す。マイクロバイオータの組成比が変わり、免

疫系のふるまいが変わる。この変化はヒト遺伝子に直接作用し、保護用の粘液層の材料となる蛋白質の製

造をやめさせる。粘液層が薄くなると、あらゆる種類の微生物が腸壁に侵入しやすくなる。微生物、また

は微生物がつくる化学物質が腸壁を通過して血液中に入ったら、免疫系は過剰攻撃態勢をとる。

抗生物質が免疫系のふるまいを変えたぐらいで新たな病気になることはないだろう、とみなさんは思っ

ているかもしれない。だが、八万五〇〇〇人を対象にした試験では、ニキビの治療に抗生物質を長期間服

用した患者群は、抗生物質を使わなかった対照群に比べて、二倍も多く、風邪その他の気道感染症に感染

していた。大学生を対象とした別の似たような試験では、抗生物質治療群が風邪を引くリスクは対照群の

四倍という結果が出た。

抗生物質のアレルギーへの影響はどうなのだろう。二〇一三年、イギリスのブリストル大学の研究グル

ープがこの疑問に取り組んだ。彼らが利用したのは通称「九〇年代小児調査」と呼ばれるイギリスの大規

模研究プロジェクトだ。このプロジェクトは、一九九〇年代初期に妊娠していた一万四〇〇〇人の女性か

ら生まれた子どもの健康と日常生活全般の情報を大量に集めたものだ。そのデータの中には乳児期に抗生

物質を使ったかどうかという情報も入っている。ブリストル大学の研究グループは、二歳になる前に抗生物質を与えられた小児（なんと全体の七四％が二歳までに抗生物質の治療を受けていた）は、八歳になるまでに喘息を発症する率が二倍近くも高いことを見出した。抗生物質の治療回数が多い子どもほど、喘息や皮膚炎、花粉症を発症しやすかった。

ただし、よく言われるように、相関関係が示されても因果関係があるとはかぎらない。抗生物質と喘息の関係を調べた研究グループのリーダーは、その四年前に、テレビを多く見る子どもは喘息になりやすいことを発見していた。この結果からテレビを見る行為と肺の免疫不全に因果関係があると信じる人はいないだろう。テレビの前に座っている時間が長いことは運動不足の代理指標だと考えられてきた。同じように、子どもが受けた抗生物質の量も何かの代理指標と考えることができる。親が神経質で、何かあると子どもをすぐに医者に診せに行っていたのかもしれない。あるいは本格的な喘息がはじまる前に前駆症状のようなトラブルがあって、その治療に抗生物質が使われていたのかもしれない。後者のシナリオの蓋然性は高かった。研究者たちはこの点を考慮して、生後一八か月までに喘鳴を発症したことのある子どもを除外して計算し直した。それでも、乳児期の抗生物質投与とその後のアレルギーの発症には強い相関関係があった。

そもそも、抗生物質を使うのは感染症を抑えるためだ。抗生物質のおかげで感染症が減って、アレルギーが増えたというのなら、それは衛生仮説にあてはまる。しかし、理屈に合わないところがまだ残っている。なぜ免疫系は、有害になりうる腸内微生物ではなく、まったく無害なアレルゲンを攻撃の標的にするのだろう。それに、もしアレルギーの増加が感染症の減少に関係しているのだとしても、感染症を患った経験の少ない個人ほどアレルギーになりやすいことはどう説明するのだ？

スウェーデン、ヨーテボリ大学のアグネス・ウォルド教授は、一九九八年に衛生仮説に代わる仮説を提唱した。このころマイクロバイオータの役割を調べる研究が急増し、感染症とアレルギーの関連性が弱いことでストラカンの衛生仮説は揺るぎはじめていた。一方、抗生物質の使用とアレルギーのあいだにはもっと強い相関関係が示されていた。ウォルドの同僚インゲゲルド・アドラーベルトは以前、スウェーデンとパキスタンの病院で生まれた乳児の微生物を比べたことがあった。

アレルギーがすでに増えていたスウェーデンで生まれた赤ん坊は、パキスタンで生まれた赤ん坊に比べて腸内細菌の多様性が小さかった。とくに、エンテロバクター属の細菌種が少なかった。衛生水準はスウェーデンのほうがパキスタンよりずっと高いが、だからといってパキスタンの赤ん坊のほうが感染症にかかりやすいわけではなかった。パキスタンの赤ん坊には多くの微生物のコロニーができており、とりわけ大人の腸内にいる微生物が豊富だった。大人の腸内にいる微生物は、生活の場にいるのはもちろん、母親の糞便として出てくる。スウェーデンでは産科の規定書に妊婦の性器の分娩前消毒が含まれていることがある。この消毒により、新生児のまっさらな腸に居住する最初の微生物の種類が減らされている可能性があった。

アレルギー急増の原因は、病原体との接触というよりマイクロバイオータの組成が変わったからではないか、とアグネス・ウォルドはぴんと来た。彼女はスウェーデン、イギリス、イタリアで、時間の経過とともに赤ん坊のマイクロバイオータがどう変化するかを追跡する大規模研究を組織した。予想どおり、これら先進国の超衛生的な赤ん坊の腸内にコロニーをつくっている微生物は種類が少なかった。そして、やはり、エンテロバクター属の細菌が少なかった。かわりに多かったのは、基本的に腸内より皮膚に棲むブドウ球菌グループの細菌だ。特定の単一種、または単一グループの微生物がアレルギーの発症と相関関係を示すことはなかったが、全体的な微生物の多様性とは関係がありそうだった。のちにアレルギーを発症することになった赤ん坊の腸内では、そうでない赤ん坊の腸内より微生物の種類がずっと少なかった。

ウォルドはストラカンの衛生仮説を別の枠組みにはめ直し、それは免疫学者と微生物学者から確たる支持を得た。ウォルドの二〇年におよぶ共生微生物の研究は、ヒトの免疫系が健全に発達するためにどんな働きかけが必要かという疑問に、ストラカンより複雑な答えを出した。免疫系の発育に必要なのは、衛生的な環境のおかげで消えてしまった感染症というより、古くから友好関係を築いてきた微生物たちによる正常なコロニー形成だ。その「旧友」たちはヒトと一段階ずつ共に進化してきており、当然ながらヒトの免疫系とも深いつき合いがある。こうして、衛生仮説は「旧友仮説」に更新された。つぎなる疑問は、マイクロバイオータは人体に何を伝えているのかだ。人体は、信用していい微生物とそうでない微生物をどのようにして見分けているのだろう。

免疫系は各種細胞によるチームで動いている。それぞれの細胞には敵の検知や破壊など特定の役目があり、さながら軍隊のようである。マクロファージは怪しそうな細菌を貪食する歩兵で、メモリーB細胞は特定の標的を撃つよう訓練された狙撃兵、ヘルパーT細胞（Ｔｈ1細胞やＴｈ2細胞など）は他の隊員に敵の侵入を知らせる通信士官だ。これらの反応すべての発端となるのは病原体の表面にある小さな分子、抗原だ。抗原は危険信号の赤い旗のようなもので、免疫系はその病原体に以前出合ったことがあるかないかを自動的に見分ける。すべての病原体はこうした旗を掲げているので、人体に侵入するなり検知される。

自己と非自己の概念が免疫学の基礎となっていた時代には、病原体は細胞表面につけた抗原で自身の正体を暴露しているのだと思われていた。だが、当時の研究者たちが気づいていなかったのは、有益な微生物も同じような旗を掲げ、病原体の抗原と同じように免疫系にメッセージを送っていたことだ。旗はそれが微生物だと知らせるだけの役割で、敵なのか味方なのかまでは教えない。共生微生物は単に免疫系から無視されているわけではない。私たちにとって有益な微生物は、このままここに居座っていられるよう、しっかり免疫系に働きかけているのだ。

免疫細胞ならすべての細胞が敵の破壊と脅威の検知にしのぎを削っていると思われがちだが、人体のあらゆる仕組みがそうであるように、免疫系においても、炎症反応を促進する指示と、炎症を抑制する指示の釣り合いを保たなければならない。このとき炎症抑制の役目を担っているのが、最近知られるようになった制御性T細胞だ。略してTレグ細胞とも呼ばれる制御性T細胞は、軍隊でいうと准将のような位置づけで、興奮して息巻いている兵士を鎮めて落ち着かせる。この細胞が多ければ免疫系はあまり反応せず、少なければ過剰に反応する。

制御性T細胞を生産できない突然変異をもって生まれた子は、IPEX症候群(X連鎖免疫調節異常・多発性内分泌障害腸症候群)という致死的な病気になる。免疫系のバランスが傾いて、炎症を促進する免疫細胞を大量に産生し、リンパ節と脾臓を肥大させてしまう病気だ。過剰に攻撃的になった細胞は自身の臓器を破壊し、患者は小児期に1型糖尿病や皮膚炎、食物アレルギー、炎症性腸疾患、難治性の下痢といった一連の自己免疫疾患とアレルギー疾患に見舞われる。そして多臓器不全で早すぎる死を迎える。

ところが、最近になって驚くべき事実が明るみに出た。准将の制御性T細胞に命令を出している最高司令官は、人体にとっていつも最善の利益を追求する「精鋭のヒト細胞」ではない、というのだ。制御性T細胞を使って命令を流しているのはマイクロバイオータだ。微生物は抑制系の免疫細胞の数を操作することにより、微生物自身の生存を確実なものにする。微生物にとっては、ヒトの免疫系は穏やかで寛容なほうがありがたい。攻撃されたり追い出されたりする心配がなくなるからだ。では、微生物は自身の利益のためにヒト免疫系を鈍くさせるよう進化して、ヒトが昔からの敵と出合ったとき始動すべき安全装置を改ざんしてしまったのかといえば、そういうことではない。ヒトとマイクロバイオータの長い共進化の歴史は、どちらにとっても最善の利益となるよう免疫系のバランスを微調整してきたからだ。

ここで心配になるのは、欧米式の生活様式で暮らす人々のマイクロバイオータを襲う多様性消失の危機だ。腸内微生物に多様性がないと制御性T細胞はどうなるのだろうか。アグネス・ウォルドを含む科学者グループは、この疑問を解明しようと、無菌マウスの制御性T細胞の効力を通常マウスのそれと比較した。すると、無菌マウスが過剰な免疫反応を抑えるためには、通常マウスと比べて膨大な数の制御性T細胞が必要になることがわかった。つまり、マイクロバイオータ不在で育ったマウスの体内で産生される制御性T細胞の効力は、きわめて低いということだ。別の実験では、無菌マウスに通常マウスのマイクロバイオータを加えてやると、制御性T細胞の数が増え、免疫系の過剰攻撃をなだめることができたという。

では、マイクロバイオータの構成員はどのようにして免疫系をなだめているのだろう。通常の腸内細菌は、細胞表面を病原体と同じように赤い旗で覆っているが、免疫系を苛立たせることがない。どうやらこうした味方の細菌は、自分たちと免疫系だけが知っているパスワードをもっているようだ。カリフォルニア工科大学のサルキス・マズマニアン教授は、バクテロイデス・フラジリスという細菌が提示するパスワードを発見した。この細菌はマイクロバイオータの中でもとくに数の多さを誇っており、出生直後に腸内に入植する細菌の一つだ。この細菌は多糖類A（PSA）という物質を産生し、それを微小なカプセルに入れて細胞表面から放出する。このカプセルが大腸で免疫細胞に貪食されると、いっしょに飲みこまれたPSAが制御性T細胞を起動させる。制御性T細胞は他の免疫細胞に、バクテロイデス・フラジリスを攻撃しないようメッセージを送る。

バクテロイデス・フラジリスはＰＳＡをパスワードとして使って、免疫系を炎症型から抗炎症型に変える。免疫反応をおだやかなものにし、アレルギーを防ぐには、初期にコロニーをつくる細菌が産生するＰＳＡのようなパスワードが重要なのだろう。さまざまな形をとるこうしたパスワードもまた、それぞれの微生物株が人体の「高級クラブ」の会員として受け入れられるよう、進化してきたものに違いない。致死的な免疫疾患であるＩＰＥＸ症候群の患者に制御性Ｔ細胞が欠けているのと同じように、アレルギーをもつペット動物にも制御性Ｔ細胞の不足が見られる。制御性Ｔ細胞の抑制効果がないと、ハンドブレーキが解除され、免疫系は無害な物質にまでフルスピードで突進してしまうようだ。

腸の透過性が上がるという現象

ここで、少しコレラの話をさせてほしい。コレラは米のとぎ汁のような白っぽい水状の下痢が大量に出る病気で、一八五四年にはロンドンのソーホーで大規模な流行を引き起こした。こんにちでも途上国で突発的に流行している。原因は小腸にコロニーをつくるコレラ菌だが、この細菌は腸内に長くとどまるつもりはない。たいていの感染性細菌は、コロニーを定着させるまでは免疫系の目をかいくぐって暮らし、それから宿主を病気にさせる。だがコレラ菌は、到着するなり自身の存在を誇示する。コレラ菌の最初の仕事は腸壁に付着して、できるだけ速く増殖することだ。そして、だらだらと居座らずにさっさと出て行く。爆発的に増えたコレラ菌は水状の下痢と共に宿主の体から排出される。

下痢というのは細菌と免疫系、双方にとって好都合な仕組みだ。細菌は外に出て新しい宿主にとりつくために、免疫系は病原体とその毒素を洗い流すために、下痢を利用する。細胞の層がぎっしりつまった腸壁はレンガの壁に似ている。レンガを固定しているのはモルタルだが、細胞と細胞をつなぎ合わせているのは鎖状の蛋白質なので、腸壁はやや柔軟性がある。何かが腸から血液中に移動するためには細胞の中を直接通り抜けるほかなく、そのときあらゆる種類の取り調べを受ける。だがときおり、細胞間の鎖がゆるむことがあり、血液から腸へ、あるいはその逆方向への物質の移動が可能になる。必要とあれば、この細胞間のすき間をとおって血液から腸へ水分が押し出される。これが下痢だ。病原体を早く追い出したいときには便利な仕組みだ。

排水に乗って外へ出るというコレラ菌の戦略については二つの注目すべき点がある。一つは、いま話したような微生物コロニーとヒト免疫系の強力な相互作用だ。もう一つは単純に興味深いことで、それについてここから話そうと思う。

コレラ菌は、腸の外に出る前に互いに会話している。私はここで、微生物を擬人化しようとしているのではない。コレラ菌その他の多くの細菌は、ほんとうにコミュニケーションしているのだ。コレラ菌が進化させてきた戦略はこうだ。第一段階は、腸にとりついて猛烈に増殖する。第二段階は、個体数が充分に増えて宿主が瀕死の状態になったころ、下痢の激流に乗って脱出し、新しい宿主にとりつく。この戦略の問題点は、脱出船にのりこむタイミングをどうやって「知る」かだ。この解決策は、集団感知（クオラム・センシング）と呼ばれている。細菌は一個体ずつ微量の化学物質をつねに放出している。コレラ菌の場合は、コレラ自己誘導物質1（CAI－1）という物質を出す。細菌の個体数が増えてくると、その集団の周囲のCAI－1濃度が高まる。そしてある時点で「定員」に達する、つまり設定した最小限の数が集まる。このとき細菌は、いまが脱出のときだと知る。

細菌の集団はこの作業を器用におこなう。CAI－1と別の自己誘導物質であるAI2の濃度はコレラ菌の遺伝子発現を変える。コレラ菌は一斉に、腸壁にはりつくために使っていた遺伝子のスイッチをオフにする。そして、腸壁の「水門」を開けさせる物質をつくる遺伝子一式のスイッチをオンにする。こうした遺伝子がつくり出す物質の一つに、ゾットという閉鎖帯毒素がある。ゾットを発見したのは、ボストンのマサチューセッツ小児総合病院に研究拠点を置くイタリア生まれの科学者で胃腸科医のアレッシオ・ファサーノだ。ゾットは腸の細胞を結合させている鎖をゆるめ、水を腸の側に流す。コレラ菌はその流水に乗って外に出る。

ファサーノにはつぎなる疑問が浮かんだ。ゾットがヒトの鍵穴を開け閉めするコレラ菌の鍵だとすれば、その錠は何をするためのものなのか。また、その鍵穴に適合するヒトの鍵――コレラ菌により複製された鍵――も存在するのだろうか。こうしてファサーノは、ゾットと同じ働きをするヒトの蛋白質を発見し、「ゾヌリン」と名づけた。ゾヌリンは、腸の細胞を互いに結びつけている鎖に干渉し、腸壁の透過性をコントロールしている。ゾヌリンが多ければ鎖がゆるんで細胞と細胞の間隔が広くなり、そこを大きな分子が通過して血液中に入る。

ファサーノのゾヌリンの発見は、免疫に関連するちょっとしたことを思い起こさせる。健全なマイクロバイオータが存在しているとき、腸の細胞をつなぐ鎖は堅固で細胞間にすき間はできない。このとき、大きな分子や危険なものが血液中に入ることはない。しかし、マイクロバイオータのバランスが乱れると、軽くコレラに感染したときのような状態となり、免疫系を刺激する。免疫系は反応し、ゾヌリンで鎖をゆるめて細胞と細胞のあいだにすき間をつくってそこから水を放出する。このときすき間から逆方向に、あらゆる不法移民が人体内に流入する。

さて、ここからは議論含みの領域に入る。すき間のできた（リーキー）腸（ガット）になるという「リーキーガット」のコンセプトは代替医療産業のお気に入りだ。代替医療産業は、真実をねじ曲げてでも強欲に走るという点で、巨大製薬産業の弟分のような存在だ。すべての病気とそれに付随する不運の原因を「リーキーガット症候群」という名の下にまとめるのは、代替医療産業が誕生したときから使われている常套手段だ。だが、この種の言い分の因果関係やメカニズム、成り行きについては、ごく最近まで科学的に調べられてこなかった。巨大製薬産業もそれ自体に多くの欠点はあるが、代替医療はおおむね二種類の分野で人々の関心を呼びこむ。一つは「医療」と呼べるほど明白な効果がないもの、もう一つはまだ科学的証拠や臨床データの裏づけがないものである。もう少し広げれば、休養や体にいい食事など、特許をとったり販売したりできないものも含まれるかもしれない。

既存の科学界や医学界はリーキーガットのコンセプトに懐疑的な姿勢をとっている。疲労や疼痛、腹部トラブル、頭痛などがなかなか治らず、だれからも答えをもらえずにいる患者に、代替医療はいかにもそれらしい説明を差し出す。博識で善良そうな治療師や、流行に乗って儲けを狙うニセ医者は、患者にいとも簡単にリーキーガット症候群という診断名を告げ、ごく常識的な生活改善法ワンセットを「治療法」として提示する。患者が受けられる「テスト」まである。代替医療の治療師は、そのテストを受ければあなたの「リーキー度」がわかると言って測定し、現状がよくないことを告げ、改善のための手伝いをすると言って患者をつなぎとめる。しかし正規の医者からすれば、リーキーガットのコンセプトについて正当なデータはほとんどなく、医学校でも教えておらず、信頼性は低い。イギリスの国民保健サービスによるウェブサイトの解説も消極的だ。

「リーキーガット症候群」を説いているのはおもに栄養士や代替医療の治療師で、彼らは腸の被膜が荒れてすき間ができる原因を、腸内におけるイースト菌または細菌の過剰増殖、栄養の偏った食生活、抗生物質の過剰使用などとして、広範囲に主張している。未消化の食べかすや細菌毒素、微生物が、すき間のできた腸壁を通過して血液中に入り、免疫系を刺激して全身に持続的な炎症を引き起こすと彼らは考えている。これは幅広い健康問題と病気に関係している、というのが彼らの主張であるが、この理論は漠然としていて基本的には証明されていない。

しかし、こうした見解は急速に時代遅れになりつつある。腸の透過性と慢性的な炎症に関する研究に従事している科学者や医者は、代替医療の考え方に迎合したくないというプライドと、これまでに築き上げた信頼に傷をつけたくないという思いから、この領域にかかわるのを避けているようにも見える。サイエンスライターの私でさえ、この本でこの話題についで触れることをためらった。私はこの本を、真に科学的な研究に基づいて書くと決めていたし、この話題を加えてしまうと科学書好きの読者に違和感を与えてしまうのではないかと心配もした。それでも研究のすそ野は広がりつつあり、メカニズムも解明されつつある。事実なのかデタラメなのかを読者のみなさんが判断する前に、これまでの研究から得られた証拠を見直してみよう。

まずはアレッシオ・ファサーノとゾヌリンについてだ。ファサーノはコレラ菌の侵略術を知りたいと調べているうちに、もっと身近な別の問題の答えを握っていることに気づいた。一九九〇年代、彼は小児胃腸科医としてイタリアからアメリカに渡った。彼の患者にはセリアック病の子どもがいた。セリアック病は当時めずらしい病気で、一九九四年に刊行された八〇〇ページの消化器系疾患の総覧にも載っていなかった。ファサーノが治療した子どもたちは、ごく少量のグルテンを食べただけで体調がひどく悪化した。グルテンは小麦やライ麦、大麦の穀粒に含まれる蛋白質で、パン生地を伸ばしたりイースト菌の気泡を長持ちさせたりする性質がある。セリアック病はこの蛋白質が自己免疫反応を生じさせる。免疫細胞がこの蛋白質を外敵とみなし、それに対抗するための抗体を産生するからだ。このときできた抗体は、腸の細胞をも攻撃し、傷害と痛み、下痢を引き起こす。

セリアック病は自己免疫疾患の中でも特別な部類に入る。引き金になる物質がグルテンだとわかっている唯一の自己免疫疾患だからだ。原因がわかっているということで、免疫学者は喜んだ。遺伝学者も喜んだ。セリアック病になりやすい人に共通する遺伝子の場所もすでにたくさん特定されていた。遺伝的要因のあるところに環境が引き金をひいて病気になる、と遺伝学者らは考えた。だが、胃腸科医のファサーノは喜ばなかった。グルテンが病気の引き金になるということは、それが免疫細胞と接触したということだ。そのためにはグルテンが腸壁を通過しなければならない。糖尿病患者がインスリンを飲むのではなく注射しなければならないのと同じ理由で、グルテンは食べただけでは免疫系に作用しない。しかもグルテンはサイズが大きすぎて腸壁を通過することは通常不可能だ。

コレラ菌の毒素であるゾットと、そのヒト版であるゾヌリンを発見したファサーノは、ここに手がかりがあると感じた。セリアック病を発症するには、その患者が八歳だろうと八〇歳だろうと、グルテンと悪い遺伝子一式だけでは不充分で、グルテンを「通す」何かが必要だ。セリアック病では腸壁にすき間ができていることをファサーノは知っていて、ゾヌリンが関係しているに違いないとぴんときた。彼は、セリアック病の小児とそうでない小児の腸組織を検査した。案の定、セリアック病患者の腸組織にはゾヌリンが高濃度で存在しており、腸壁にすき間ができてグルテンを血液中に通していた。それが自己免疫反応を引き起こしていたのだ。現在、欧米人口のおよそ一％がセリアック病を患っている。

腸壁にすき間ができて高濃度のゾヌリンが存在しているのはセリアック病患者だけではない。1型糖尿病患者でも腸の透過性が上がっており、ファサーノはその背景にゾヌリンがあることを見出した。なお、遺伝的に1型糖尿病になりやすい系統の研究用ラットには、糖尿病発症の数週間前から腸壁のすき間が出現する。このことは、腸の透過性の上昇が自己免疫疾患の発症の引き金となっていることを示唆している。これらのラットにゾヌリンの作用を阻害する薬を与えると、三分の二のラットが1型糖尿病に進行しなかった。では、ほかの二一世紀病でも、腸壁のすき間または高濃度のゾヌリンが観察されるのだろうか？

肥満について見てみよう。第2章で述べたように、体重増加は血液中のリポ多糖が高濃度であることと関係がある。細菌の内部機構を維持し、外界の脅威を排除するリポ多糖は、細菌の皮膚細胞のようなものだと想像してもらえればいい。リポ多糖は皮膚細胞と同じように時間が経つとはがれ落ち、つねに再生している。リポ多糖の分子はグラム陰性細菌の表面を覆っている。グラム陰性菌というくくりは、種や属、門といった分類群ではなく、微生物の識別と機能をもとにグループ分けしたものだ。腸内にはグラム陰性菌とグラム陽性菌の両方が棲んでおり、どちらも本来の性質は「いい菌」でも「悪い菌」でもない。だが、グラム陰性菌に由来するリポ多糖分子が肥満患者の血液中に高濃度で存在することは「悪い」。では、リポ多糖はどのようにして血液中に入ったのだろう？

リポ多糖は比較的大きな分子で、通常は腸壁を通過できない。だが腸の透過性が上がると、つまりリーキーガットになると、すき間をとおって血液中に入る。その途中で、境界を突破する者がいないか見張る役目をしている受容体を刺激する。受容体はリポ多糖が入ってきたことを免疫系に警告する。免疫系はサイトカインという化学物質のメッセンジャーを送り、警戒態勢を敷いて軍を出動させるよう全身に伝える。

この過程で、全身が炎症を起こしうる。免疫細胞の一種である食細胞が、脂肪を蓄積している脂肪細胞のまわりに集積し、ふつうなら細胞分裂する脂肪細胞をそうさせずに細胞そのものを肥大化させる。肥満患者では、こうした細胞の容量の最大五〇％を脂肪ではなく食細胞が占める。過体重および肥満になっている人の体は、低レベルの慢性的な炎症状態に陥っている。この状態が体重増加を促進するのに加え、血液中のリポ多糖がインスリン・ホルモンに干渉し、2型糖尿病や心臓病を誘発する。

血液中のリポ多糖の過剰と、心の病気との関連性も示された。うつ病や自閉症、統合失調症の患者には、腸の透過性の高まりと慢性的な炎症が見られるケースが多かった。興味深いことに、赤ん坊のときに母親と引き離されたり愛する人を失ったりするようなトラウマ的な出来事があると、腸にすき間ができることがあるようだ。ストレスによる苦悩がうつ病の発症に移行するときに、腸のすき間が関係しているのかどうかはまだ断定できない。だが、どうやらそうらしいという研究データは、腸とマイクロバイオータと脳のつながりを示す研究データと同様に増えつつある。うつ病には肥満や過敏性腸症候群やニキビをともなうことが多いが、これまでそうした不具合はうつ病そのものの苦悩から派生するものと考えられてきた。リーキーガットが慢性的な炎症を引き起こし、体と心の健康問題を共に発症させるのかもしれないという考え方は、医学研究に一石を投じるものとなっている。

リーキーガットがすべての病気の原因であるはずはないし、ましてや、一部の人が主張するような諸悪の根源でもない。そうは言っても、このコンセプトについては、ただ単にうさんくさいものとして退けるのではなくきちんと向き合って検証し直すことが必要だ。よくないイメージが先行しているせいで、このコンセプトの重要性を示唆するいくつかの良質な科学研究までもが正当な光をあてられずにいるという現状もある。肥満、アレルギー、自己免疫疾患、心の病気はどれも、腸の透過性の高まりと慢性的な炎症を併発している。この炎症は、不法移民が腸の境界を越えて血液内に入ろうとするときの免疫系の過剰反応という形で現れる。不法移民はグルテンやラクトースのような食物分子の場合もあれば、リポ多糖のような細菌由来の物質の場合もある。ときには人体の細胞が一斉攻撃に巻きこまれることがあり、これが自己免疫疾患となる。バランスのとれた健全なマイクロバイオータは、腸を平穏な状態に保ち、人体という聖域を守るための警備団として働いている。

そいつはアレルゲンで、防御最前線にある自身の細胞で、マイクロバイオータの一員でもあり、文明社会のどこにでもある病気として姿を現す。そいつとは、ニキビのことだ。私は地球上で最も辺鄙な土地の何か所かで、フィールドワークをしたことがある。涼しく霧のかかったロンドンを遠く離れ、自分が生まれ育った土地や文化と正反対の環境に身を置いて長い時間を過ごした。ディナー用にフクロネズミやネズミジカを狩らなければならないジャングル、最速の移動手段がラクダだという砂漠、海に浮かぶ筏の上に村全体が乗っている共同体。どの生活も、私が生まれ育った都会の暮らしとかけ離れていた。食料は捕まえて殺して食べるものばかりで、スーパーマーケットや包装とは無縁だ。日が落ちればオイルランプか焚火を灯さないかぎり真っ暗闇になる。いったん病気になれば、いつ死んでもおかしくない。そこは寝ている子どもがニワトリに襲われて片目を失う世界、「労災」が蜂蜜を集めているとき樹から落ちることを意味する世界、雨が降らないとディナーにありつけない世界だ。こうした世界では、あなたが育てるか捕まえるかできるものが食事となり、草木と祈りが薬となる。

しかしながら、いちばん近い道路まで数十キロメートルあるパプアニューギニアの高地や、インドネシアのスラウェシにあるシージプシー・ビレッジ（漂流民の村）で暮らす人にニキビはない。一〇代の若者にもない。オーストラリアやヨーロッパ、アメリカ、日本では、みんなニキビになっているというのに。私はここで「みんな」と言い切ってしまったが、ほぼ全員という意味なら間違ってはいないだろう。先進国では九〇%以上の人が人生のいずれかの時点でニキビに苦しむ。いちばん多いのは一〇代後半だが、過去数十年間でそれ以外の年代層にも広がっているようだ。成人、とくに女性が二〇代、三〇代、ときにはそれ以降にニキビを発症させる。二五歳から四〇歳の女性のおよそ四〇%が、程度の差はあれニキビを患っており、その多くは一〇代のころはニキビに悩んだことはないという。皮膚科を訪れる患者の半分以上はニキビを訴える。花粉症と同じく、私たちはニキビを日常生活の一部とみなしがちだ。とくに一〇代後半のニキビはそうだ。けれども、なぜ未開地の人々にはニキビがないのだろう？

考えてみれば、これだけ多くの人にニキビがあるのは変な話だ。もっと変なのは、思春期をとうに過ぎた大人にこれだけ患者が増えているにもかかわらず、原因についてほとんど研究がなされていないことだ。私たちは古い説明に五〇年以上もしがみついてきた。男性ホルモンの過剰、皮脂の過剰、アクネ菌の反乱。そしてその結果が赤み、腫れ、膿という見苦しい免疫反応を引き起こすという説明だ。だが、注意深く観察してみると、この説明では筋がとおらない。ニキビの原因と考えられている男性ホルモンのアンドロゲン値の高い女性は、実際にはひどいニキビを発症していない。さらに、男性は女性よりアンドロゲン値が高いのに、女性ほどニキビに苦しんでいない。

どういうことか。新しい研究によれば、これまで私たちは間違った場所を探していたようだ。アクネ菌がニキビを引き起こすというのは数十年前の古い考え方で、発疹の中を覗いてみたらアクネ菌がいたという、ただそれだけのものだ。同じアクネ菌が、ニキビを患っている人の皮膚にも健康な人の皮膚にも棲息しているという事実、アクネ菌が見つからない発疹もあるという事実は無視された。アクネ菌の多さとニキビの重症度にも、皮脂や男性ホルモンの量とニキビの発症しやすさにも、相関関係はなかった。

ところが抗生物質で症状が改善することが多かったため（皮膚に直接塗布する方法でも、薬として飲む場合でも）、アクネ菌説は通用していた。抗生物質の投与はごく一般的なニキビ治療法で、多くの人は何か月も何年もその治療法を続ける。しかし、抗生物質は皮膚の細菌だけに作用するのではない。腸の細菌にも作用する。これまでにも語ってきたように、抗生物質は免疫系のふるまいを変える。ひょっとすると、それがニキビにかえってよくないのかもしれない。

近年では、アクネ菌はニキビの発症を左右する要素ではないことが明らかになりつつある。アクネ菌が皮膚においてどんな役割を果たしているのかはまだ明確にはなっていないが、ニキビという現代病に免疫系が関与していることについては新たな考え方が浮上している。ニキビ患者の皮膚には免疫細胞が過剰に存在する。発疹のできていない健全そうな場所でもそうだ。ということは、ニキビも慢性的な炎症の一形態なのかもしれない。免疫系が、アクネ菌その他の皮膚常在菌を味方ではなく敵とみなすようになって過剰反応しているのではないか、という考え方も出てきている。

炎症性腸疾患であるクローン病と潰瘍性大腸炎についても同じことが言える。マイクロバイオータの通常の組成比が変わると、どうやら腸の免疫細胞が、いつもなら大事に世話している腸内コロニーに対して無関心になってしまうようだ。鎮静作用を担う制御性T細胞が、免疫軍の好戦的な成員を制御するのに疲れて全面的に世話を放棄してしまうからかもしれない。その結果、有益な微生物を受け入れて慈しむのではなく、逆に攻撃してしまうのだろう。

炎症性腸疾患の患者は健康な人と比べて結腸直腸癌になりやすいという事実は、マイクロバイオータのバランスの乱れを指すディスバイオシスと健康が深く関係していることを示唆している。ある種の感染症が癌を誘発することは昔から知られていた。たとえば子宮頸癌の原因の大半はヒトパピローマ・ウイルスだ。胃潰瘍の原因であるヘリコバクター・ピロリ菌は胃癌の引き金になる。炎症性腸疾患と同時に生じるディスバイオシスは、さらなるリスクを付加するようだ。ディスバイオシスが引き起こす炎症が、腸壁のヒト細胞のＤＮＡをなんらかの形で傷つけて癌を誘発してしまうからである。

マイクロバイオータが関与する癌は、消化器系の癌にかぎらない。ディスバイオシスがリーキーガットと炎症を促進するのなら、他の臓器でも癌が発生しやすくなる。肝臓癌はそのことを明快に示す例だ。肥満や高脂肪食と癌との関係を調べようと、痩せたマウスと肥満マウスを発癌性物質にさらす実験をしたところ、痩せたマウスはほとんどが癌にならなかったのに対し、肥満マウスでは三分の一が肝臓に癌ができた。消化管以外の臓器における癌を高脂肪食がどのように誘発したのかは定かでないが、二種類のマウスの血液を比較すると、肥満マウスの血液にはＤＮＡを傷つけることで知られている有害なデオキシコール酸が高濃度で存在していた。

デオキシコール酸は胆汁酸の一つで、食物中にある脂肪の消化を助けるために産生される物質だ。だが、胆汁酸がデオキシコール酸に変わるのを助けているのはクロストリジウム属の細菌群である。デオキシコール酸は肝臓で分解される。肥満マウスは痩せたマウスに比べて、腸内にクロストリジウム属の細菌が飛びぬけて多くいる。そのせいで肝臓癌になりやすくなっている。クロストリジウム属の細菌を標的とする抗生物質を肥満マウスに投与すると、そのマウスが肝臓癌になるリスクは減少した。

喫煙と飲酒が癌のリスクを高めることはだれでも知っているが、太りすぎだと癌になりやすいことはあまり知られていない。癌で死亡した男性の一四％は過体重と関連づけられ、女性ではその数字はもっと高く、二〇％になる。乳癌、子宮癌、結腸癌、腎臓癌の多くは太りすぎと関連しており、それは「肥満型マイクロバイオータ」が少なくとも一部に関与していると思われる。

二一世紀は感染症の脅威が終わった時代だというのに、健康であるためには微生物が少ないより多いほうがいいという奇妙なねじれが生じている。衛生仮説を旧友仮説に書き換えるべきときが来た。私たちに足りないのは感染症を患う体験ではなく、発達中の免疫系を訓練し、鎮める有益な微生物だ。

私は第1章で、肥満やアレルギー、自己免疫疾患、心の病気などの二一世紀病に、一見関係なさそうだが共通する要素は何かと問うた。その答えは、すべての二一世紀病の表面下で生じている炎症だった。私たちの免疫系は、感染症の脅威が消えたおかげでちょっと一休みできるどころか、かつてないほど忙しくなっている。免疫系が果てしなき戦いを続けているのは敵の数が増えたからではない。一方で警備をゆるめて味方になりうる微生物に門戸を開きながら、もう一方で、そうして招き入れた微生物を訓練する平和維持軍を失ったからだ。

したがって、もしほんとうに免疫力を高めたいと思うなら、高価なイチゴや特製ジュースに頼る必要はない。すべてにおいてあなたのマイクロバイオータを優先しさえすれば、あとは勝手についてくる。

第5章　微生物世界の果てしなき戦い

二〇〇五年、インペリアル・カレッジ・ロンドンの生化学教授、ジェレミー・ニコルソンは、肥満の流行の原因は抗生物質だという説を発表し、議論を呼んだ。食物からエネルギーを吸収・貯蔵するのにマイクロバイオータが一役買っていることをフレドリク・バークヘッドが初期実験で示して以来、科学者たちは、微生物が体重をコントロールしているかもしれないという新しい考え方に目を向けるようになった。腸内微生物がマウスを太らせるのなら、抗生物質が腸内微生物の組成比を変え、そのせいでヒトは肥満になるのではないか、と考えはじめたのだ。

過体重と肥満が伝染病のように広まるのは一九八〇年代以降だが、その兆しは一九五〇年代にすでにあった。ニコルソンは、肥満件数が上昇しはじめる数年前の一九四四年に抗生物質の公共利用が導入されたことを、単なる偶然の一致ではないと考えた。年代的に一致するというだけではない。食肉用の家畜を太らせるために農家が抗生物質をずっと使ってきたことを、ニコルソンは知っていた。

一九四〇年代後期、アメリカの科学者たちは思いがけず、ニワトリに抗生物質を与えると成長が五〇%近く促進されることを見出した。当時、アメリカでは都市に人口が流入し、市民は生活費の高さに辟易していた。戦後の「欲しいもののリスト」の上位に安価な食肉が挙がった。抗生物質によるニワトリへの成長促進効果はまさに天からの贈り物で、農家はウシやブタ、ヒツジ、七面鳥の飼料に毎日少量の薬を混ぜるだけで食肉家畜がどんどん大きくなるのを見て上機嫌だった。

農家は、薬が成長を促すメカニズムについても、その結果についても知らなかった。食料不足で価格が高騰していたこの時代、薬の費用よりもニワトリが太ることで得られる利益が大幅に上回った。以来、「治療量以下」の抗生物質を投与するのは畜産業での日常業務となった。ざっと推定すると、アメリカでは抗生物質の七〇%が家畜用に使われているという。おまけに、抗生物質を使えば感染症を心配せずに狭い場所に多くの家畜をつめこむことが可能だ。アメリカでは、この成長促進剤なしに同じ重量の食肉を出荷しようとすると、四億五二〇〇万羽のニワトリと、二三〇〇万頭のウシ、一二〇〇万頭のブタが毎年余分に必要になる。

ニコルソンは懸念した。抗生物質が家畜を太らせるのなら、それがヒトを太らせないという保証はない。ヒトの消化器系はブタの消化器系と同じではないにせよ、まったく違うということもない。ブタもヒトも雑食性で、単純な胃をしており、小腸で消化しきれなかった残り物を、大腸で微生物に分解させている。抗生物質は若いブタの成長を一日におよそ一〇%早める。農家にとっては育てたブタを二、三日早く食肉として出荷できることを意味し、何千頭ものブタとなれば莫大な利益をもたらす。ついでに消費者側のヒトも抗生物質で太るから、おかげで食肉の需要が高まっているという可能性はないだろうか?

体重増加に悩む多くの人にとって減量は切実な願望だが、達成するのはことのほか困難だ。ある調査によれば、この困難な減量に成功した元肥満患者たちは「肥満体に戻るくらいなら片足を失うか盲目になるほうがましだ」と答えたという。この調査では四七人の対象者全員が、肥満の大金持ちになるより痩せていることのほうを選んだ。

なぜ太るのがこれほど簡単で、体重を減らしたり維持したりするのがこれほど困難なのだろう。最大限に甘く見積もったとしても、過体重の人が人生のどこかの時点で減量に成功して、その体重を一年以上維持できるケースはせいぜい二〇％だ。実際に減量に成功した人の報告によれば、減量後の体重を維持するには身長に応じて推奨されている標準的な食事ではうまくいかず、もっとずっと少ないカロリーの食事でなければならないという。減量のあまりの困難さに、政府も国民に体重を落とすよう奨励するのをあきらめ、せめてこれ以上太らないでくれ、と勧告するにとどめるようになった。アメリカの「維持せよ、増やすな」キャンペーンはその一つで、現在では多くの企業が従業員に向けて、長期休暇やクリスマスの前に、気を緩めて体重を増やさないよう指導やカウンセリングをする場を設けている。

肥満を一種の病気だと私たちが理解するようになったことと歩調を合わせるように、一つの疑念が浮上した。私は第2章で、肥満は「カロリーイン、カロリーアウト」の不均衡で生じるのではなく、多くの原因がかかわる複雑な病気だとするニキル・ドゥランダハルの説を紹介した。彼の考えが正しいなら、抗生物質がこの流行病の重要因子の一つと考えることができる。さらに、肥満に関する不可解なデータのいくつかを、抗生物質が原因だとする説で説明することが可能になる。一部の先進国で六五％もの人が過体重または肥満だという現状は、ヒトのふるまいだけでは説明できない。みながみな、怠け者で食い意地が張っていて無知で意志薄弱だとでもいうのだろうか。それよりもっと深い理由があるのではないのか。

これまでは、肥満になるのは個人の責任だとして片づけられてきた。だが、肥満は抗生物質により誘発または促進された流行病だと考えれば、無益なダイエットよりも有効な方法を探す糸口が見つかるのではないだろうか。

無数の命を救ってきた薬

一九九九年、ニューヨーク生まれの元看護師アン・ミラーは、本来の死期より五七年も長い九〇歳で一生を終えた。ミラーは一九四二年、三三歳のときに流産をした。引き続き連鎖球菌感染症を発症し、コネチカット州の病床で何時間も死の淵をさまよった。ミラーの体温は四二℃にまで上がり、医者は救命の最後の手段として、ある実験的な薬を試す許可を家族に求めた。

その新薬は、ニュージャージー州の製薬会社が開発したものの、これまで人間の患者に使われたことはなかった。薬の名はペニシリンといった。丸々一か月にわたる高熱でせん妄状態になっていたミラーは、三月一四日午後三時三〇分、小さじ一杯のペニシリンを注射された。その小さじ一杯は、世界で供給されているペニシリン全量の半分に相当した。午後七時三〇分、ミラーの熱は下がり、状態が安定した。数日後、彼女は完全に回復した。アン・ミラーは抗生物質によって命が救われた最初の人となった。

以来、抗生物質は無数の命を救ってきた。一九四四年にノルマンディーに上陸した第二次世界大戦の連合軍負傷兵たちに使われたのを皮切りに、奇跡的な回復の話が一般市民にも伝わるようになった。抗生物質の需要は高まった。一九四五年三月にペニシリンの生産ペースが向上すると、アメリカではこの薬をほしいと思えばだれでも町の薬局で買えるようになった。一九四九年には、一〇万ユニットのペニシリンの薬価が二〇ドルから一〇セントにまで下がった。それから六五年でさらに二〇種類の抗生物質が開発された。それぞれ異なる種類の細菌に異なる作用をする抗生物質だ。アメリカにおける抗生物質の生産重量は、一九五四年から二〇〇五年で一年あたり九〇〇トンから二万三〇〇〇トンに跳ね上がった。抗生物質は私たちの生き死にを変えた。太古の昔から苦しめられてきた病気と死を防ぐことのできる抗生物質の発明は、人類の偉大な勝利の一つと言っていい。いまとなっては想像するのもむずかしいだろうが、当時の抗生物質は奇跡の薬だった。最悪で絶望的な状況をひっくり返す、まさに救命薬だったのである。

そして現在、いい悪いは別にして、抗生物質の使用は全世界に普及している。先進国の住民で、一生のうち一度も抗生物質を投与されたことのない人はいないのではないだろうか。イギリスでは、平均的な女性は一生のうち七〇クールの抗生物質治療を受ける。抗生物質を一定期間投薬するという治療を一生に七〇回ということは、ざっと年に一クールずつ受けていることになる。平均的な男性が一生のうち受ける抗生物質治療は五〇クールだ。男性の数字が少ないのは、女性に比べて医者に行きたがらないという傾向があるからか、あるいは免疫系の男女差が影響しているのかもしれない。ヨーロッパ全体で平均すると、過去一二か月に抗生物質の治療を受けたことのある人の割合は四〇％だ。いちばん多いのはイタリアで五七％、少ないのはスウェーデンで二二％である。アメリカはイタリアとほぼ同じで、人口の二・五％がいまこの瞬間にも抗生物質で治療中だ。

そもそも、二歳以下で抗生物質の治療を一度も受けたことがないという子どもを探すほうがむずかしい。生後六か月以内に三分の一が、一歳までに二分の一が、二歳までに四分の三が抗生物質を投与される。先進国の子どもは一八歳になるまでに、一〇クールから二〇クールの抗生物質治療を受けるのがふつうだ。医者が処方する抗生物質のおよそ三分の一は小児向けだ。アメリカの子どもは毎年一〇〇〇人につき九〇〇クールの抗生物質治療を受けている。スペインではもっと多く、年に一〇〇〇人につき一六〇〇クールで、これは子ども一人あたり毎年一・六クールの抗生物質治療を受けていることを意味する。

小児に処方される抗生物質の約半数は、乳幼児が患いやすい耳感染症の治療用だ。耳と喉を結ぶ小さな管（気圧の変化でつーんとなる場所）は、乳児のときは水平だが年齢とともに勾配がつく。乳幼児は粘液を喉に簡単に排出できないため、この管が詰まりやすい。耳感染症はおしゃぶりを与えられている赤ん坊に二倍多く見られる。おしゃぶりは現在とても普及しているゴム製の乳首だ。医者は耳感染症を大げさに怖がる。医者に言わせると、耳感染症には二つのリスクがあるという。まずは、乳幼児が耳の感染をくり返すと発話を学ぶのに大事な時期に難聴になる。もう一つは、感染症が悪化して耳の奥まで広がると乳様突起炎になる。乳様突起炎になると、永久に聴覚を喪失することも、最悪の場合は死ぬこともある。とはいえ、どちらのリスクもひじょうに小さい。にもかかわらず、多くの医者は安全第一で抗生物質の治療を選ぶ。

抗生物質による治療はぜったいに必要なものではない。アメリカの疾病管理予防センター（CDC）の推定によれば、同国で処方されている抗生物質の半分は不必要または不適切なものだという。その多くは、風邪またはインフルエンザを一日でも早く治したいと切望する患者に、半ば気休めで処方されている。風邪もインフルエンザも細菌ではなくウイルスによる病気であり、抗生物質は効かない。それに、ほとんどの風邪は命を危険にさらすことはなく、数日か数週間で治る。

抗生物質への耐性の出現が深刻な問題になるにつれ、安易に処方する医者への圧力も高まってきた。改善の余地は多々ある。アメリカで一九九八年におこなわれた調査によると、プライマリケア医が処方した抗生物質の四分の三が、五種類の呼吸器系感染症への治療目的だった。耳感染症、副鼻腔炎、咽頭炎、気管支炎、上気道感染症だ。上気道感染症で医者を訪れた二五〇〇万人のうち、三〇％に抗生物質が処方された。そんなに多くないとあなたは感じたかもしれないが、細菌が原因の上気道感染症はたったの五％しかない。咽頭炎も同様で、同じ年にそう診断された一四〇〇万人のうち六二％に抗生物質が処方された。細菌性が原因の咽頭炎は一〇％しかないにもかかわらず。全体で見るとその年に処方された抗生物質の五五％は不必要なものだった。

このように書くと、抗生物質の過剰使用の責任は医者にあるように思えるかもしれないが、患者の無知も大いに関係している。二〇〇九年にヨーロッパで二万七〇〇〇人を対象とした調査では、五三%の人は抗生物質がウイルスを殺すと誤解しており、四七%は風邪やインフルエンザ（どちらもウイルスが引き起こす病気である）に抗生物質が効くと信じていた。医者にしてみれば、病んでいる患者を手ぶらで帰すわけにはいかず、また万一、細菌による合併症が生じては困るので、念のために抗生物質を処方しておくほうが安全ということになる。とくに乳児に対しては、経験の少ない医者ほど念には念を入れがちだ。若い医者は往々にして、赤ん坊が泣き叫んでいるとき、それが単にだっこを求めているからなのかほんとうに痛いからなのか、おとなしくしているとき、それが鎮静剤の効果なのか動く元気もないほど重症だからなのか、区別がつかない。ならば念のために抗生物質を、というわけだ。だが、それはどこまで必要なのだろう?

たしかに必要な場合もある。たとえば胸部感染症は肺炎に移行しやすい。高齢者はとくにそのリスクが高くなる。だが、抗生物質で肺炎を防ぐべき高齢者一人に対し、四〇人が何の利益もないのに同じ抗生物質を与えられている。胸部感染症以外の病気では、重症の合併症を防ぐべき一人に対し、もっと多くの人が無駄な投与を受けている。咽頭炎と上気道感染症では、たった一人を合併症にしないために、四〇〇〇人を超える人に無意味な抗生物質が与えられている。耳感染症の小児に対するリスクはさらに小さい。たった一例の乳様突起炎を予防するために、五万人の小児に抗生物質の治療が施されているのだ。そして、乳様突起炎になってもほとんどの子どもは何事もなく回復し、それで死亡するリスクは一〇〇〇万分の一である。子どもたちに見境なく薬を与えた結果として出現するかもしれない耐性菌のほうが、公衆衛生上はるかに危険だ。

先進国では大量の抗生物質を使っていて、その大部分が不必要だということは明白だ。逆に、感染症がいまだ脅威である途上国で抗生物質を使うことは、命を救う。ウェールズの家庭医でありカーディフ大学でプライマリケア教授をしているクリス・バトラーは、BBCラジオ4のインタビューでこう語っている。

イギリスに来る前の私は南アフリカの地方の大病院にいました。そこでは感染症による悲劇が日常茶飯事で、つい最近まで健康でぴんぴんしていた人が大勢、肺炎や髄膜炎になって運ばれてきます。そうした患者はいつ死んでもおかしくないのですが、適切な抗生物質を適時に与えてやれば、数日のうちに元気になって退院します。抗生物質は奇跡の薬で、死にゆく人をよみがえらせるのです。その後、私はイギリスに移り、総合病院で働くようになりました。ここイギリスでは、南アフリカで多くの命を救ってきたのと同じ抗生物質を、鼻たれ小僧にざぶざぶと与えています。

ところで、抗生物質を念のために使うことのどこがいけないのだろう。それで何か害があるのだろうか。バトラーは、軽症患者をなだめるために救命用の薬を使うことの危険性は、抗生物質耐性菌の出現を促すことにあると言う。彼は、いずれ私たちはポスト抗生物質時代に突入すると予言する。ポスト抗生物質時代はこの薬が登場する前のプレ抗生物質時代とよく似ていて、外科手術で命を落とすリスクが高いのはもちろんのこと、ちょっとした切り傷でも死ぬことがあるという。耐性を心配する声は抗生物質が登場した直後からあった。アレクサンダー・フレミングはペニシリンを発見したあと、この薬に耐性をつけさせないためには量が少なすぎても期間が短かすぎてもいけない、正当な理由なく使うのもよくないとして、何度も注意を呼びかけた。

フレミングの言うことは正しかった。細菌は幾度となく、抗生物質への耐性を進化させた。初のペニシリン耐性菌は、ペニシリンが使われるようになってわずか数年後に見つかった。仕組みは単純だ。ペニシリンを与えると細菌は死ぬ。だが、それに抵抗するような変異を偶然手にした細菌は生き残る。生き残った耐性菌は抗生物質の影響を受けることなくどんどん増殖する。一九五〇年代には、ごく一般的な細菌である黄色ブドウ球菌がペニシリンに耐性をもつようになった。この細菌の一部に、ペニシリンを分解して抗菌作用を失わせるペニシリナーゼという酵素をつくる遺伝子をもつ菌株が出現した。ペニシリナーゼ遺伝子をもたない細菌が全滅すると、変異遺伝子をもつ菌株は大いに繁栄した。

イギリスでは一九五九年に、ペニシリン耐性の黄色ブドウ球菌を治療するためメチシリンという新しい抗生物質が使われるようになった。だが三か月後には、イングランド中部のケタリングという町の病院で黄色ブドウ球菌の新株が出現した。ペニシリンのみならずメチシリンにも耐性をもつこの菌株は現在、メチシリン耐性黄色ブドウ球菌（ＭＲＳＡ）として知られている。ＭＲＳＡは年に数万人から数十万人を死に追いやっているが、もちろんＭＲＳＡだけが抗生物質耐性菌というわけではない。

耐性菌の出現は社会問題であるだけでなく、あなた自身にも影響する。「耐性菌に感染する最大のリスク因子は、あなたが先ごろ抗生物質を服用したかどうかにあります」と、クリス・バトラーは続ける。

もしあなたが最近、抗生物質を服用したのなら、つぎに感染するのは耐性菌である可能性がずっと高くなります。尿路感染症のようなよくある病気でも、耐性菌によるものだと病気が長引き、患者はさらに抗生物質を飲み続け、国民健康保険制度と患者自身に余計な負担をかけることになります。耐性菌の出現は、細菌に対して薬が効かなくなるという不利益のほかに、不必要な抗生物質を服用した患者本人にも不利益が生じるのです。

しかし、抗生物質の過剰使用のマイナス面は耐性菌の出現だけではないようだ。クリス・バトラーはそのほかに、有害な副作用が出るという問題を指摘する。バトラーの研究チームは、突発性の咳を発症した患者に対して抗生物質を使うことの利益と不利益を調べる大規模臨床試験を実施した。

新たな症状の出現や症状の悪化を抑えるという利益は、三〇人に一人の割合でしか現れませんでした。一方、有害作用の不利益は二一人に一人の割合で出ました。抗生物質で治療すると、利益を達成するより若干高い確率で不利益が出てしまうのです。

不利益とは、皮膚の発疹や下痢などの有害作用を指す。

ペニシリン登場後の七〇年間で、新たに二〇種類の抗生物質が開発された。どれも一般的によく処方されている薬であり、細菌の進化速度に追いつくためにさらなる抗生物質を探す努力も続けられている。だが、人類最大の敵である細菌への勝利の陰で、抗生物質が関係ない微生物まで巻き添えにしていることを私たちは見過ごしてきた。抗生物質という強力な薬は、健康を害する細菌を殺すだけでなく、健康を保つ細菌まで殺してしまうのだ。

抗生物質は細菌の単一種だけを標的にすることはできない。ほとんどの抗生物質は、広範囲の細菌種を殺す「広域抗生物質」だ。このタイプの薬は問題を引き起こしている細菌の種類を特定することなくあらゆる感染症に使えるため、医者にとっては好都合だ。原因菌を特定するには培養と同定の作業が必要で、それにはお金も時間もかかるうえ、ときには不可能なこともある。標的を絞った「狭域抗生物質」でさえ、病気の直接原因となっている菌種だけを選んで殺すことはできない。同じグループに属する細菌すべてを標的としてしまう。こうした大量破壊兵器がもたらす結果はアレクサンダー・フレミングでさえ予測できなかった。

耐性獲得と大量破壊という抗生物質の両方のマイナス面が重なって出現した危険な病気に、クロストリジウム・ディフィシル感染症がある。クロストリジウム・ディフィシルという細菌が引き起こすこの感染症は、一九九九年にイギリスで五〇〇人の死者を出した。その多くは抗生物質の治療を受けた患者だった。二〇〇七年には、同じ感染症で四〇〇〇人近くが死亡した。

できることならこの病気では死にたくない。腸内に棲むクロストリジウム・ディフィシルは毒素を産生し、悪臭をともなう絶え間ない水状の下痢を引き起こす。それにより、脱水症状、重篤な腹痛、急激な体重減少が生じる。クロストリジウム・ディフィシル感染症の患者は、たとえ腎不全を免れたとしても、中毒性の巨大結腸症を生き延びなければならない。巨大結腸症とは読んで字のごとく、腸内で発生した余分なガスが結腸を異常に膨らませてしまう症状だ。虫垂炎と同じく破裂の危険があり、破裂したときの危険性は虫垂炎どころではない。腹腔内に糞便とあらゆる種類の細菌がばらまかれることになるため、生存率は著しく下がる。

クロストリジウム・ディフィシル感染症の発生件数および死亡者数の上昇は、抗生物質耐性菌の進化と歩調を合わせている部分がある。一九九〇年代に、クロストリジウム・ディフィシルは危険な新株に進化し、病院内で広まった。この株は耐性が強いだけでなく、毒性も強かった。そして、もう一方の原因である抗生物質の過剰使用の問題をくっきりと浮かび上がらせた。クロストリジウム・ディフィシルは一部の人の腸内においては、さほどトラブルを起こさず、かといって役に立つこともせずに無為に過ごしている。だが、ほんのちょっとしたきっかけで牙をむく。そのきっかけをつくるのは抗生物質だ。腸内マイクロバイオータが健康でバランスがとれているあいだは、クロストリジウム・ディフィシルは小さなくぼみに押しこめられて身動きがとれないから、悪さをすることもできない。だが、抗生物質、とりわけ広域抗生物質がマイクロバイオータを攪乱すると、クロストリジウム・ディフィシルが勢力を広げる「余地」ができる。

抗生物質がクロストリジウム・ディフィシルの繁栄を許すということは、抗生物質がマイクロバイオータの組成比を変えてしまうことを意味する。もしそうだとすれば、その影響はどのくらい続くのだろう？抗生物質の治療期間中に腹部膨満感や下痢を経験する人は多い。これは抗生物質の治療によくある副作用であり、その原因はもちろんマイクロバイオータの乱れ、すなわちディスバイオシスにある。こうした副作用は通常、治療を終えてから数日以内に元に戻る。しかし、そのときすべての微生物が戻るのだろうか。元の健康的なバランスをほんとうに取り戻せるのだろうか。

スウェーデンの研究チームが、まさにこの疑問を二〇〇七年に追究した。彼らはとりわけ、バクテロイデス属の細菌に何が起こるのかを知りたいと考えた。このグループの細菌は植物に含まれる炭水化物を消化するのを専門にしており、第2章でも述べたようにヒトの代謝に大きな影響を与えているからだ。研究者らはボランティアで参加した健康な被験者を二群に分け、一方には抗生物質のクリンダマイシンを七日間与え、もう一方には与えなかった。クリンダマイシン投与群では薬の投与を開始した直後から微生物の組成が劇的に変わった。とくにバクテロイデス属の細菌が急激に多様性を失っていた。研究チームは薬の投与を終えたあとも両群のマイクロバイオータを数か月ごとに追跡調査したが、研究終了時になってもクリンダマイシン投与群のバクテロイデス属の細菌は元の組成比に戻らなかった。クリンダマイシンの投与は二年も前に終わっているのに、である。

尿路感染症や副鼻腔炎の治療に使われる広域抗生物質のシプロフロキサシンの場合も、たった五日間投与しただけで同じような影響が残った。マイクロバイオータへの影響は規模が大きくスピードも速く、ほんの数日で腸内細菌の存在量比率を変えてしまう。細菌の多様性が失われ、およそ三分の一の細菌グループで存在量の変化が生じる。この変化は数週間続き、一部の細菌はその後まったく戻ってこない。乳児への抗生物質投与はさらに深刻な影響を与える。乳幼児のマイクロバイオータの経年変化を記録する研究においては、ある乳児に衝撃的な影響が出ていた。その乳児は一クールの抗生物質治療を受けたあと、研究者がＤＮＡを検出できないほどわずかな細菌しか腸内に残っていなかったという。

こうした長期的な影響は、普及率の高い抗生物質薬の少なくとも六種類で確認されており、どれもマイクロバイオータの組成比をそれぞれ別の比率に変えてしまう。最低用量の抗生物質を最短期間のクールで処方した場合でさえ、病気が治ったあと長く影響が残る。もちろん、マイクロバイオータが多少変わったとしても悪いほうに変わるのでなければ心配する必要はないだろう。だがここで、二一世紀病の増加について振り返ってみよう。１型糖尿病と多発性硬化症は一九五〇年代に、アレルギーと自閉症は一九四〇年代後期に目立つようになった。肥満の増加の原因は、セルフサービス方式のスーパーマーケットの登場で、人目をはばからず好きなだけ買って食べることができるようになったからだとこれまでは言われてきた。だが、実際に肥満が増えはじめた時期を特定するなら、それは一九四〇年代と一九五〇年代だ。この時期はもう一つの重要な出来事が起きた時期と一致する。アン・ミラーが息絶える直前に救われたときだ。より正確に言うなら、一九四四年のＤデー、ノルマンディー上陸作戦のタイミングで抗生物質の大量使用がはじまったときである。

この歴史的な日をきっかけに、抗生物質はほどなく一般市民に解放された。まず治療対象とされたのは、成人のおよそ一五％が生涯のどこかの時点でかかっていた梅毒だった。やがて抗生物質が安価に製造できるようになると、幅広く頻繁に処方されるようになった。ペニシリンは堅実な第一候補薬だったが、一〇年もしないうちに、各種細菌のそれぞれの弱点を標的とする五種類の抗生物質が新たに加わった。

二一世紀病の中には抗生物質の使用量の増加とタイミングが合わないものもある。一九四四年から少し遅れて目につくようになり、増加に弾みがつくのはあとになるというケースだ。そのギャップは想定内だ。抗生物質の使用が一般市民に普及するまでには年月がかかる。新たな抗生物質が開発されるまで、子どもが成長して薬の影響が出るようになるまで、潜行していた病態が慢性病に移行するまで、やはりそれぞれに年月がかかる。影響が社会全体、国全体、大陸全体で表面化するのはもっとあとだ。一九四四年の抗生物質の導入が、何らかの形で現在の私たちの健康状態の原因となっているとすれば、一九五〇年代こそが影響の出はじめたときだと考えていい。

とはいえ、結論に飛びつくのはまだ早い。科学者ならすぐさま指摘するだろうが、相関関係があれば因果関係があるとはかぎらない。一九四〇年代に導入された抗生物質は、やはり一九四〇年代に登場したセルフサービス式のスーパーマーケットと同様に、二一世紀病の増加と相関関係を示している。だが、どれほど有益な指標であっても、相関関係だけで因果関係を導くことはできない。偽の相関関係について説明している興味深いウェブサイトがある。そこには、アメリカでの一人あたりのチーズ消費量と、ベッドのシーツにからまって死亡する人の数にきれいな相関関係ができている例が載っている。だが、チーズを食べるとシーツにからまって死にやすくなるとは考えられないし、シーツによる死者が増えるとほかの人がチーズを多く買うようになるとも考えられない。

真の因果関係を見つけるには二つのことが必要となる。まずは、その関係が本物であることを実証するデータだ。抗生物質の服用は二一世紀病の発症リスクを例外なく上昇させているかどうか。つぎは、最初の要素が二番目の要素をどう引き起こすかのメカニズムだ。抗生物質の服用は、どのようにしてアレルギーや自己免疫疾患、肥満を引き起こしているのか。抗生物質がマイクロバイオータを変え、それが代謝の作用を変える（肥満）、脳の発達を変える（自閉症）、免疫の働きを変える（アレルギーと自己免疫疾患）という理論の裏づけには、単に同時に起こったということ以上の証拠を必要とする。

抗生物質が微生物集団の構成を変える

抗生物質が家畜の体重を増やすことはさておき、抗生物質がヒトの体重をも増やすことは一九五〇年代から知られていた。当時は肥満がまだそれほど流行しておらず、抗生物質はヒトの成長を促進する目的で使われていた。家畜を成長させるという抗生物質の効用に気づいた一部の医者が、早産で栄養不良の赤ん坊に抗生物質を与えることを試みた。効果てきめんで、いつ死んでもおかしくなかった赤ん坊の体重がみるみる増えた。しかし、太りすぎの人があふれかえっている現在の状況から見ると、この試験結果はむしろ警鐘ととらえるべきだったかもしれない。

同様のことは乳幼児以外でも観察された。一九五三年にアメリカ海軍は新兵に抗生物質で治療する試験を開始した。連鎖球菌の感染症を減らすのに、オーレオマイシンを予防的に使えるかどうかを調べたのだ。新兵の若者たちは軍の規定により身長と体重を記録されていたため、それがのちに予定外のテーマを研究するときのデータとなった。抗生物質を投与された新兵は、見た目はそっくりのプラセボを投与された新兵より著しく体重を増やした。このときも、抗生物質の投与は栄養価を高める潜在力があるとして好意的に受けとられ、懸念材料とみなされることはなかった。

だが、肥満の流行が本格化し、またヒトの腸内における微生物に対する認識が高まった現在からふり返ると、過去の試験結果は別の意味をもつ。これまで科学界の主流はそのことを見過ごしてきた。抗生物質が体重増加をもたらすことは既知の事実だった。私たちは家畜を太らせるのにそれを使い、成長不良のヒトに対しても治療用に使っていた。にもかかわらず、世界的な健康危機という文脈でこの事実はずっと無視されてきたのだ。

第2章で述べたバークヘッドやターンバウなどによる発見は、ニコルソンによる洞察が加わり、古くから知られていた事実に新しい見方を与えた。マイクロバイオータが体重増加に深く関与しているのはわかったが、抗生物質はほんとうにマイクロバイオータの組成比を痩せ型から肥満型に切り替えるのだろうか？

これは答えるのがむずかしい問いだ。多数の健康な人に抗生物質を投与して太るかどうかを見るというような研究は倫理に反するから、科学者が頼りにできるのは自然実験（人工的に設計した実験ではなく、現実に起こっていることの調査と分析）、および一、二件のマウス実験だけである。フランスのマルセイユの研究チームは、心臓弁に危険な感染症を抱える成人患者の集団で、ジェレミー・ニコルソンの説を試せることに気づいた。患者の病状を改善するためには、どのみち大量の抗生物質を投与する必要がある。この治療で体重が増加するかどうかを観察しようと、研究者らは患者の一年にわたるボディ・マス・インデックス（ＢＭＩ）値の変動を記録し、抗生物質治療を受けていない健康な人のＢＭＩ値の変動記録と比較した。治療を受けた患者は治療を受けていない患者より体重が大幅に増えていたが、さらに詳しく調べると、体重が増えているのはバンコマイシンとゲンタマイシンの二つの抗生物質を併用していた患者だけだった。ほかの抗生物質の組み合わせによる治療を受けた患者は健康な人と変わらず、太ってはいなかった。

抗生物質の治療を受けた患者と健康な人の腸内マイクロバイオータを調べれば、体重増加を引き起こしている微生物種を特定できるのではないかと研究者たちは考えた。はたして、バンコマイシンを投与された患者の腸内にはラクトバチルス・ロイテリ（フィルミクテス門に属する乳酸菌の一種）が豊富に見つかった。この細菌はバンコマイシンに耐性がある。つまり、他の細菌が抗生物質になぎ倒されてぽっかり空いたスペースを雑草のように勢いよく埋めていくことができる。微生物世界での戦争において、抗生物質はむしろ私たちの敵に味方してしまうのだ。それだけではない。ラクトバチルス・ロイテリはそれ自体が抗菌作用のある化学物質を産生する。バクテリオシンと呼ばれるこの物質は他の細菌が再生するのを妨げるので、腸内ではラクトバチルス・ロイテリによる支配が長続きする。ラクトバチルス・ロイテリの仲間の細菌は実際のところ、これまで何十年も家畜に与えられてきた。理由はもちろん、家畜を太らせるからである。

別の研究チームは、デンマーク国立出生コホートという情報の宝庫を利用した。これは三万組の母子の医療データで、研究者らはこのデータから、赤ん坊に抗生物質を与えたときの結果はその母親の体重に左右されることを見出した。痩せた母親から生まれた子に抗生物質を与えると、その子は過体重になりやすくなる。過体重または肥満の母親から生まれた子どもに抗生物質を与えた場合は過体重になりにくくなる。なぜ逆の結果を生じさせるのかは不明だが、抗生物質は肥満型マイクロバイオータに対しては「補正」する方向に、痩せ型マイクロバイオータに対しては「攪乱」する方向に作用するのかもしれない。過体重の子どもと標準体重の子どもに対し、生後六か月以内に抗生物質を投与された経験があるかどうかを調べた研究では、前者で四〇％、後者で一三％という結果が得られた。

こうした研究結果はそれなりに説得力はあるものの、抗生物質が体重増加を引き起こすことを証明するものではない。抗生物質そのものではなくマイクロバイオータが改変されたことによる影響だと証明するものでもない。そこで、ニューヨーク大学のマーティン・ブレイザーらは、抗生物質がマイクロバイオータと代謝に実際どれだけの影響を与えているのかを調べることにした。ブレイザーは、感染症専門医でヒトマイクロバイオーム・プロジェクトの代表である。彼らは二〇一二年、若いマウスに低用量の抗生物質を投与すると、マイクロバイオータの組成比が乱れ、代謝ホルモンが変わり、体脂肪量が増えるという証拠を示した（マウスの体重そのものは変わらなかった）。研究者らは、重要なのはタイミングで、マウスが幼いときに抗生物質を与えるほど影響が大きいようだと考えた。ヒトを対象とした疫学的な調査でも、生後六か月以内に抗生物質を投与された赤ん坊は、一歳になるまで抗生物質と無縁だった赤ん坊に比べて過体重になりやすいことが示されている。家畜も同じで、体重増の効果を最大にするにはできるだけ早期に抗生物質を与えはじめたほうがいいとされている。

ブレイザーの研究チームはつぎに、母マウスに出産直前から出産後の授乳期を通して低用量のペニシリンを投与し続ける実験をした。予想どおり、母乳を通じてペニシリンを与えられたオスのマウスは、そうでないオスのマウスより速く成長した。成体になると、ペニシリンが含まれた乳で育ったマウスはオスもメスも、ペニシリンなしで育ったマウスより体重も体脂肪量も増えていた。

研究チームは、低用量のペニシリンだけでなく高脂肪食を与えたマウスはどうなるかを知りたくてたまらなくなった。実験の結果、通常食のメスのマウスは、ペニシリンを与えても与えなくても生後三〇週で体脂肪量はおよそ三グラム増えた。同じ期間に高脂肪食を与えたメスのマウスでは体脂肪量がおよそ五グラム増えていた（総体重は増えていないものの、除脂肪体重が少なく体脂肪量が多かった）。ところが低用量のペニシリンと高脂肪食を与えたメスのマウスでは、体脂肪量が五グラムではなく一〇グラム増えていた。どうやらペニシリンは不健康な食事の影響を増幅させるようで、マウスは摂取した食物からより多くのカロリーを蓄積していた。

オスのマウスでは不健康な高脂肪食の影響がもっと大きく現れた。通常食ではペニシリン投与の有無にかかわらず体脂肪量の増加が五グラムだったのに対し、高脂肪食では体脂肪量が一三グラム増えた。オスの場合も、高脂肪食に低用量のペニシリンが組み合わさると影響が増幅され、体脂肪量は一七グラムも増えた。高脂肪食だけでもマウスを太らせるのは明らかだが、その悪い状況を抗生物質はさらに悪化させていた。

低用量の抗生物質を与えたマウスのマイクロバイオータを無菌マウスに移すと、無菌マウスの体重と体脂肪量に同じような変化が現れる。このことは、マウスの体重増を引き起こしているのは抗生物質そのものではなく微生物の組成比の変化であることを示唆している。心配なのは、抗生物質の治療を終えてマイクロバイオータが回復したとしても、代謝への影響が残ってしまうことだ。ペニシリンは小児相手に最も頻繁に処方される抗生物質であり、もしマウス実験で示されたようなことがヒトにも起こるとすれば、乳幼児にペニシリンを使うとその子の代謝を永遠に変えてしまうことになりかねない。

肥満の原因を抗生物質、あるいは特定の薬剤と断定するのはまだ早いが、肥満の流行の規模やスピードを考えれば、このような示唆を真摯に受け止め、食べ過ぎや運動不足のせいにばかりせず、抗生物質の過剰使用にもっと注意を向けるべきだろう。マーティン・ブレイザーは、アメリカ女性の三〇〜五〇％は妊娠中または分娩中に規定どおりに抗生物質、それも彼らのマウス実験で使ったペニシリンを投与されている点を指摘する。もちろん、出産時に抗生物質を使うのは正当な理由があってのことだ。だが、惰性で使い続けるのではなく、研究結果が更新されるたびにメリットとデメリットを天秤にかけて使うべきだ。

家畜に関しては、抗生物質への耐性が家畜からヒトに移行するという証拠が出たことで、少なくともヨーロッパでは抗生物質による成長促進剤の使用をやめる動きにつながった。二〇〇六年以降、ＥＵ加盟国の農家は家畜を太らせるために抗生物質を使うことを禁じられている。病気の治療目的の場合は当然ながら使ってもいい。アメリカその他の多くの国では、抗生物質の成長促進剤はいまも毎日のように使われている。ここであなたは不安に思うはずだ。あなたがどれだけ抗生物質の薬を飲まないように努力しても、ステーキを食べたりミルクを飲んだりするたびに少しずつ体の中に入ってきてしまうのだろうか。家畜に与えた抗生物質の多くは血液中に吸収され、筋肉や乳の中に入りこむ。その一部は調理後も残留し、それを食べたあなたの腸にたどりつくのでは？　幸いなことに、たいていの先進国では薬を与えたばかりの家畜を搾乳したり食肉工場に出したりすることを禁じる法が定められている。一方、そこまで規制が厳しくない国では、抜き打ち検査で安全水準を超える残留抗生物質で汚染された食品が一定割合で見つかる。住んでいる場所と旅行する場所しだいではあるのだが、食品を通じて抗生物質をいくらか吸収してしまう可能性はゼロではない。

菜食主義者ならそんな心配をせずにすむかというと、そんなことはない。野菜は家畜の糞を肥料に使った土壌で育てられることが多い。家畜の糞は栄養に富んでいると同時に薬も含んでいる。家畜に投与された抗生物質のおよそ七五％はそのまま糞となって排出される。有機肥料とは、そういうもののことだ。抗生物質の種類によっては、有機肥料一リットルにつき一回の服用分に相当する抗生物質が含まれているという。これはつまり、農地一〇平方メートルにつき抗生物質一錠か二錠のカプセルの中身を撒くことに等しい。

土壌の中で「活性」を維持する、つまり薬として飲むときと同じように細菌を殺すことのできる抗生物質もある。このことは、肥料を撒くたびに濃度が高まっていくことを意味する。抗生物質が土の中にとどまってくれれば問題はないのだが、農作物に吸収される。セロリやコリアンダーなどの野菜や穀物には残留抗生物質が含まれている。それはごく微量かもしれないが、何週間も何年もたつうち影響が蓄積されていく。家畜については食肉工場に出す直前に抗生物質を与えてはいけないという規制があるが、農地に撒かれる肥料に含まれる抗生物質についての規制はない。一種類の肉と二種類の野菜の料理なら、農業利用の抗生物質のつけが回っているのはおそらく野菜のほうで、肉はむしろ安心なほうかもしれない。

肥満の流行の背景に食品の残留抗生物質がどこまで関係しているのかはまだ議論の最中だが、まったく無関係とは思えない。太った人が増えはじめたのは抗生物質が大量に使われるようになった直後の一九五〇年代だ。だが過体重の件数が急上昇するのは一九八〇年代で、農業が超集約的な経営に転換した時期とほぼ重なる。現在、地球上にはおよそ一九〇億羽の生きたニワトリがいて（ヒト一人につきニワトリ三羽である！）、その多くは何段にも積み重ねられたケージに詰めこまれている。この状態でニワトリを病気にさせないためには大量の抗生物質に頼らなければならない。公衆衛生の専門家であるリー・ライリー博士は、こうした抗生物質頼みの養鶏が一九八〇年代と一九九〇年代にアメリカ南東部の州で急増した点を指摘する。そこはちょうど肥満の流行の震源地で、いまもアメリカでいちばん太った人が多い地域である。

もし抗生物質が私たちを太らせているのだとしたら、ほかにも悪い影響を与えているかもしれない。腸内のディスバイオシスが原因で、アレルギーや自己免疫疾患、いくつかの心の病気が生じているように見えることはすでに述べた。抗生物質がマイクロバイオータを乱すのなら、理論的にはこれらの病気も治療のために投与された抗生物質が引き起こしている可能性がある。

第3章のエレン・ボルトの話を思い出してほしい。ボルトは、息子のアンドルーが幼児期に自閉症を突発的に発症したのは耳感染症らしきものを叩くために何度も抗生物質の治療を受けたせいだと考えた。肥満と同様、自閉症もかつてはめずらしい病態だった。それが一九五〇年代から増えはじめ、いまでは六八人に一人の子どもが発症している。とくに男児では二％近くが八歳になるまでに自閉症スペクトラム障害と診断される。その原因はこれまでいろいろ考えられてきたが、なかでも議論含みなのが麻疹、おたふく風邪、風疹の三種混合（ＭＭＲ）ワクチン原因説だ。だが、その因果関係を示す証拠はない。研究者たちはマイクロバイオータに目を向けるようになった。

自閉症児はアンバランスな微生物集団を抱えているように見える。このディスバイオシスが幼児期の発達中の脳に干渉し、それが過敏性、対人関係の困難さ、反復的な行動を生じさせている可能性はある。エレン・ボルトは、アンドルーが自閉症になったのは抗生物質が幼いマイクロバイオータを乱したからだと考えているが、抗生物質の投与だけでほんとうにそれだけひどい状態になるのだろうか。アンドルーが長期にわたって耳感染症と診断され続けたところに手がかりがある。自閉症児の九三％が二歳になるまでに耳感染症を経験している。自閉症でない小児では五七％だ。先にも述べたように、医者は子どもの耳感染症を見つけるとそのままにはしておかない。発話の学習に障害が起こったり、乳様突起炎のような深刻な病気に移行したりするのを恐れ、万が一のためにと抗生物質を与える。

耳感染症になればなるほど抗生物質を投与される回数が増える。ある疫学調査によれば、自閉症児はそうでない子どもに比べて三倍以上の抗生物質を与えられていたという。とくに生後一八か月以内に抗生物質の治療を受けるのは最大のリスクとなるようだ。この調査では、自閉症が増えたのは心配しすぎる親が増えたからだ、というような世間のイメージも否定された。子どもの具合が悪いとすぐに医者のところに行って、抗生物質を出すよう求めたり自閉症の診断を求めたりする親が増えたから自閉症児が増えたのだと考える人は多い。生まれつき体が弱い子どもは多くの病気になりやすく、自閉症にもなりやすいだけだろうと考える人もいる。だが、どちらもただの思いこみにすぎない。この調査から、自閉症児は自閉症と診断される前に医者にかかっていた頻度も、(抗生物質以外の)薬を与えられていた頻度も、ほかの子どもと比べてとくに多くないことが示された。この件については結論を出す前に、もっと大勢の子どもを対象とした研究を実施して、なぜそうなるのかのメカニズムを明らかにすることが必要だろう。しかし、抗生物質の使用を減らすべきだという警告はすでに発せられており、その理由に自閉症に対する未知のリスクを一つ足したところで困ることはない。

もっと明白で、もっと直感的に理解されやすいのは抗生物質とアレルギーの関連性だろう。第4章でも述べたように、二歳になるまでに抗生物質の治療を受けた子どもはのちに喘息、アトピー性皮膚炎、花粉症を発症する率がそうでない子どもと比べて二倍も高い。抗生物質を多く与えられるほどアレルギーになりやすく、四クール以上の治療を受けた子どもは三倍もアレルギーを発症しやすくなる。

この推測は、自己免疫疾患のことを考えるとますます真実味が増してくる。自己免疫疾患もまた抗生物質の使用と足並みをそろえて増加している病態だが、そのきっかけはつい最近まで感染症だと思われていた。1型糖尿病がいい例だ。医者たちは何十年もこんなパターンを見てきた。一〇代の若者が風邪かインフルエンザで診察を受けにくる。数週間後にまたやってきて、異常な喉の渇きと疲労を訴える。膵臓のベータ細胞が働かなくなっていて、インスリンの分泌が止まっていることがわかる。このホルモンが欠けていると、ブドウ糖が変換・貯蔵されずに血液中にどんどんたまっていく。ブドウ糖は腎臓内で水分を吸収するため、それが多尿を引き起こす。数日または数週間のうちに症状は激化し、何も治療をしなければ昏睡に陥るか死に至る。なお、風邪またはインフルエンザのあとに1型糖尿病になるという点に着目すると、興味深い事実に気づく。ウイルス性の感染症は1型糖尿病だけでなく、ほかの多くの自己免疫疾患に先行することが多い。

しかし、統計を眺めるとまた違う事実が浮上する。実際に感染症にかかった子どもが1型糖尿病になるリスクはけっして高くはないのだ。おまけに、アメリカでは感染症は減り続けているのに1型糖尿病は年に五％の割合で増えている。なぜ、感染症と1型糖尿病に関係があるように見えるのだろうか。なぜ医者は、感染症になったあと1型糖尿病になる一〇代をこれほど多く診ているのだろうか。

科学でわかっているのはここまでで、ここからは推測の域に入る。医者たちが抗生物質を細菌性の病気ではなくウイルス性の病気にまで過剰処方していることを、私たちはすでに知っている。1型糖尿病になるのは感染症そのもののせいではなく、感染症治療のための抗生物質のせいなのでは？　家族や医者からは、1型糖尿病のスイッチを入れたのは、風邪やインフルエンザ、たった一度の急性胃腸炎のように見える。抗生物質の薬は無実の傍観者というわけだ。しかし、1型糖尿病の引き金をひいたのは感染症ではなく薬である可能性、もしくは感染症と薬の組み合わせの可能性も考えられる。

残念ながら、この疑問に対する答えは現段階では不明だ。デンマークの研究によれば、幼い子どもに投与された抗生物質と、のちに1型糖尿病を発症させるリスクには何一つ関連性を見出せなかったという。三〇〇〇人の小児を対象とした別の研究では、抗生物質と1型糖尿病に弱い関連性が見えたという。1型糖尿病以外のほかの自己免疫疾患では、抗生物質との関連性がより明快に示されている。ニキビ治療のために数か月あるいは数年、ミノサイクリンという抗生物質を使っている一〇代後半や成人は、そうでない人に比べて狼瘡を発症するリスクが二・五倍高いという。狼瘡は、体のあちこちを攻撃する自己免疫疾患で、患者の多くは女性だ。男性はミノサイクリンを使っていても狼瘡を発症することはほとんどない。二・五倍という数字は男女含めて割り出したものであり、女性のみに限定すれば、ミノサイクリンを使用したあと狼瘡を発症するリスクは五倍に跳ね上がる（ミノサイクリン以外のテトラサイクリン系抗生物質ではここまでリスクは高くならない）。神経を傷害する自己免疫疾患の多発性硬化症については、つい最近に抗生物質を服用した人に発症しやすい傾向があるという。ただ、これだけで抗生物質か感染症か、あるいはその二つの組み合わせが多発性硬化症の根本原因なのかどうかを知るのはむずかしい。

抗生物質に耐性がつくことや、関係のない細菌まで大量破壊してしまうことは深刻な問題だが、抗生物質のすべてが悪いわけではない。抗生物質はこれまで無数の命を救い、多くの苦しみを防いできた。そのことはけっして忘れてはならない。抗生物質のメリットとデメリットの両方を天秤にかけ、その時々の状況に合わせて使うか使わないかを決めるべきだ。私たちの内なる生態系と自身のために、不必要な抗生物質の使用を減らすのは医者と患者を含めた私たち全員の責任である。

抗菌剤入り製品への懸念

感染症リスクの低下がアレルギーの増加を招くという衛生仮説それ自体は間違いだとわかったが、その考え方の一部は別のところで生きている。私たちの社会は衛生を重視するあまり、有益な共生微生物を犠牲にしている面があるからだ。先進国に暮らす人の大半は、少なくとも一日一回、石鹸と温水で全身を洗い流している。皮膚は病原体への最初の防衛線とよく言われるが、正確に言うなら皮膚の上にもう一枚、保護層がある。その保護層を形成しているのは、鼻の中にいるプロピオニバクテリウム属の細菌や、わきの下にいるコリネバクテリウム属の細菌などを中心とした、皮膚のマイクロバイオータだ。腸内と同じく皮膚のマイクロバイオータは病原体を締め出し、侵入を図る微生物への免疫反応を調整する働きをしている。

抗生物質が腸内マイクロバイオータの組成比を大きく変えうるとすれば、石鹸は皮膚のマイクロバイオータにどんな影響を与えるのだろうか。こんにちのスーパーマーケットの棚を眺めれば、抗菌作用を謳っていない手洗い石鹸やスプレー洗浄剤を探すほうがむずかしい。私たちは、家の中はバイ菌だらけだという広告の一斉攻撃を受けている。家族の安全を考えるなら細菌とウイルスを九九・九％殺す抗菌作用のある商品を使いましょう、と脅迫するようなメッセージがつぎからつぎへとやってくる。だが、広告があえて言わないのは、ふつうの石鹸を使っても同じ効果を得られるうえ、あなたにも環境にも害を与えずにすむという事実だ。

抗菌剤の入っていないふつうの石鹸と温水できちんと手を洗っているとき、あなたは有害な微生物を殺しているのではない。物理的に取り除いているだけである。微生物は肉汁や脂肪、ほこり、皮膚にたまった皮脂や垢に付着している。石鹸と温水は微生物が付着しているものを洗い流すだけである。スプレー洗浄剤も同じだ。それで調理台を拭くのは有害な微生物の餌となる食べ物のくずを取り除くためであり、微生物そのものを殺すためではない。殺す必要もない。抗菌剤を足しても意味はない。

メーカーは九九・九％の細菌を殺すと宣伝するが、それは人間の手や調理台でテストした結果ではない。そのテストは、大量の細菌を直接、液状石鹸で満たした容器に入れて一定時間——あなたが手洗いをする時間よりずっと長い時間——放置した場合にどれだけ細菌が生き残っているかを調べている。さすがに殺菌率一〇〇%を謳うのは不可能だ。少量のサンプルで完全なる不在を証明することはできないからだ。科学者がよく言うように、証拠の不在は不在の証明にはならない。抗菌剤入りの石鹼が殺している細菌を明記している商品はない。九九・九%というのは実験容器の中で生き延びなかった個体の割合であって、世の中の細菌の九九・九%を取り除くことができるという意味ではない。いずれにせよ、病原性細菌の多くは有毒な化合物と接触したら芽胞を形成し、危険が過ぎ去るまで休眠できるということは覚えておいてほしい。

抗菌製品は、宣伝と仮説が科学に勝った成功例だ。日常生活で使用する多くの化学物質と同じく、抗菌作用のある化学物質の安全性はこれまで一度も詳細に調べられたことはない。医薬品のように発売前に安全性と効果を証明する必要はメーカー側にはない。それを証明しなければならないのは、市場に出たあと使用禁止を命じるかどうかを決める規制機関の側である。欧米では五万種類以上の化学物質が使われているが、安全性の検査がなされたのは三〇〇種類で、検査後に使用禁止となったのは五種類だけだ。安全検査で有害だと判明した化学物質は一・七%だった。検査されていないものも含めた五万種類のうち一%が有害だという前提で計算すると、家の中に入れてはいけないものは五〇〇種類もあることになる。

そんなことはいちいち気にしていられない、ほんとうに危険なものなら大勢の病人が出ているはずだ、と言う人もいるだろう。だが、少しずつ蓄積されて、じわじわと影響が出るような場合には、有害であることに気づくことはできない。いや、具合が悪くなっている人がすでにいたとしても、私たちの記憶は長続きせず、疑わしい要素はたくさんあって複雑に絡み合っているから、何が危険で何がそうでないのかを判断するのは簡単ではない。アスベストがいい例だ。アスベストは自然界で産出される物質で、世界中で長年、建設材料に使われていた。最近になって使用禁止となったが、それまでにこの物質を吸入したせいで死んだ人は何十万といて、被害はいまなお続いている。

私は、抗菌作用のある物質がアスベストと同じくらい危険だとまで言うつもりはない。洗浄剤からまな板、タオル、衣類、プラスチック容器、ボディシャンプーまで何千という商品に使われているから安全なはずだと勝手に思いこんではいけないと言いたいのだ。石鹸などに加えられていることの多い抗菌物質のトリクロサンは目下、詳細な検査を受けている最中だ。人体への害が否定できないとして、アメリカのミネソタ州の知事は二〇一七年以降この物質を生活用品に使うことを禁じる法案に署名した。あなたの家にもトリクロサン入りの商品が少なくとも一つはあるのではないだろうか。だが、そんな商品なしでもあなたは問題なく暮らしていける。

そもそも、細菌による汚染を取り除く効果という点で、トリクロサンはふつうの石鹸と何ら変わらない。一方、私たちがトリクロサンを使い続けると、それがめぐりめぐって水源に入りこむ。トリクロサンは水の中にいる細菌を殺すから、淡水の生態系バランスを乱す。また、あまり知られていないがトリクロサンは人体にも入りこむ。この物質はヒトの脂肪組織や新生児の臍帯血、母乳から見つかっており、およそ七五％の人の尿からかなりの量が検出されている。

どこまで懸念すべきかは科学文献で論争中だが、いまのところわかっているのは、ある個人の尿中のトリクロサン濃度とアレルギーの重症度に明白な相関関係があることだ。体内にトリクロサンが多くあるほど花粉症その他のアレルギーを発症しやすい。この物質がマイクロバイオータに直接ダメージを与えているのか、微生物に毒素を出すよう促しているのか、有益な微生物の働きを妨げているのかまではわかっていない。いずれにせよ、ベビー用のお盆は食事前に抗菌クリーナーで拭きましょうというコマーシャルは、衛生上のメリットどころかデメリットを拡散している。

トリクロサンが感染症を誘発することを示す証拠まである。抗菌作用をもつこの物質は成人の鼻水からも見つかるが、それは細菌性の感染症を追い払ってくれない。逆に、鼻水に含まれるトリクロサン濃度が高いほど日和見病原体である黄色ブドウ球菌のコロニーができやすくなるという。私たちはトリクロサン入りの商品を使って、わざわざ自分の抵抗力を低下させ、毎年何万もの人々の命を危険にさらす細菌を呼び寄せているということだ。

これだけではまだ足りないと言わんばかりに、トリクロサンは甲状腺ホルモンの働きに干渉することがわかった。ペトリ皿で培養したヒト細胞で実験したところ、この物質はエストロゲンおよびテストステロンの働きを阻害するという。アメリカの食品医薬品局（ＦＤＡ）は現在、製造業者にトリクロサンの安全性を証明するよう求めており、それができなければ禁止するつもりでいる。先にも述べたように、ミネソタ州の知事は一足先に、生活用品にトリクロサンを入れるのを禁じる法律を二〇一七年から発効することにしたが、その理由はトリクロサンの安全性への懸念だけではない。知事は、多くの微生物学者と同じく、トリクロサンに接した細菌が耐性をつけることを心配している。トリクロサン入り石鹸で手を洗ったとき、有益な細菌を洗い流して有害なトリクロサン耐性菌を残すのはだれだっていやだろう。知事はこうした耐性菌の出現を懸念しているのだ。たとえばあなたの鼻の中で、耐性を誘発する可能性のあるトリクロサンを含んだ鼻水に黄色ブドウ球菌を加えて数日そのままにしたとする。あなたの鼻は「歩くメチシリン耐性黄色ブドウ球菌工場」となるかもしれない。あなたは出かけた先のあちこちで、恐ろしい耐性菌をまき散らすことになる。

そうそう、もう一つある。トリクロサンは塩素消毒した水道水と結合すると発癌性物質のクロロホルムになる。トリクロサンが禁止される日を待つのもいいが、ほかにできることはある。買う前に商品の成分表示を確かめることだ。

しかし、抗菌剤の入っていないふつうの石鹸と温水で一五秒間の手洗いをすることは重要だ。これは公衆衛生の基本で、感染症、とりわけ胃腸感染症の予防に大きな効果がある。ただし手洗いは、外出先で拾ってきた「短期滞在」の微生物を洗い流すだけでなく、あなたの手にある皮膚常在菌のバランスも乱す。興味深いことに、手洗いに抵抗する能力や洗い流されてもすぐに回復する能力は細菌によって異なる。たとえばブドウ球菌と連鎖球菌のグループの細菌は、手洗いの直後にひじょうに優勢な集団を形成するが、しばらくたつと減ってきて、手洗いと手洗いの中間にはそれほど優勢にならない。

私が「興味深い」と言ったのは、このことが強迫性障害を思い起こさせるからだ。不安障害の一種であるこの病態に陥った患者は、自分はバイ菌に汚染されていると思いこみ、手を洗わなければならないという衝動を抑えられなくなる。この病気の原因については多くの仮説が唱えられているものの、関係者の合意は得られていない。その仮説の一つに、細菌のせいではないかというものがある。

第一次世界大戦が終結するころ、ヨーロッパで謎の病気が現れた。一九一八年の冬にアメリカに飛び火し、翌年にはカナダを襲った。その病気はそれから数年で世界中に広がり、インド、ロシア、オーストラリア、南米にまで達した。このパンデミックが収まるまでには丸一〇年かかった。嗜眠性脳炎として知られるこの病気の症状は、放っておくと眠ってしまうほど強い眠気（嗜眠）、頭痛、不随意運動を特徴としており、パーキンソン病によく似ている。精神障害の様相を呈することがよくあり、患者の多くは行動に異常をきたしたり、抑うつ状態になったり、性欲が異常亢進したりする。患者の二〇％から四〇％は死に至る。

嗜眠性脳炎を生き延びた人の多くは完全に回復せず、数千人に強迫性障害の後遺症が残った。強迫性障害というめずらしい行動障害が、まるで感染症が流行したかのようにいきなり現れたのだ。当時の医者たちは、この病気が心理的なものか、それとも器質的なものかと激しく議論したが、原因が見つかるまでにさらに七〇年待つことになった。

二〇〇〇年代に入り、二人のイギリス人神経学者が嗜眠性脳炎の原因に興味をもった。アンドルー・チャーチとラッセル・デイルは、この病気の特徴に症状が合致する患者を何人か診ていた。彼らの関心が医者仲間に伝わり、似たような症例の情報がデイルのところに集まってきて、その数は二〇件になった。二〇人の患者は全員、数十年前に消滅したと思われていた嗜眠性脳炎の診断を下されていた。デイルとチャーチは、原因を特定するだけでなく治療法につながる手がかりを探そうと、患者に共通する要素を探すことにした。一つの共通点が浮かび上がった。患者の多くはこの病気の急性期に咽喉痛を起こしていたのだ。咽喉痛の原因はおもに連鎖球菌属の細菌だ。チャーチとデイルはこの細菌に注目した。患者を検査してみると、思ったとおり二〇人全員が連鎖球菌に感染していた。患者たちの連鎖球菌は数週間たっても軽減せず、自己免疫反応を誘発しており、それが大脳基底核という脳の細胞群を攻撃していた。その結果、元々は呼吸器感染であるのに精神神経疾患のような症状が現れていたのだ。

大脳基底核は、私たちが何かを実行するとき、そのために可能な行動をいくつかの選択肢から判断する「行動選択」をつかさどる部位である。どうやらこの部位は、どの行動が自分に報酬を与えるか（報酬予測）を無意識のうちに学習しているらしい。カードを引かずに勝負するべきか、もう一枚カードを引くべきか。ブレーキを踏むべきか、アクセルを踏むべきか。紅茶を入れたカップに手を伸ばすべきか、かゆみの生じたところを掻くべきか。こうした行動を実行するたびに、大脳基底核はあなたの意識に流れてくる選択肢からあなたが何を選んだかというデータを蓄積する。カードを引かずに勝負するか、もう一枚カードを引くかの決断は、あなたがもっているカード、ディーラーがもっているカード、山に残っているはずだと推測しているカードしだいだ。実践を積めば積むほど、あなたの大脳基底核は無意識のうちに鍛えられてゆく。

しかし、大脳基底核が攻撃されると、行動選択がうまくいかなくなる。カードを引かずに勝負すべきか、もう一枚カードを引くべきか。引く？　引かない？　引く？　迷っているうちに体が引きつってくる。脳の指示に自動的に従ってなめらかに動くはずの筋肉が、複数の指示を受けたようにぎくしゃくし、パーキンソン病のような震えが生じる。明かりをつける、カギをかける、手を洗うといった日々のお決まりの行動もうまくできなくなる。手を洗わずにいられない強迫性障害の患者にとって、関係しているかもしれないことが一つある。私は先ほど、一部の細菌群が手洗い直後に豊富になると書いたが、それはおそらく、ほかの細菌が洗い流されたあとその空白を埋めるように増殖するからだろう。そんな細菌群の一つが連鎖球菌だ。これは確かな話ではなく憶測にすぎないが、そうした日和見病原体はいったん手や腸に強固な地盤を確保すると、その領土を守るため、報酬予測を学習している大脳基底核にもっと手を洗うよう宿主に命じ続けているのかもしれない。

いくつかの心の病気（精神神経疾患と呼ぶにふさわしい病気）が大脳基底核の機能障害と連鎖球菌の両方に関連していることは、意外でも何でもないだろう。トゥーレット症候群で発声と運動にチックが出るのは、大脳基底核が意識に流れてくる選択肢から誤ったものを選択してしまう結果かもしれない。トゥーレット症候群も連鎖球菌感染がきっかけとなって発症する。前年に悪性の連鎖球菌株に何度も感染した子どもはその後にトゥーレット症候群を発症する確率が一四倍も高くなる。パーキンソン病、注意欠陥多動性障害（ＡＤＨＤ）、不安障害でも、大脳基底核の損傷および連鎖球菌との関連性が示されている。

私はなにも、連鎖球菌を定着させせないために手洗いすべきでない、などと言うつもりはない。手洗いをせずに、ごくふつうの微生物を本来いるべき場所（たとえば大便の中）から、いるべきでない場所（口の中や目の中）に移してしまったら、さらに悪いことが起こる。抗菌剤入りの石鹸が、手にいる連鎖球菌の一時的な優勢さを助長するのかどうかは不明だが、連鎖球菌がこれまでも他の微生物による攻撃に抵抗してきた頑固な日和見主義者であることを思えば、皮膚にいる有益な微生物より早く抗菌剤への耐性がつくのはありえないことではない。ともあれ、細菌を殺すために化学物質を使うというのなら、アルコールを手にすりこむのが最善の方法だ。アルコールは細菌の基本構造を壊すので、細菌に耐性をつける隙を与えない。MRSAのような抗生物質耐性菌にも効果を発揮する。さらに、医療機関で働く人も外来患者もすぐに簡単に使えるという利便性がある。

家庭用の衛生用品のラベルをチェックしはじめると気づくと思うが、気持ちよくきれいになったとあなたに感じさせるために、各製品には聞いたことのない名前の化学物質がたくさん使われている。しかし、あなたの皮膚はシャワージェルやモイスチャー・ローション、脱臭スプレーなどを使わなくても大丈夫なようにできている。熱帯雨林を歩き回る経験から学んだことがあるとすれば、一日一回体を洗って制汗剤をつけている外部の人ほど悪臭がすることだ。地元の人は匂わない。ほとんど体を洗わず脱臭剤も洗剤も使ったことのない、未開地に住む部族民が体臭に悩むことはない。

西パプア（インドネシア）と東アフリカの辺境で働く人類学者で動物学者のジータ・カスターラは、個人の衛生習慣に関して部族社会が三種類に分かれることに気づいた。一番目は、西洋文化とほとんど接点のない集団だ。「この人たちは、ほかの活動、たとえば魚釣りなどのついでに体を洗います。石鹸を使わず、体を覆う布地の多くは天然繊維です」とカスターラは言う。二番目は、辺地に暮らしているが宣教師などを通じて西洋文化にある程度は接したことがあり、一九八〇年代の合成繊維でできた中古の洋服を好んで着るような集団だ。「この人たちの体臭はひどいですよ。定期的に体を洗うということをしません。石鹼は使っていますが、なぜ体や衣服を洗うのか理解していないようです。そうすべきだということだけは知っていて、週に一度か月に一度、体を洗います。あるいはもっと頻度は低いかもしれません」。三番目は西洋文化にどっぷりつかっている集団で、石油関連の仕事や木材会社に雇われている人が多く、美容石鹼を使って毎日体を洗う。「この人たちは激しい労働をしたときや暑い日だけ、匂います。でも、石鹼をまったく使わない一番目の集団は、激しい労働をしたときでも匂わないんです」とカスターラは語る。

なぜだろう。現代社会に暮らす人は、一日か二日体を洗わないだけで周囲を不快にするほど体臭を放ち、脂ぎってしまうのに、石鹼も温水もない熱帯で暮らす人は、なぜきれいなままでいられるのだろう。

先ごろ設立されたばかりのＡＯバイオーム（AOBiome）という会社によれば、すべては敏感な微生物群のなせるわざだという。同社の創始者であるデイヴィッド・ホイットルックは、土壌微生物を研究していた化学エンジニアだ。彼は二〇〇一年に馬小屋で土のサンプルを集めているとき、なぜ馬は体を土の上で転がすのが好きなのかと尋ねられた。彼は答えにつまった。以来、その問いが頭の中に引っかかり続けた。土壌や天然水にアンモニア酸化細菌（ＡＯＢ）が多く棲んでいることをホイットルックは知っていた。汗にアンモニアが含まれていることも知っていた。ひょっとすると、馬は皮膚にたまるアンモニアを土の中にいるアンモニア酸化細菌に分解させているのではないか、と彼は考えた。

ヒトの汗の匂いのもとは、エクリン腺から分泌されるアンモニアを含んだ体液ではなく、アポクリン腺にある。アポクリン腺は臭腺とも呼ばれ、わきの下と陰部にしかない生殖関連の分泌器官だ。思春期になるまで活性化せず、思春期以降は匂いのフェロモンを出して異性に自分の健康状態と妊性を知らせる。しかし、アポクリン腺から出る汗はまったくの無臭だ。皮膚の微生物がそれを分解して、さまざまな揮発性の物質に変換してはじめて匂いが出る。どんな匂いになるかは個人が棲まわせている微生物の組成比しだいだ。

匂いを産生する細菌を取り除くか覆い隠すかしようとして、体を洗って脱臭スプレーをすると、皮膚のマイクロバイオータが変わる。アンモニア酸化細菌はとりわけデリケートで、ふたたび繁殖するまでに時間がかかる。この細菌は日々浴びせられる化学物質の影響を受けやすい。ホイットルックによると、アンモニア酸化細菌が不在だと困るのは、汗に含まれるアンモニアが亜硝酸塩と一酸化窒素に変換されないことだという。亜硝酸塩と一酸化窒素は、ヒト細胞の活動を調整するだけでなく皮膚の微生物を抑制する働きをしている。一酸化窒素がないと汗を餌にしているコリネバクテリウムとブドウ球菌が野放しになる。とくにコリネバクテリウムの増えすぎは不快な体臭の原因になりやすい。

皮肉なことに、私たちが匂いを抑えるためによかれと思ってしていることが悪循環を引き起こす。石鹼と脱臭剤はアンモニア酸化細菌を殺す。アンモニア酸化細菌がいなくなると皮膚のマイクロバイオータが乱れる。マイクロバイオータの組成比が変わると汗がいやな匂いを発するようになる。私たちはその匂いを消そうと、また石鹼で洗い、脱臭剤を使う。この無限ループを断ち切るために、アンモニア酸化細菌（AOB）を補充しようというのがAOバイオーム社の提案である。

アンモニア酸化細菌を補充するのが目的なら、日々、泥の中で転げまわったり汚れていない天然水に浸かったりすればいいのだろうが、現代生活でそれをするのはむずかしい。そのかわり、「AO＋リフレッシュ・コスメティック・ミスト」を毎日スプレーすればいい、とホイットルックとAOバイオーム社のチームは言う。この製品は見た目も匂いも味も水と変わらないが、生きたニトロソモナス・ユーロピア――

土壌で培養されたアンモニア酸化細菌の一種――が加えられている。この製品はいまのところ医薬品ではなく化粧品として売られているので、効用を証明する必要はない。彼らは効用を証明するのをつぎなる目標と定め、パイロット試験を実施した。その試験に参加したボランティアたちは、プラセボ群に比べて肌の見た目やなめらかさ、ハリが向上したと報告している。

体を洗わない辺地の人々からは、体臭はもちろん、都会人が好む花の香りや石鹸の香りも匂ってこない。それと同じように、AO+の試験に参加したボランティアの多くは、自然のままの自分の匂いが、自分にとっても他人にとっても心地よいことに気づいたという。AOバイオームを設立したデイヴィッド・ホイットルック自身も、この一二年間いちども体を洗っていない。それでも彼から体臭は匂ってこない。AOバイオーム社のチーム員の多くもボディソープや脱臭剤を使わなくなったという。彼らの大半は体を洗うのは週に二、三回でいいと答え、なかには年に二、三回で充分という人までいる。

石鹸で洗わない、もしくは洗う頻度を落とすというのは、一般の人には受け入れがたい考え方だろう。私自身、それは現実離れしていると感じた。私たちの社会では、毎日石鹸で体を洗っていないなどと言おうものなら白い目で見られる。しかし、ホモサピエンスの歴史において二五万年ものあいだ石鹸なしですませておきながら、いまになってとつぜん毎日石鹸を使ってシャワーを浴びなければ生きていけないと思うほうが、よっぽど現実離れしている。

抗生物質と同様、抗菌剤には役に立つべき場所がある。しかし、あなたの体はそれらが役に立つべき場所ではない。私たちはすでに微生物に対抗するための防御システムをもっている。それは免疫系と呼ばれている。私たちはこの免疫系を活用すべきなのだ。

第6章　あなたはあなたの微生物が食べたものでできている

レイチェル・カーモディ博士はある日、それまでヒト栄養学に対して的外れな姿勢をとってきたことに気づいた。ハーヴァード大学でお茶を飲みながら、彼女はその日のことを私に語ってくれた。その日、カーモディは書き終えたばかりの修士論文を口頭試験で発表していた。彼女の研究テーマは、調理が食品の栄養価にどんな違いを与えるかだ。ミーティングの最後に長いテーブルの端に座っていた試験官が立ち上がり、最新の科学論文の束をテーブルの上ですべらせるようにしてカーモディのほうに投げてきた。目の前で扇状に広がった書類には、「マイクロバイオーム」「腸内微生物」という見出しが躍っていた。試験官は、「それを読んで、もう一度練り直してみるように」と言った。

「食べ物からどれだけの量のエネルギーを引き出せるかが生物学のすべてです」とカーモディは言った。「微生物の姿かたちやふるまいが食料入手と無関係なはずがありません。私はヒト進化生物学者として、ヒトの消化活動ばかり考えていましたが、それでは問題の半分しか見ていなかったことになるのです」。

カーモディは小腸でおこなわれている消化プロセスだけを見ていた。しかし、微生物がヒトの栄養摂取や代謝に関係している事実が『ネイチャー』や『サイエンス』など一流科学誌の特別号に載っているのを見て、彼女自身をはじめヒト栄養学を研究している者はみな物事の一部しか見ていないことに気がついた。

これではすべての疑問に答えられるはずがない。「これまで私たちは、食生活に対してまったく不完全な枠組みでとらえていました」

栄養摂取に対する私たちの概念はまるごと変わった。最近まで、栄養摂取は小腸の仕事だと思われていた。小腸は、ミキサーのような形をした胃から続く細長い管である。たしかに「ヒト」の消化に関しては、ここ小腸が主戦場だ。胃や膵臓、そして小腸そのものから送りこまれた酵素の働きにより、食物の大きな分子は小さく分解され、腸壁細胞を通過して血流にとりこまれる。ねじれて折り畳まれた真珠のネックレスのような形状をしている蛋白質は、切り刻まれてアミノ酸（ビーズのようなもの）やペプチド（アミノ酸が数個結合した短い鎖状のもの）になる。複雑な炭水化物はスライスされてブドウ糖や果糖といった扱いやすい単糖になる。脂肪は余分なものを取り除かれてグリセロールと脂肪酸になる。このように分解されてとりこまれた小さなユニットは、エネルギーをつくり出したり筋肉の建材になったりする。用途に応じて別の物質に組み立てられることもある。

既存の教義によれば、ヒトの栄養摂取は全長七メートルの小腸の終着点で基本的に終わることになっていた。そして小腸に続く大腸——太くて短い腸管——は、どういうわけかこれまで過小評価されてきて、特別サイズの排水管くらいにしか思われてこなかった。私たちは学校で、小腸は栄養を吸収するところ、大腸は水分を吸収して食べかすを固形にするところと教わってきた。虫垂があってもなくてもいいように思われていたのと同様に、大腸の重要性も見過ごされてきたのだ。一九世紀末に免疫細胞の一種である食細胞を発見してノーベル賞を受賞したロシアのイリヤ・メチニコフは、人間には大腸などないほうがいいとまで考えていた。「これまでなされた多くの調査研究を鑑みるに、どうやら大腸に消化能力はないものと思われる」と彼は書いている。

メチニコフが大腸について勝手な想像をしていたときから年月は流れた。私たちは二〇年ほど前に、大腸は微生物の力を借りてヒトに必須のビタミンを合成させ、それを吸収している場所であることを知った。大腸に微生物がいなければ私たちの健康は維持できないこともわかった。一九七〇年代に無菌環境に隔離されていた「バブル・ボーイ」ことデイヴィッド・ヴェッターは、何種類かのビタミン剤を服用することで微生物の不在を補っていた。マイクロバイオータが栄養摂取に果たす役割はビタミンの合成にとどまらない。なかには、微生物による栄養摂取の手助けがなければどれだけ食べても無駄になる、というケースまである。

吸血動物のヒルとチスイコウモリは、栄養摂取に関して極端なまでに微生物を頼っている。血液は生命維持の必須要素ではあるものの、食料としては万全ではない。鉄分が多く（そのため金属味がする）、蛋白質も含んでいるが、炭水化物や脂肪、ビタミン、ミネラルはほとんど含まれていない。食料の血液に不足している要素を合成する微生物を体内に棲まわせていなければ、ヒルもチスイコウモリも生き続けられない。

ジャイアントパンダも似たようなものだ。ジャイアントパンダは食肉目（ネコ目）クマ科に属する動物だ。クマ科にはグリズリーやホッキョクグマなどの仲間がいて、食肉目にはライオンやオオカミといった獰猛な動物が加わる。だが食肉目という分類群の名称に似合わず、ジャイアントパンダは肉食をしない。進化の過去に背くように竹を食べることに喜びを見出す。ジャイアントパンダには、ウシやヒツジなどの草食動物にあるような複雑で長い消化管はない。それに代わって大腸とそこに棲む微生物がいろいろな働きをする。

パンダのゲノムは食肉目のゲノムだ。肉の成分である蛋白質を分解する酵素をつくることのできる遺伝子はたくさんあるが、頑丈な植物性多糖類（炭水化物）を分解する酵素をつくることのできる遺伝子は一つもない。パンダは毎日およそ一二キログラムの竹の茎をむさぼり食うが、そのうち二キロしか消化できない。腸内微生物がいなければ、その二キロでさえかぎりなくゼロに近づく。しかし、解析されたパンダのマイクロバイオームからは、セルロースを分解する遺伝子が見つかった。これは本来ならウシやワラビー、シロアリなど草食動物のマイクロバイオームに見られる遺伝子だ。この遺伝子をもつ微生物を体内に棲まわせているおかげで、ジャイアントパンダは肉食動物だった過去の制約から自由になることができた。

つまり、栄養摂取は微生物抜きには語れないということだ。ある意味、ヒトはヒルやコウモリ、パンダと同類だ。私たちが食べたものの一部は、ヒトゲノムの遺伝暗号でつくられる酵素によって分解されて小腸で吸収される。だが、残りの多くは消化されずに大腸に移動する。大腸には微生物集団が待ち構えていて、微生物自身の酵素を使って残り物を分解する。微生物は自分に必要なものを吸収したら、さらなる残り物を出す。この残り物の分子と水分が、学校で習ったように大腸で吸収されて血液中に入る。これからおいおい見ていくが、微生物の働きは私たちが想像する以上に重要だ。

カーモディはと言えば、突きつけられた問いのまだ半分しか答えられていないことを知りつつ博士課程を終え、ハーヴァード大学のヒト進化生物学部の建物から少し歩いて道を渡ったところにあるシステム生物学研究所で、経験豊かな微生物ハンターであるピーター・ターンバウの指導の下、問いの残りの半分を追究することにした。

栄養摂取の複雑なプロセス

前章で私があなたに配った肥満に関する「無罪放免カード」は、残念ながらここで返してもらうことになる。たしかに、医薬品あるいは食品の残留物として抗生物質を摂取することは、とりわけ幼い子どもには深刻な影響を与えうる。だが、悪いのはすべて抗生物質で私たちには罪がないというほど単純なものではない。低用量のペニシリンと高脂肪食を与えたマウスの実験でマーティン・ブレイザーが示したように、抗生物質だけが肥満その他の二一世紀病の原因ではない。食生活も重要な役割を果たしている。ただし、その役割はあなたが思っているようなものではないかもしれない。

私たちの食べ方は変わった。食べ物は本来、植物や動物であるはずだ。だが、そのことを思い出そうとスーパーマーケットを歩き回っても、植物や動物に見える商品はあまりに少ない。棚の半分は、箱に入れられるかビニール袋で包装されるかビンにつめられるかした加工食品で埋まっている。この膨大な箱の列のどこに動植物があるというのだろう。ブロッコリー、チキン、リンゴは？ ときにはこうした生の食材まで箱や袋に包装されている。それにしても、ビスケットやスナック菓子、ソフトドリンク、できあい食品、朝食シリアルのなんと多いことか。よその国から来た人がアメリカのスーパーマーケットを見たら、食料品店ではなく倉庫かと思うのではなかろうか。ブランド名を知らなければ、箱の中にどんな食べ物が入っているのか推測すらできない。本物の食べ物なら見てわかる。リンゴはリンゴだし、チキンはチキンだ。一九二〇年代のお店なら、現代のスーパーマーケットにある通路の半分は不要だ。

スーパーマーケットの外も変わった。料理する暇もないほど忙しい人のために、ファストフード店と惣菜屋が並ぶ。ただの水では味気ないという人のためには缶入り炭酸ドリンクとペットボトル入りのジュースが、金曜の夜には持ち帰りの食品が、職場用には調理済みのサンドイッチがある。私たちのほとんどは、自分の食べるものに関して自分でコントロールすることをやめてしまった。自炊する頻度は下がり、ましてや食べ物を自分で育てることはなくなった。植物も動物も、あらゆる食材が、化学薬品に頼って狭いところで効率よく生産されている。自分の食生活は健康的だと思っている人がいるとすれば、それはおそらく、かなり低い水準の平均値と比べているからだろう。

しかし、そもそも健康的な食生活とはどんなものを言うのだろう。この手の問いに対する助言はその時々によって変わるが、一つはっきりしているのは、現代の食事は私たちにあまり適していないということだ。過体重と肥満はパンデミックと呼ぶにふさわしいほど世界中で増え続けている。悪い食生活は肥満をはじめ、関節炎から糖尿病まであらゆる病気を悪化させるうえ、心臓病、脳卒中、糖尿病、癌といった死につながる病気の原因となっている。過敏性腸症候群やセリアック病などの二一世紀病も例外ではない。

ところが、最善の食生活とはどんなものであるかについて、だれもが納得するような答えはない。流行のダイエット法の提唱者たちがそれぞれの自説を神から与えられた使命のごとく説いて回る一方で、広く認められているダイエット法であってもどの食品群がいいか悪いかについては意見がさまざまに分かれている。見たところ、人気のダイエット法はどれも進化のロジックを説明に使い、減量と健康の回復を約束しているようだ。実際のところ、あなたがローカーボ（低炭水化物）、ローファット（低脂肪）、ローGI（低インスリン）のどのダイエット法を選ぼうが、自分の食べるものを自分でコントロールするようになるだけで、かなりの部分、食生活は改善するはずだ。

昨今、評判のダイエット法の理念はどれも、ヒトは本来どう食べるべきなのか、という考え方に立脚している。私たちは「ふつうの食生活」がどんなものかをすっかり見失い、その答えを祖先に探すようになった。農耕をはじめる前の人類や狩猟採集民、穴居人（けっきょじん）に。さらには現生人類以前の、むしろ大型類人猿に近い、生（なま）のものしか食べなかった祖先にまで。だが、そこまでさかのぼって探す必要はない。曾祖父母までで充分だ。曾祖父母が生きていたころには私たちが現在苦しんでいるような病気はなかった。ほんの一〇〇年前にすぎないが、パッケージ商品だらけのスーパーマーケットもドライブスルーのファストフードもなかった曾祖父母たちの食生活は、現在の私たちの食生活と天と地ほども違う。

ヒトは本来どう食べるべきかを知るには、現代社会と対極にある社会——集約農業やグローバルな食料供給網、便利さ優先の即席食品がまだ浸透していない村落——を観察するのがいいだろう。ブルキナファソに、ボウルポンという人里離れた村がある。イタリアの科学者と医者から成る研究チームは、この村に住む子どもと、イタリアの都会であるフィレンツェに住む子どもを比較した。研究チームの目的は、それぞれの食生活が腸のマイクロバイオータにどんな影響を与えているかを知ることだ。ボウルポンの人々の暮らしは、およそ一万年前の新石器革命直後に出現した自給農民の暮らしとそれほど変わらない。

新石器革命は、ヒトの進化の道筋を決定づけた時代だ。人類は二つの画期的なアイデアを思いついた。動物の飼育と作物の栽培だ。ヒトは新石器革命を経て、安定した食料供給と定住生活を手に入れた。おかげで永続的な建造物が築かれ、人口が集中し、集団内で感染症が広がりやすくなった。現代の暮らしと食の原点はここにある。

農耕と畜産の発明は、穀類と豆類、野菜を安定的に得られることを可能にした。卵と乳と不定期に肉を得ることができた地域もあっただろう。いまでも当時からほとんど変わっていない地域もある。ボウルポンの村民が食べているのは、アフリカの辺地なら典型的なものだ。アワやモロコシの雑穀を粉にして粥にし、地元で育てた野菜のソースをかける。ときおりニワトリを殺す。雨季にはシロアリがご馳走となることもある。ボウルポンの村民の食事は、昨今流行している肉中心の狩猟採集型の食事よりも、曾祖父母たちが食べていた食事に似ている。一方、イタリアの子どもが食べているのはピザ、パスタ、たくさんの肉とチーズ、アイスクリーム、ソフトドリンク、朝食シリアル、スナック菓子で、まさに現代の欧米食だ。

この二集団の子どもの腸内微生物は組成比が違った。イタリアの子どもにはフィルミクテス門の細菌が多く、ブルキナファソの子どもにはバクテロイデーテス門の細菌が多かった。ブルキナファソの子どもでは、腸内微生物の半分以上がプレボテラ属の細菌で、二〇％がキシラニバクテル属の細菌だった。だが、イタリアの子どもの腸にはプレボテラ属とキシラニバクテル属の細菌はまったく見つからなかった。

この調査で改めてショックを受けるとすれば、ブルキナファソの子どもに比べてイタリアの子どもが食べている脂肪と糖（単糖）のあまりの多さだ。私たちが脂肪と糖を摂りすぎていて、これが肥満の流行と肥満関連の病気の原因になっているのは周知の事実だ。いや実際、実験用ラットを太らせるいちばん簡単な方法は、脂肪分と糖分の高い餌を与えることだ。脂肪分と糖分の高い餌のことを、マイクロバイオーム研究者たちは「欧米式の餌」と呼ぶ。欧米式の餌を一日与えるだけで、ラットの腸内微生物は組成比が変わり、それまでとは違う遺伝子が働くようになる。欧米式の餌に変えて二週間もすれば、マウスもラットも太りはじめる。

その反対はどうだろうか。低脂肪、低炭水化物の食生活に戻せば微生物の組成比バランスも元に戻り、体重は減るのだろうか。ヒトの肥満者にバクテロイデーテス門の細菌よりフィルミクテス門の細菌が多いことを発見した女性科学者のルース・レイは、過体重の人が減量したとき痩せた人と同じ細菌の組成比に戻るのかどうかを調べようと、減量試験にボランティアとして参加した肥満者たちの体重を記録し、糞便サンプルを採取した。

参加者は低炭水化物ダイエット群と低脂肪ダイエット群に分かれ、その食生活を六か月続けた。試験前と試験中の参加者の体重および腸内微生物のサンプルは、継続して記録がとられた。両群とも最初の六か月で体重を減らした。体重減と並行してバクテロイデーテスの存在量に対するフィルミクテスの存在量の比率も下がった。不思議なことに、微生物の存在量の変化は、試験の参加者が体重を一定割合まで落とさないと現れない。低脂肪ダイエット群では、バクテロイデーテスが増えはじめるまでに体重を六％落とす必要があった。試験開始時に身長一七〇センチ、体重九一キロの肥満女性であれば五・四キロの減量をしなければならない。一方、低炭水化物ダイエット群では二％の減量で微生物の存在量比率を変えることができる。先の例と身長と体重が同じ女性なら、一・八キロ減らしただけで効果が現れる。

この試験の参加者は一二人と少なく、微生物の比率を肥満型から痩せ型に変えるときの閾値がなぜ違うのかは現時点では不明だ。微生物の比率そのものが何を意味するのかもまだわかっていない。しかし、低炭水化物ダイエットのほうが早く結果が出ること、ダイエット期間が長くなれば低脂肪ダイエットが追いついて、ときには低炭水化物ダイエットよりもトータルで体重を多く減らせることはすでによく知られている。それを考えれば、ルース・レイが示した微生物の比率問題は興味深い。

ただし、レイの試験では両群ともカロリー摂取が低く設計されていた。女性は一日一二〇〇～一五〇〇キロカロリー、男性は一五〇〇～一八〇〇キロカロリーに抑えられていたのである。それなりの期間を低カロリー食で過ごせば体重が減るのは当然だ。低脂肪ダイエットだろうと、低炭水化物ダイエットだろうと、週末だけ気ままに食べようが、新石器革命以降の食物である穀物や乳製品を除外しようが、間違いなく体重は減る。脂肪も炭水化物も減らさない栄養バランス型のダイエットであっても、摂取カロリーを抑え続ければ体重は減る。レイたちは現在、バクテロイデーテスに対するフィルミクテスの比率は肥満の指標である以上に、食習慣に対応しているのではないかと考えている。低カロリーでさえあればどんなダイエットでも体重を減らせるのだとすれば、脂肪や炭水化物の摂取を制限することに意味はあるのだろうか。

脂肪と炭水化物を「悪い」と単純に決めつけるのは栄養の何たるかを正しく伝えていないことになる。

車は人を殺すから悪いという主張が、車のおかげで私たちの暮らしが便利になっているという事実を無視しているのと同じで、脂肪は常に悪いという主張は脂肪が私たちの生存に不可欠な栄養素だという事実を見落としている。脂肪と一口に言っても、飽和脂肪、モノ不飽和脂肪、ポリ不飽和脂肪、トランス脂肪がある。これらをどんなバランスで摂ればいいのかは、私にもわからない。どの脂肪がよくてどの脂肪が悪いのか、流行のダイエット法はそれぞれ言うことが違うし、専門家のあいだでも意見が割れている。

脂肪と炭水化物に対するマイクロバイオータの反応がこれまで見過ごされてきたのは、一つには、それを評価するのが困難だからだ。現状では動物実験でさえむずかしい。仮に、高脂肪食が腸内微生物にどんな影響を与えるかをマウスで調べようとしたとする。通常の餌に脂肪を足して、その後どうなるかを観察すればいいのだろうか？　このときのマウスは以前より多くのカロリーを摂取しているので、もしマウスに変化が現れたとしても、脂肪が増えたからなのか、カロリーが増えたからなのか原因を特定することができない。では、カロリーを一定にするために、脂肪を増やしたぶん炭水化物を減らした餌を与えたとする。こんどは、マウスの変化の原因が脂肪の増量なのか炭水化物の減量なのか判断できないことになる。栄養の研究においては何一つ、切り離して調べられないのが困りものだ。

なお、脂肪を増やして炭水化物を減らした餌をマウスに与えると、微生物集団の組成比が変わり、体重が増える。体重の変化と並行して、腸壁の透過性が高まり、血液中にリポ多糖が増え、各種の炎症マーカーが上昇する。こうした変化は肥満だけでなく2型糖尿病や自己免疫疾患、心の病気にも見られる。果糖のような単糖の多い食生活も——少なくともマウスやラットにおいては——同様の変化をもたらす。

したがって、脂肪と糖の摂りすぎはあなたの体に「いかにも悪そう」ではあるし、世界の多くの国で脂肪と糖の摂取量の増加は肥満の増加と歩調を合わせているようだ。ところがここには矛盾がある。病的な肥満者はハンバーガーをほおばり甘ったるいミルクセーキで流しこんでいるに違いない、という世間のイメージとは裏腹に、北欧やオーストラリアの一部およびイギリスでは第二次世界大戦以降、脂肪と糖の摂取量は減っているのである。イギリスでは、政府主導の全国食料調査が一九四〇年から二〇〇〇年まで、国民が何を食べているかを世帯ごとに調べていた。この統計は、食生活の経年変化に対する私たちの思いこみにことごとく反していた。たとえば、イギリス人の食生活における平均的な脂肪摂取量は、一九四五年に一日一人あたり九二グラムだった。肥満人口が希少だった一九六〇年には一日一一五グラムだった。ところが二〇〇〇年には一日七四グラムに減っていた。飽和脂肪酸と不飽和脂肪酸の二種類に分けて計算し直しても、納得のいく説明は見つからなかった。イギリスでは、脂肪摂取のうち従来より体に良いとされてきた不飽和脂肪酸の占める割合がどんどん増えている。バターや全乳、ラードは減り、スキムミルクや植物油、魚が増えた。それでもイギリス人は体重を増やし続けている。

脂肪摂取（全エネルギー摂取に対する脂肪摂取の割合）とＢＭＩ値を比べても関連性は見つからなかった。ヨーロッパの一八か国で調べてみても、男性の場合、脂肪摂取とＢＭＩ値に関連性はまったくない。脂肪を多く食べる男性ほど太っているわけではなかったのだ。男性が食べる脂肪の割合が高くなれば体重も増えるというような関連性は見つからなかった。女性の場合は世間のイメージにさらに反していて、全体的に脂肪摂取が高い国（食事全体に対して四六％もある国）ではＢＭＩ値が低く、脂肪摂取が低い国（二七％しかない国）ではＢＭＩ値が高かった。脂肪を多く食べたからといって、かならずしも太るとはかぎらないのである。

糖の摂取についてはもっと判断がむずかしい。イギリスの全国食料調査は食品タイプ別にデータを集めただけで、糖の含有量までは不明だからだ。コーヒー、紅茶に入れたり料理に使ったりするグラニュー糖、ジャム、ケーキ、菓子パンの摂取量は年々減っていた。とくにグラニュー糖の摂取量は、一九五〇年代後半に一人一週間あたり五〇〇グラムだったのが、二〇〇〇年には一〇〇グラムまで落ちている。もちろん、現在のイギリス人は以前よりずっと多くフルーツジュースを飲み、砂糖たっぷりの朝食シリアルを食べている。それでも全体として見れば、イギリスでは一九八〇年代以降、糖の摂取はおよそ五％減っている。一日小さじ一杯の減少量だ。オーストラリアでも一九八〇年代以降、糖の摂取は減っている。一九八〇年に一日小さじ三〇杯の砂糖を使っていたのが、二〇〇三年には二五杯に落ちた。だが、この同じ期間にオーストラリア人の肥満者は三倍に増えている。

全般的なカロリー摂取の増加も体重増加の説明にはなりそうにない。イギリスの全国食料調査では、成人と小児を合わせた一日の平均エネルギー摂取は一九五〇年代に二六〇〇キロカロリーだったが、二〇〇〇年には一七五〇キロカロリーに落ちている。アメリカでさえ、国民の体重が増えている時期にカロリー摂取が減っていることを示した調査報告が複数ある。米国農務省の全国食品消費調査によれば、一九七七年から一九八七年にかけて国民一人が一日に摂取するエネルギーは一八五四キロカロリーから一七八五キロカロリーに減っている。脂肪摂取の比率は四一％から三七％に下がった。一方、過体重の人口比率は四分の一から三分の一へと上昇した。別の時期や別の地域で見れば、食べたカロリーから使ったカロリーを引いた分が体重増加になったように見えるデータも存在するが、科学者の多くはそれだけでアメリカその他に広がる肥満の増加を説明することはできないと指摘してきた。

私は何も脂肪や糖が悪くないと言っているのではない。食べ過ぎれば、やっぱり悪い。脂肪や糖の摂取量が増加していないと言っているのでもない。世界的な規模で見れば、やはり増加しているはずだ。だが、少なくともマウスの実験からは、ある栄養成分の摂取量が増えれば別の栄養成分の摂取量に強く影響することが——全体的なカロリー摂取が一定のときにはなおさら——見てとれる。近年では、肥満の原因を脂肪だとする説と糖だとする説に分かれて大論戦が繰り広げられているが、そのどちらでもない可能性もある。

脂肪、糖、カロリーの摂取量だけで肥満の増加を完全に説明できないとすると、どんな説明なら可能なのだろうか。太りすぎの人が増えるにつれ、私たちは食べるものの中に摂取量が増えたものを探してきた。答えは明らかに脂肪と糖のように思えた。世界の多くの場所で、脂肪と糖の摂取量の増加が肥満の増加と歩調を合わせていたからだ。

しかし、脂肪を摂りすぎると体重が増えるというのは直感的には理解しやすいが、実際にはそれほど単純ではない。私たちはお腹のまわりについている「余分なお肉」を見て、ステーキのふちについている脂身や、ピンクのベーコンに入っている白い筋を思い浮かべる。だが、この直感は非論理的だ。私たちの体につく脂肪は、肉の脂身から直接できるのではない。どんな食べ物からでもできる。何を食べようと、そこに含まれる蛋白質や炭水化物や脂肪から引き出されるエネルギーは「脂肪」の形で蓄積される。

ブルキナファソとイタリアの子どもを対象にした調査の話に戻るが、ここでも私たちの直感に反して、二つの集団で脂肪摂取にそれほど大きな違いはなかった。ブルキナファソでは摂取する食べ物全体のうち脂肪分の占める割合は一四％で、イタリアでは一七％だった。どうやら、先進国の食生活で増えたものを探すだけでは不充分なようだ。私たちの食生活から減ってしまったものにも目を向けてみよう。

微生物に必要な餌をやり忘れていないか

何かが増えれば別のものが減ることを見通すのは直感だけではむずかしいが、理屈で考えればわかるだろう。二地域の子どもの食事を改めて比べてみると、摂取量が明らかに違う栄養成分が見つかる。それは食物繊維だ。ブルキナファソの食事に大きな割合を占めている野菜、穀類、豆類はどれも繊維質を多く含んでいる。二歳から六歳までのイタリアの子どもが食事で摂取する食物繊維は二％に満たない。ブルキナファソでは三倍以上の六・五％である。

過去数十年の先進国における栄養摂取の統計を眺め直すと、同じ傾向が浮かび上がる。イギリスの成人は、一九四〇年代に一日およそ七〇グラムの食物繊維を摂取していたが、いまでは二〇グラムに落ちこんだ。私たちはどんどん野菜を食べなくなっているようだ。一九四二年には、食料供給が限られていた戦時中だったにもかかわらず、現在のほぼ二倍の野菜を食べていた。ブロッコリーやホウレンソウなど新鮮な緑の野菜の摂取量は減少する一方で、この傾向が止まる兆しは見えない。典型的な一日の食事でとる新鮮な緑の野菜は一九四〇年代に七〇グラムだったが、二〇〇〇年代には二七グラムだ。食物繊維に富む豆類、穀類（パンを含む）、ジャガイモも一九四〇年代以降は減っている。とにかく、私たちは以前よりも植物性食品を食べなくなっている。

ブルキナファソの子どもたちのマイクロバイオームを遺伝子解析すると、プレボテラ属とキシラニバクテル属の細菌が七五％という高い割合で見つかる。この両グループの細菌には、植物の細胞壁を形成しているキシランとセルロースを分解する酵素をつくる遺伝子がある。ブルキナファソの子どもはプレボテラとキシラニバクテルを腸に棲まわせているおかげで、食事の大半を占める穀類や豆類、野菜から、より多くの栄養を引き出すことができる。

一方、イタリアの子どもの腸にはプレボテラもキシラニバクテルもいない。植物性の餌が常時なければ生き残れない両グループの細菌は、イタリア人の腸内では適応できないからだ。そのかわり、イタリアの子どもの腸内ではフィルミクテス門の細菌が繁栄している。フィルミクテス門は、いくつかのアメリカの研究で肥満に関連していることがわかった分類群である。痩せた人の腸に多いのはバクテロイデーテス門の細菌だ。フィルミクテスとバクテロイデーテスの比率は、イタリアの子どもでは三対一だったのに対し、ブルキナファソの子どもでは一対二であった。

植物性食品に富む食生活は、痩せ型のマイクロバイオータを育てる。アメリカで、ボランティアによる試験がおこなわれた。肉や卵、チーズなど動物性食品を食べるグループと、穀類や豆類、果物、野菜など植物性食品を食べるグループに分かれて腸内微生物がどう変化するかを観察する試験だ。予想どおり、腸内細菌の組成比バランスは変わった。植物食のグループは植物の細胞壁を分解できるタイプの細菌を急速に増やした。動物食のグループは植物好きの細菌を失い、逆に別のタイプの細菌——蛋白質を分解し、ビタミンを合成し、炭化した肉に含まれる発癌物質を解毒するタイプの細菌——を増やした。この試験に参加した男性の一人は、物心がついてからずっとベジタリアンだったが、動物食グループに割り当てられた。その男性が肉食をはじめるやいなや、彼の腸内で試験前は多くいたプレボテラが急減した。そして四日もしないうちに、動物性蛋白質を好む細菌に数の上で追い越された。

なんとすばやい順応性だろう。微生物とチームを組めば、その時点で手に入る食べ物を精一杯利用できる。私たちの祖先はその時々に微生物と協働して、収穫期には食物繊維でできたご馳走を、狩りに成功したときには肉の塊を最大限に利用してきたというわけだ。この方法は、異例なものを食べる集団にはとりわけ役に立つ。たとえば、寿司好きの日本人にとって海苔は食生活の大きな部分を占める。日本人の多くは、海藻に含まれる炭水化物を分解するポルフィラナーゼという酵素をつくる遺伝子をもつ細菌（バクテロイデス・プレビウス）を腸内に棲まわせている。この遺伝子は元来、海藻の共生菌であるゾベリア・ガラクタニボランスの遺伝子だ。日本人の腸内にいるバクテロイデス・プレビウスは、過去のいつかの時点でゾベリア・ガラクタニボランスの遺伝子を盗み取ったようだ。思うに、私たちが多種多様な食べ物から栄養を摂取するのを可能にしている微生物や微生物遺伝子の多くは、当初はその食べ物に共生していた細菌に由来するものなのかもしれない。ヒトはウシを飼うようになって二重の利益を得たと言う人もいる。食肉と乳だけでなく、ウシの腸に棲んでいた繊維分解型の微生物まで得ることができたというのだ。

食物繊維の摂取が減ったことが肥満増加の主犯だと考えたからといって、脂肪と糖に無罪を言い渡していいことにはならない。脂肪分と糖分の多い食生活は、必然的に他の主要栄養分、はっきり言えば複合多糖類が少なくなる。食物繊維のほとんどは炭水化物だ。セルロースやペクチンは非でんぷん性多糖類で、グリーンバナナや全粒粉、種子、そして調理したあと冷ましてから食べるコメや豆類は難消化性でんぷんである。食生活全般において脂肪と糖を含む食品の摂取比率が高まれば、食物繊維を含む食品の摂取比率は下がる。したがって、食生活の変化が肥満の増加を招いたというのなら、それは脂肪と糖が増えたからというより食物繊維が減ったからだと言えるのではないだろうか。

第2章で紹介したパトリス・カニの研究を思い出してほしい。ベルギーのルーヴァン・カトリック大学で栄養代謝学の教授をしているカニは、痩せた人は太った人に比べてアッカーマンシア・ムシニフィラという細菌が腸内に多くいることを見出した。アッカーマンシアは腸壁を覆う粘液層を厚くすることで、細菌由来のリポ多糖が腸壁を越えて血液に入りこむのを阻止している。リポ多糖は血液に入ると脂肪組織に炎症を生じさせ、不健康な体重増加を招く。

カニは、アッカーマンシアで減量が可能になるかもしれないと胸を膨らませて、マウスの餌にこの細菌を加えてみた。期待どおり、マウスはリポ多糖の濃度を下げただけでなく、体重も減らした。しかし、効果は長続きしなかった。この細菌は、絶えず補充し続けないとすぐに減ってしまう。アッカーマンシアの存在量を維持させるにはどうしたらいいのか。そして私たちにもっと関係のある課題、すでにアッカーマンシアが腸内にいたとして、その存在量を増やすにはどうしたらいいのか。

その答えは別の分類群、ビフィドバクテリウム属の細菌（ビフィズス菌）の存在量を増やす実験をしている最中に見つかった。カニは、高脂肪の餌を与えて育てたマウスの腸内でビフィドバクテリウムの存在量が減っているのに気づいた。ＢＭＩ値が高いほどビフィドバクテリウムが少ないのはヒトでも同じだ。カニはビフィドバクテリウムが食物繊維好きであることを知っていたので、高脂肪の餌を与えているマウスに食物繊維を補充してやれば、ビフィドバクテリウムが増え、ついでに体重が増えるのを防いでくれるのではないかと考えた。彼は、バナナやタマネギ、アスパラガスなどに含まれている食物繊維のオリゴフルクトース（フクラトオリゴ糖とも呼ばれる）をマウスの餌に加えた。予想どおりビフィドバクテリウムは増えた。

ところがオリゴフルクトースの餌は、ビフィドバクテリウムも増殖させたが、それより何よりアッカーマンシアを大増殖させていたのである。遺伝的に肥満体のオブオブ・マウスの餌にオリゴフルクトースを加えて五週間後、餌にそれを加えなかった場合と比べてアッカーマンシアは八倍にも増えていた。体重については、遺伝的に太っているオブオブ・マウスに食物繊維を足したときは体重の増え方が遅くなり、高脂肪食で太らせたマウスに食物繊維を足したときは体重が減った。

カニは、高脂肪食で太らせたマウスの餌に、アラビノキシランという別の食物繊維を加えてみた。アラビノキシランは小麦やライ麦などの全粒粉に含まれる食物繊維の主成分だ。アラビノキシランを加えた餌を与えられた高脂肪食マウスは、オリゴフルクトースを加えたときと同じように健康を改善させた。ビフィドバクテリウムを増やし、バクテロイデスとプレボテラの量を痩せたマウスと同程度にまで回復させた。そのマウスは高脂肪食を続けていたにもかかわらず、食物繊維を補充されたことで腸壁のすき間がふさがれ、脂肪細胞が肥大するのではなく活発に分裂するようになり、コレステロール値が下がり、体重増加の速度が落ちた。

「高脂肪食をしているマウスに食物繊維をたくさん与えると、そのマウスは食生活起因性の肥満にならずにすむ」とカニは言う。「そこから推察するに、現代人の問題は、脂肪を多くとりながら食物繊維をとらなくなったことかもしれない。私たちの祖先の食事には難消化性の炭水化物が多かった。現在の私たちと比べて一〇倍の、一日およそ一〇〇グラムの食物繊維を食べていた」

これまでのヒトの進化において太ることは有益で、豊作のときに貯蔵したエネルギーで凶作のときを生き延びることができた。なのに、体重増加が心臓病や糖尿病、癌を引き起こす有害なものになってしまったのはなぜなのか。研究者の多くは、現代人の太り方は人体としての許容限度を超えてしまったのだろうと言う。カニの研究は、進化史においてずっと有益だった仕組みがとつぜん有害なものになった理由を浮かび上がらせた。おそらく、脂肪分の多いものをたくさん食べること自体は別に悪くはないのだろう。食物繊維も同じようにたくさん食べさえすれば、高脂肪食による腸壁へのダメージは防げる。食物繊維を食べることによって腸壁の防御を強化する細菌が増えれば、リポ多糖が血液中に入りこむこともなく、免疫系は平静を保ち、脂肪細胞は肥大することなく分裂して数を増やす。

じつのところ、重要なのは微生物そのものではなく微生物が食物繊維を分解するときに出す物質、短鎖脂肪酸だ。第3章でも述べたように、代表的な三つの短鎖脂肪酸は酢酸、プロピオン酸、酪酸で、微生物が食物繊維を分解したあと大腸に大量にたまる。この微生物の消化活動による副産物は、さまざまな作用の「鍵穴」にぴたりとはまる「鍵」となる。だが、短鎖脂肪酸の働きが私たちの健康に与える影響は、何十年ものあいだ過小評価されてきた。

そんな鍵穴の一つにG蛋白質共役受容体（GPR43）がある。これは免疫細胞の表面にある受容体で、短鎖脂肪酸の鍵がやってきて解錠されるのを待っている。だが、GPR43は何をするためのものなのか？こういうとき生物学では、この受容体をつくる遺伝子の機能を失わせたノックアウト動物がどうなるのかを観察するのが早道だ。ある研究チームは、GPR43ノックアウト・マウスを使った実験に乗り出した。そして、この受容体をもたないマウスはひどい炎症を起こすこと、大腸炎や関節炎、喘息を発症しやすいことを突き止めた。受容体（鍵穴）は正常で、短鎖脂肪酸（鍵）がない場合はどうだろう。無菌マウスの腸には食物繊維を分解する微生物がいないので、鍵をつくることができない。鍵穴はあるのに解錠されない無菌マウスは、やはり炎症系の病気になりやすかった。

この実験結果は、GPR43が微生物とヒト免疫系のコミュニケーション経路であることを意味している。食物繊維好きの微生物は短鎖脂肪酸という鍵をつくって免疫細胞のドアを開け、自分たちを攻撃しないようにというメッセージを伝える。GPR43は免疫細胞だけでなく脂肪細胞にもついている。短鎖脂肪酸の鍵が脂肪細胞のGPR43を解錠すると、脂肪細胞は肥大するのをやめて分裂する。脂肪細胞にとっては細胞分裂するのが健全なエネルギー蓄積法だ。さらに、短鎖脂肪酸の鍵でGPR43を解錠するとレプチンが放出され、満腹中枢が刺激される。食物繊維を食べると満腹感が得られるのはこのためだ。

代表的な三つの短鎖脂肪酸はどれも重要だが、ここではとくに酪酸について触れておきたい。酪酸は「リーキーガット」の謎を埋めるピースかもしれないからだ。これまで私が何度か語ってきたことだが、不健全な微生物集団は、腸壁の上皮細胞を結合させている鎖をゆるめる方向に働く。ゆるんだ腸壁にはす

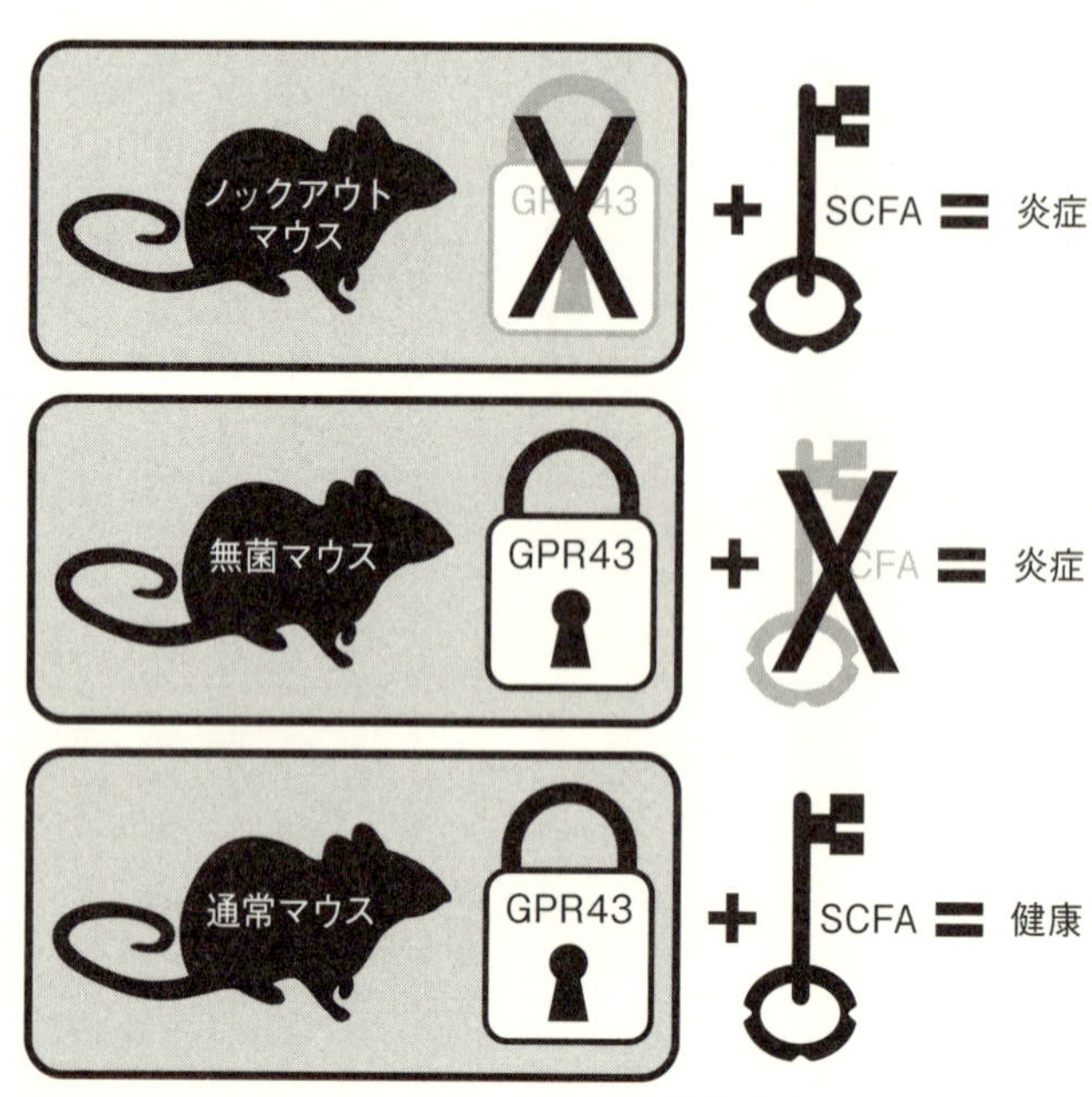

G蛋白質共役受容体（GPR43）の鍵穴と短鎖脂肪酸（SCFA）の鍵の関係

き間ができ、本来なら血液中に入ってはいけない物質を通してしまう。その過程で免疫系が刺激されて起こる炎症が、二一世紀病のいくつかの原因となっている。酪酸の働きは、そのすき間をふさぐことだ。

腸の細胞を結合させている蛋白質の鎖は、人体のあらゆる作用を担っている蛋白質がそうであるように、遺伝子の指示でつくられる。だが、ヒトはそうした遺伝子のコントロール権の一部を微生物に譲渡してしまった。腸壁の蛋白質の鎖をつくる遺伝子の発現量を決めているのは微生物だ。酪酸はそのメッセージを伝える。微生物が酪酸を多く出せば出すほど、ヒトの遺伝子は多くの蛋白質の鎖をつくり、腸壁は堅固になる。腸壁を堅固にするのに必要な条件は二つある。まずは正しい微生物だ（特定の食物繊維を小さな分子に分解するビフィドバクテリウムや、その小さな分子を酪酸に変換するフィーカリバクテリウム・

プラウスニッツィ、ロセブリア・インテスチナリス、エウバクテリウム・レクタレなど）。そしてもう一つは、そうした微生物の餌となる食物繊維をあなたが多く食べることだ。そうすれば、あとは勝手にやってくれる。

パトリス・カニをはじめとする研究者たちの発見は、食生活が体重にどう影響するのかについて、新たな見方を提示してくれた。ヒトの体重は、単に「カロリーイン、カロリーアウト」の差し引きだけでなく、食生活（とくに食物繊維の摂取量）と微生物、短鎖脂肪酸、腸壁の透過性、慢性炎症の相互作用の影響を受ける。肥満は単なる過食の結果ではなく、エネルギー調整の不具合による病気なのだろう。カニは、貧しい食生活もまた体重増加につながると考えている。抗生物質を含めマイクロバイオータを乱すものは何であれ、それがリポ多糖を血液中に入れてしまうものなら体重増加を招くだろう。

では、ケーキを食べても豆類を同時に食べればいいということだろうか？　まあ、たぶんそういうことだ。食物繊維の摂取量の少なさと肥満に関連性があることを示す研究は続々と発表されている。アメリカの若年成人を対象にした研究では、脂肪の摂取量に関係なく、食物繊維の摂取が多いとＢＭＩ値が低くなることが示された。七万五〇〇〇人の女性看護師を一二年間追跡した別の研究では、未精製の穀類を好む人（食物繊維の摂取が多い人）は、精製された穀類を好む人（食物繊維の摂取が少ない人）よりＢＭＩ値が一貫して低かった。低カロリー食に食物繊維を追加すると減量を促すことを示した研究もあった。一日一二〇〇キロカロリーのダイエットを六か月続けたとき、食物繊維を補充した女性たちは体重が八キロ減ったが、プラセボ群は五・八キロしか減らなかった。

食物繊維を増やした食生活を長く続けることの効果を調べた研究もある。二五〇〇人のアメリカ女性の体重と食物繊維の摂取量について二〇か月追跡したところ、一〇〇〇キロカロリーにつき食物繊維が一グラム増えると体重は〇・二五キロ減っていた。これだとたいしたことないように思えるが、一〇〇〇キロカロリーあたり八グラム食物繊維を増やした女性は二キロ減量していた。一日二〇〇〇キロカロリーという典型的な食生活なら、一日の食事に小麦ふすま半カップと調理したエンドウマメ半カップを加えればいい。

炭水化物については注意すべき点がある。脂肪や食物繊維と同じく炭水化物にも、いろいろなものがある。低炭水化物ダイエットを支持する人はすべての炭水化物を「悪い」と決めつけるが、砂糖もレンズマメも炭水化物だということを考えてみてほしい。ケーキは六〇％が炭水化物でできている。精白小麦粉と砂糖が入っているケーキは小腸ですばやく吸収される。ブロッコリーもおよそ七〇％が炭水化物だ。だがその半分は食物繊維で、微生物によって分解・消化される。炭水化物を含む食品の範囲は広い。純粋な砂糖から、精白小麦粉でつくられた白パン、難消化性の食物繊維を多く含む玄米までいろいろある。低炭水化物ダイエットで小さじ一杯のジャムと芽キャベツ一個を同じように悪者扱いして避けてしまうと、食物繊維の摂取量が少なくなる。

あなたの体内での炭水化物の働きは、その炭水化物に含まれる分子の種類に大きく左右される。分子によって、あなたが吸収するカロリー量はもちろんのこと、腸内で繁栄する微生物の種類、食欲や脂肪として蓄積するエネルギーの量、蓄積したエネルギーを使う速度、細胞内で起こる炎症の度合いまで変わる。「炭水化物とひとくくりにしてしまっては意味をなしません。重要なのは、それが小腸で吸収されるか、短鎖脂肪酸に変換されたあと大腸で吸収されるかなのです」と、レイチェル・カーモディは指摘する。

食物繊維の含有量は、粉砕したり絞ったりした場合も変わる。全粒小麦なら一〇〇グラム中に食物繊維は一二・二グラム含まれているが、同じ重量の全粒小麦を挽いて粉にすると繊維含有量は一〇・七グラムになる。全粒小麦を精製した白小麦粉では三グラムにまで落ちる。二五〇ミリリットルの絞りたてフルーツ・スムージーには二グラムか三グラムの食物繊維が含まれているが、果物をそのまま食べれば六グラムか七グラム摂取できる。二〇〇ミリリットルの容器入りオレンジジュースに含まれる食物繊維はおそらく一・五グラムほどだろうが、オレンジ四個を髄まで絞った同量の生ジュースなら、八倍の一二グラムの食物繊維を摂ることができる。

もう一つ、マイクロバイオータに関係しそうな「生食ダイエット」について触れておこう。昨今、食材をなるべく生(なま)に近い状態で食べるという主義が一部の人たちのあいだで流行している。その人たちは、ハーヴァード大学のヒト進化生物学教授でカーモディの院生時代のアドバイザーだったリチャード・ランガムの理論を信奉している。ランガムは、ヒトは食物を火で料理するようになってから大きな体と大きな脳をもつ種に進化した、と考えている。カーモディが大学院時代に発見したように、動物性食品も植物性食品も加熱することによって化学構造が変化し、生のままでは吸収できない栄養成分をとりこめるようになる。加熱した食物は、微生物から見ても消化可能な餌となる。さらに、加熱することで、そのまま食べると腸内の有益な微生物を殺しかねない植物の天然毒素が中和される。

生で食べると体重が減るというのは間違っていない。生の食材には吸収できるカロリーが少ないのだから当然だ。実際、この方法は減量効果がありすぎて、逆に健康を損なう。「生食主義を長くやると、健康的な体重を維持できなくなります。大量に食べ、大量にカロリーを摂っても、体重は減り続けます。このダイエット法を厳格に守った人は重症のエネルギー不足に陥り、生殖可能年齢にある女性なら排卵が止まってしまうでしょう」とカーモディは言う。進化の観点から考えても、生食主義が正しい戦略でないのは明らかだ。料理は、単なる技巧ではないはずだ。ヒトは生理的に加熱調理したものを食べることに適応しており、だからこそ私たちはいまも加熱調理して食べている。加熱したものを食べることは腸の微生物群にも何らかの好影響を与えているはずであり、カーモディはいま、それを解き明かすべく努めている。

食物不耐症の謎

食物繊維が体にいいのだとすると、なぜ小麦やグルテンに不耐性がある（小麦やグルテンをうまく消化できない）人がこれほど多いのだろうか。小麦その他の全粒粉は食物繊維に富んでいる。全粒粉が心臓病や喘息のリスクを減らし、血圧を改善し、脳卒中を予防することは、数多くの研究が証明している。だが、昨今流行のグルテン・フリー・ダイエットは、小麦やライ麦、大麦に含まれるグルテンが「悪い」という考えに立脚している。

グルテンはパンに入っている蛋白質だ。パン生地をこねる過程で生成され、イースト菌が出す二酸化炭素をとりこみながら膨張する。パンがやわらかく、ふっくらしているのはグルテンのおかげだ。グルテンは大きな分子で、この分子の鎖は真珠のネックレスにも似ている。グルテン分子の鎖は、小腸内でヒトの酵素がおおまかに切り離す。短い鎖となったグルテン分子は大腸に行く。

グルテンやラクトース（乳糖）、カゼインなどを一切含まない食品という意味の「〇〇フリー・フード」をレストランやスーパーマーケットで見かけることなど以前は考えられなかったが、この一〇年で市場にあふれかえるようになった。この手の食品はもはや、アレルギーや不耐症を抱える患者向けの「特別食」ではない。有名人が広めたこともあって、ふつうの健康な人までがライフスタイルの一環として買うようになっている。さらに最近は、特定の食品を単に避けるだけでなく悪者扱いする風潮まで生まれている。ヒトは小麦を食べるようにはできていない、とか、乳製品を摂取するのは不自然だ、といったことを、さも当然のように言う人が増えた。なかには、異なる生物種の乳を飲む動物はいない、そんなことをするの

「バブル・ボーイ」ことデイヴィッド・ヴェッター（右）。遺伝疾患の重症複合型免疫不全症のため、1971 年に生まれてから 1984 年に死ぬまでずっと無菌空間に隔離されて育った。この少年は共生微生物をほとんど抱えずに生きた唯一の人間である。

第二次世界大戦後に一般利用が可能になったペニシリンは、それまで治療法のなかった淋病などの感染症の脅威を終わらせた。

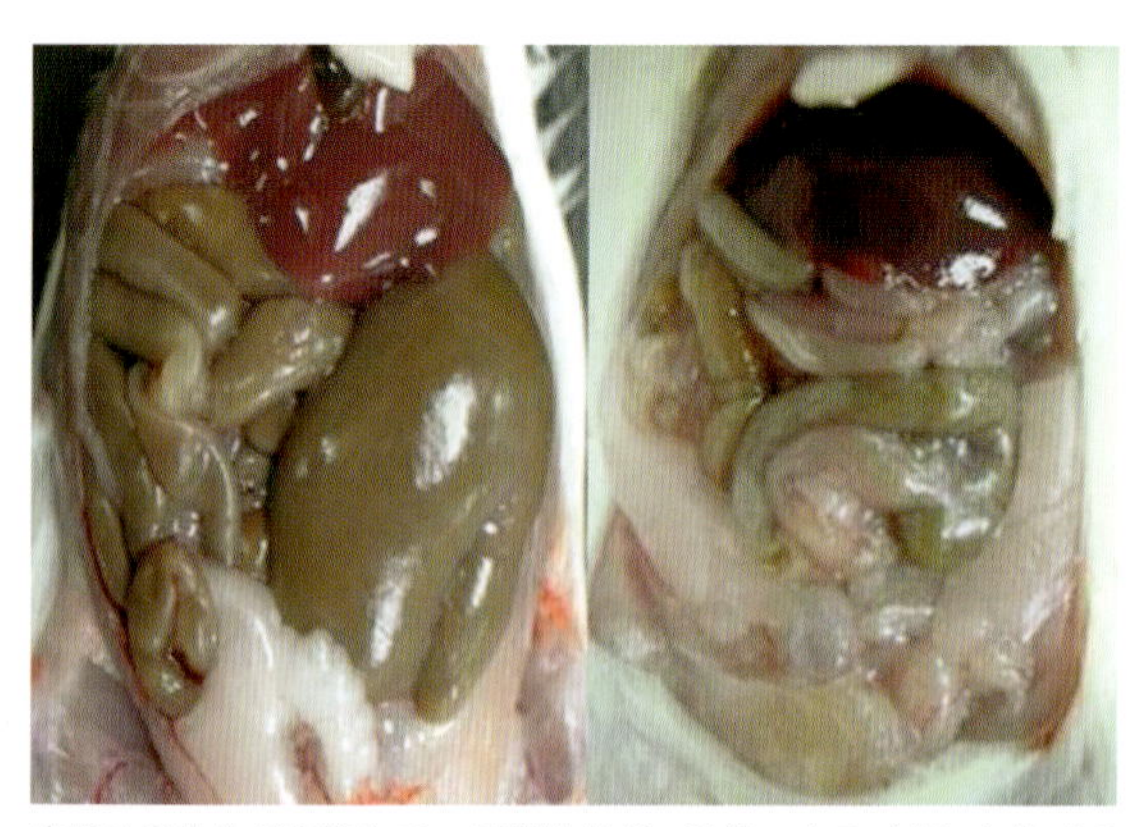

盲腸は微生物が密集している部位だが、通常マウス（右）と比べて無菌マウスではなぜか肥大化している（左）。このように消化管が劇的に変形する理由は不明。

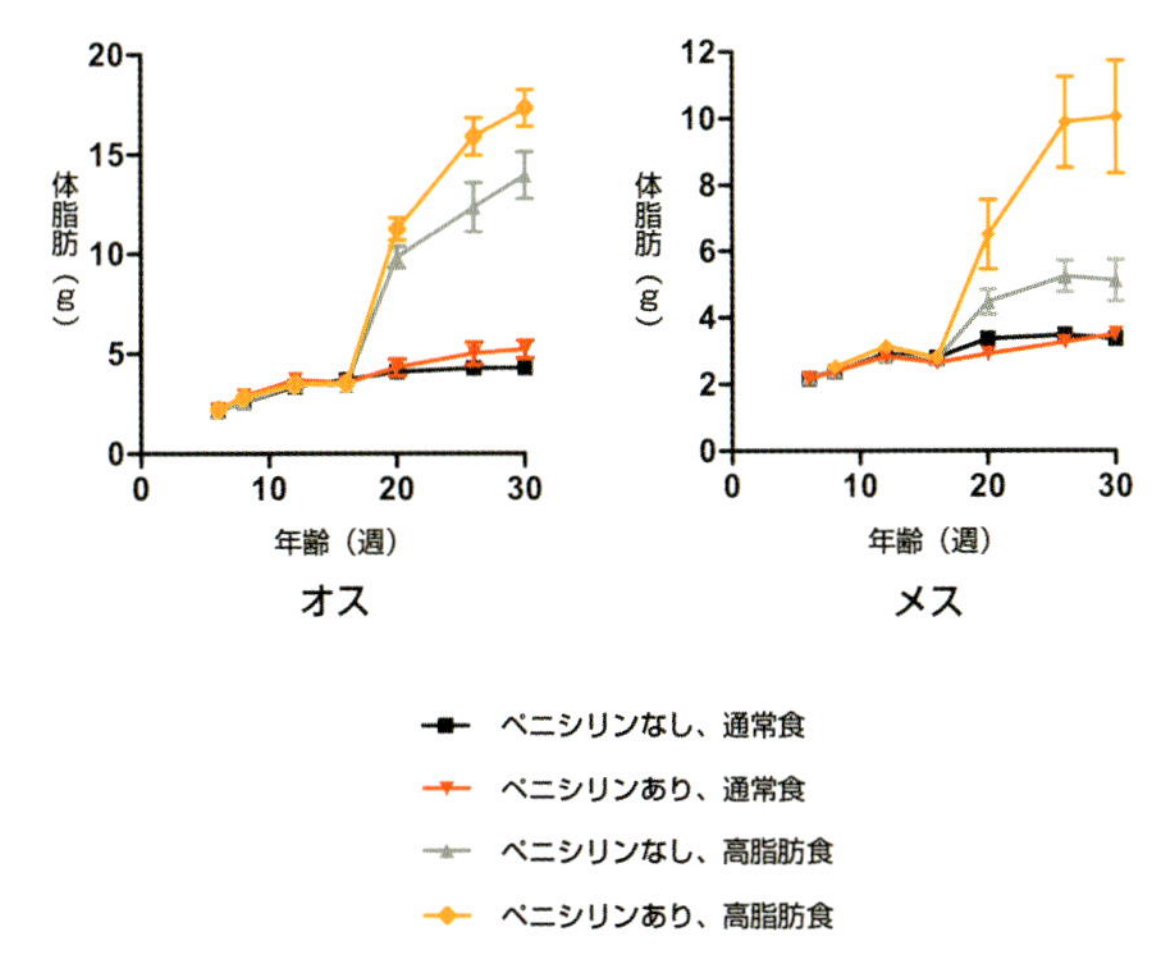

高脂肪食を与えたマウスは通常食を与えたマウスより体脂肪が増えるが、出生直後から毎日低用量の抗生物質のペニシリンを与えると体脂肪の増加率が大幅に上がり、脂肪組織がより多く蓄積される。

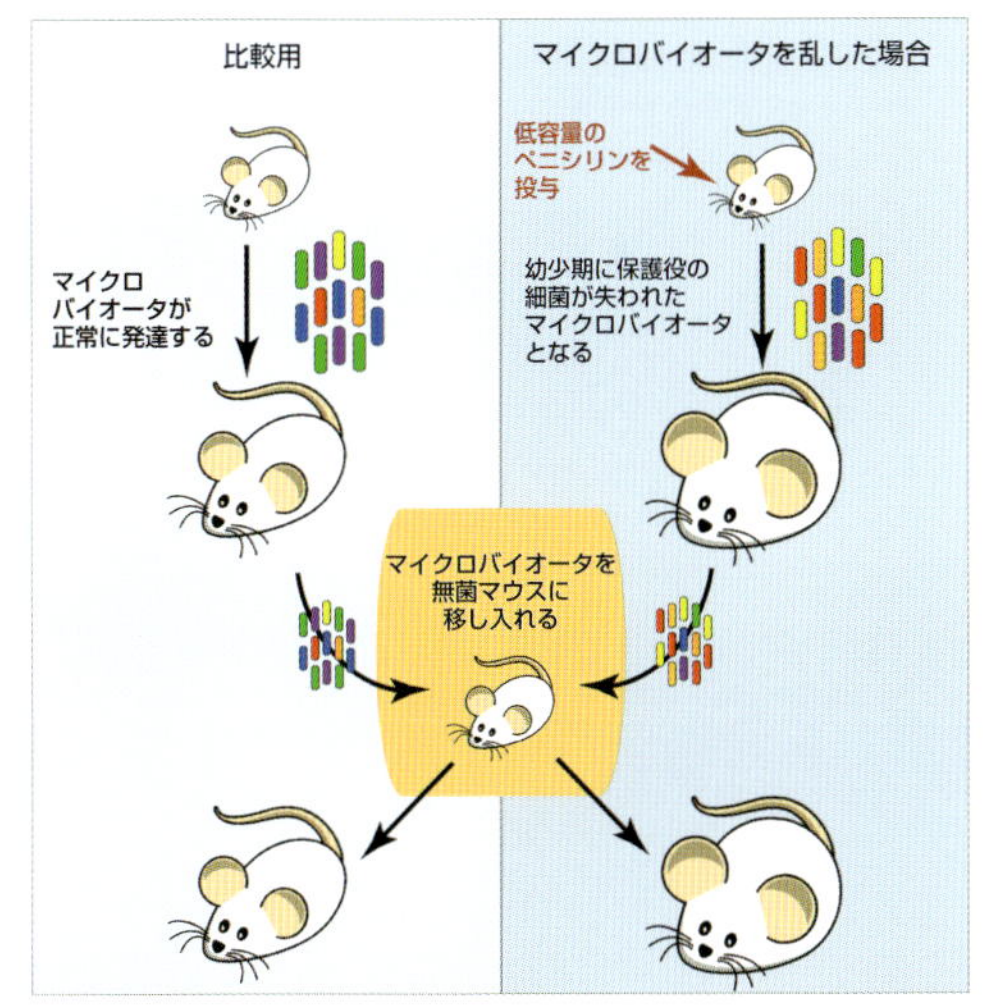

出生直後から低用量のペニシリンを投与していたマウスの腸内微生物を無菌マウスに移すと、それを移されたマウスは太った。比較のため、ペニシリン投与をしなかったマウスの腸内微生物を無菌マウスに移した場合は太らなかった。

流産後の感染症で重態に陥り、ペニシリンではじめて命を救われたアン・ミラー（中央）。この写真は回復後に撮影された。向かって右側に写っているのはサー・アレクサンダー・フレミング。左側の男性がどなたであるかは確認できず。

現代の欧米のスーパーマーケット。動物由来とも植物由来ともわからないような加工食品の箱がずらりと並んでいる。そのほとんどは原材料に比べて食物繊維の含有量が極端に低い。

コアラにはユーカリの葉を消化するのに必要な遺伝子がない。コアラの赤ん坊は母親の「パップ」を食べることで、植物性の繊維を分解する細菌のコロニーを得られる。

マルカメムシは卵から孵ったあと、卵のそばに母が置いていった微生物入りカプセルの中身を吸う。このカプセルがないと、マルカメムシの子どもはカプセルを捜し歩く。

ペギー・カン・ハイは交通事故による足の手術を受けたあと、耐性菌クロストリジウム・ディフィシル感染症が腸内に発生した。彼女は夫からの糞便移植を受けて回復した。

HEALTHY VOLUNTEERS – GET PAID FOR YOUR POO!!

$600 for 30 donations

We are looking for healthy people, 18-65 years old, to be "Stool Donors" for a clinical trial assessing "Faecal Transplantation" in patients with inflammatory bowel disease

Donors will need to drop off donations before 9:30am to Five Dock, Monday-Friday each day for 6 weeks

Please contact Dept of Research at the Centre for Digestive Diseases, Level 1, 229 Great North Road, Five Dock, NSW 2046 on (02) 9713 4011 (prompt 2) for more information

This study has been approved by St Vincent's HREC, reference HREC/13/SVH/69

オーストラリアの消化器疾患センターの胃腸科学教授トム・ボロディによる、炎症性腸疾患の患者に糞便移植をする臨床試験のドナーを募集する広告。

マサチューセッツを拠点とする糞便バンク「オープンバイオーム」の登録ボランティアは、糞便を提供するたびに患者を救い、小金を得る。

size of poop | # of people treated

50g
100g
150g
200g
250g
300g
350g
400g
450g

THE MOST IMPORTANT THING YOU'LL DO ALL DAY!

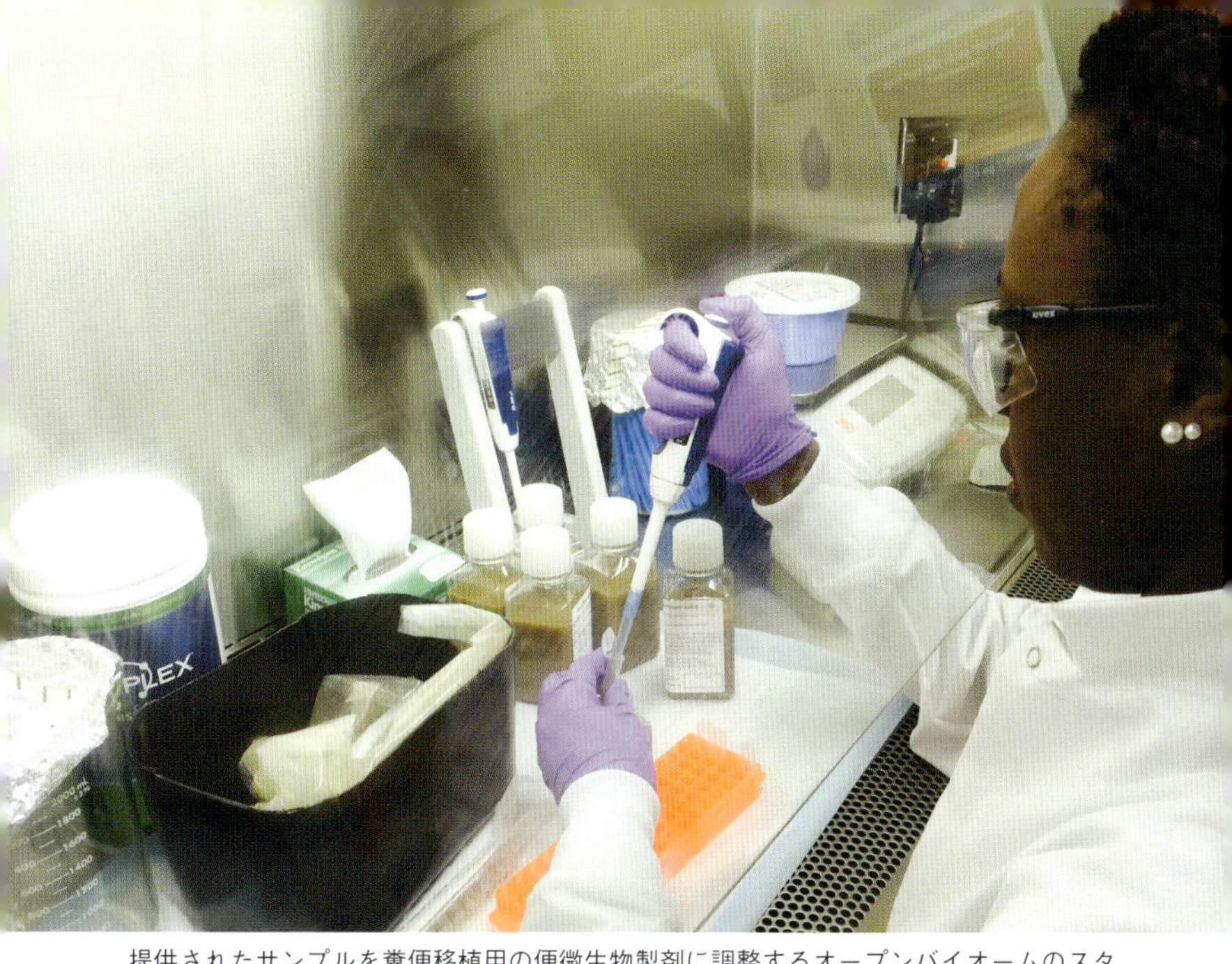

提供されたサンプルを糞便移植用の便微生物製剤に調整するオープンバイオームのスタッフ、メアリ・ンジェンガ。調整後はアメリカ中の病院や診療所にいるクロストリジウム・ディフィシル感染症患者に送られる。

オープンバイオームの登録ドナーを希望する人は、肥満やアレルギー、自己免疫疾患、心の病気など腸内細菌関連の健康問題がないかどうかスクリーニングされる。応募者のうち、ドナーとして合格するのはごく少数である。

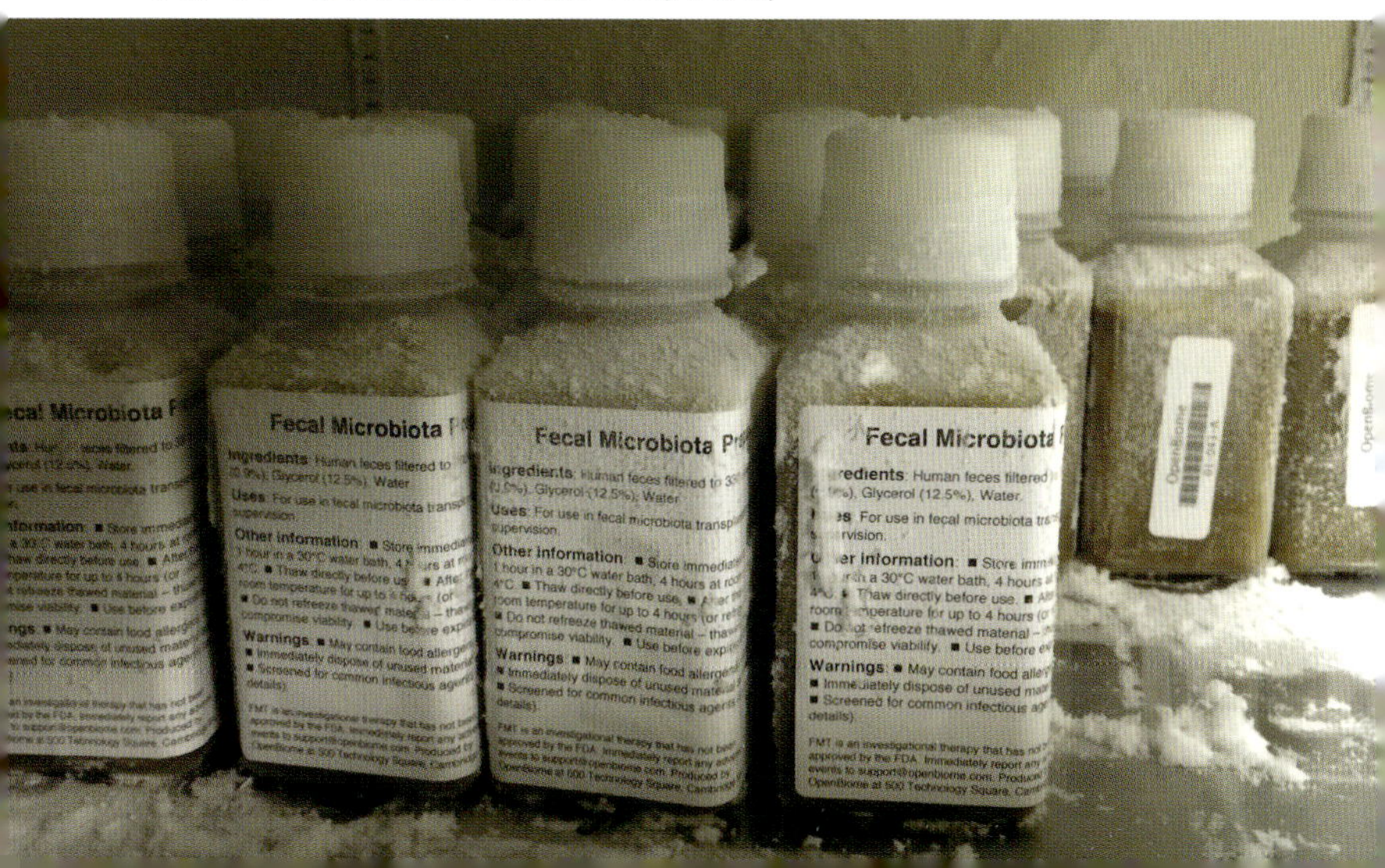

ハワイヒカリダンゴイカは腹部に発光性の細菌を棲まわせている。捕食者が下から見上げたとき、その細菌が発する光がカムフラージュとなり、ハワイヒカリダンゴイカは生き延びる可能性が高まる。ヒトに共生している複雑な微生物共同体も、私たちが健康で幸せでいられるチャンスを高めてくれている。

はヒトだけだから「悪い」のだ、と主張するウェブサイトまである。インターネットには科学的根拠のないメッセージがあふれている。

小麦や乳製品、それらに含まれるグルテン、カゼイン、ラクトースを、ヒトは新石器革命が起こった一万年前ごろから何の問題もなく摂取してきた。消化できない人が急増したのはごく最近だ。ここで、ボストンのマサチューセッツ小児総合病院で働くイタリア生まれの胃腸科医、アレッシオ・ファサーノの話に戻ろう。彼はコレラのワクチンを開発しようと研究しているとき、腸壁の細胞をつないでいる鎖をゆるめて透過性を高める蛋白質ゾヌリンを発見し、これがセリアック病を引き起こしていることに気づいた。セリアック病患者では、ゾヌリンの過剰により何らかの形で腸壁にすき間ができ、そこから流入するグルテンが自己免疫反応を誘引して患者の腸の細胞を攻撃する。

セリアック病は過去二〇～三〇年で劇的に増えた。いまのところ、グルテンを徹底的に避けることしか対処法はない。しかし、セリアック病でない人までグルテンを避けているのはどういうわけだろう。グルテン不耐症を自称する人が何百万といて、特別食のメーカーを喜ばせ、多くの医者を戸惑わせている。グルテン・フリー・ダイエットを勧める人は、グルテンを排除すると膨満感がなくなりお腹の調子がよくなっただけでなく、肌がつやつやしてきて気力と集中力がアップするという。過敏性腸症候群の患者はとくにこのダイエット法に熱中する。ラクトース不耐症の人はもっと多くいるため、スーパーマーケットは現在、ラクトース・フリーの商品を店頭で欠かすことのないよう仕入れている。

だが、小麦と乳製品がそれほどトラブルを起こすのなら、なぜ私たちの祖先は小麦や乳製品を食べることにしたのだろうか。ミルクに含まれる糖であるラクトースについていえば、ヒトは世界各地で「ラクターゼ持続症」と呼ばれる特質を進化させてきた。私たちはみな、赤ん坊のときはラクトースを消化できる。

ラクトースは母乳にも含まれているからだ。ヒトはラクトースを専用に分解する酵素、ラクターゼをつくる遺伝子をもっている。新石器革命より前は、この遺伝子は幼少期を過ぎるとスイッチが「オフ」になった。ラクターゼをつくる必要がなくなるからだ。だが新石器革命の進行中に、一部のヒト集団が動物を飼いはじめた。こんにちのヤギやヒツジ、ウシの祖先をだ。それに合わせて、この集団はラクターゼをつくる遺伝子を持続させる能力を獲得した。母乳を飲まなくなっても死ぬまでこの遺伝子はオフにならない。

ラクターゼ持続症への自然選択は、進化の時間感覚からするとかなり速いスピードで起こった。大人になってもラクトースを消化できる人は生存と生殖に有利だったからだろう。ラクターゼ持続症が中東に現れてからほんの二〇〇〇年ほどで、ヨーロッパ中の人がラクトースを消化できるようになった。現在では、北欧と西欧の九五％の人が大人になってもミルクを飲める。ほかの地域でも、山羊飼いをしているエジプトのベドウィン族や牛飼いをしているルワンダのツチ族など動物の群れと暮らしている集団は、ヨーロッパ人とは別の突然変異を通じて進化し、それぞれラクターゼ持続症を獲得した。

こんにち多くの人がグルテンとラクトースを受け入れられなくなったことが、「ヒトは小麦や乳製品を食べるようにはできていない」という主張の根拠になるとは思えない。私たちの祖先、とりわけヨーロッパ人の祖先は数千年ものあいだ平気で食べてきたのだ。たかが六〇年の生活様式の変化が、一万年ものヒトの進化を打ち消すことなどありうるだろうか。いや、なにもラクトース不耐性の人たちが嘘をついていると言っているわけではない。私が言いたいのは不耐性が実際の現象かどうかということではなく、そうした不耐性の原因はヒトゲノムではなく損傷を受けているマイクロバイオームにあるのではないか、ということだ。私たちは小麦を食べることに適応している。私たち、とくにヨーロッパ人は大人になってもラクトースを分解できるよう進化してきた。なのに、これらの食品に過剰反応するようになってしまったらしい。

そう、問題を引き起こしているのは食品そのものではなく、その食品に対する体内での反応だ。グルテンに過敏な人は、セリアック病患者のような腸壁のすき間はできていない。そのかわり、腸内細菌のバランスが崩れて免疫系がグルテンに過度に反応するようになった。さらに厄介なことに、軽くてふわふわのパンを求めて小麦のグルテン含有量がかつてないほど高まってしまい、それがすでに敏感になっている免疫系を刺激しているのではないだろうか。私としては、腸内細菌のバランスを修復して新石器革命後に築いてきた友好な関係を取り戻せば、グルテンやラクトースと縁を切らずにすむのではないかと思っている。

アメリカのフードライター、マイケル・ポーランの有名な文章に「本物の食べ物を食べよう、ただし食べ過ぎず、野菜中心で」というのがある。彼は、マイクロバイオータの重要性がまだ知られていなかった時代にこの文章を書いたのだが、いまからふり返ると、まさに真理を言い当てていたとわかる。合成保存料で無理やり「新鮮さ」を保ち、信じられないほど長い賞味期限を保証した加工食品は食べないほうがいい。食べるときは、膵臓や脂肪組織や食欲の許容量を超えてまで腹の中に詰めこんではならない。そして、野菜は私たちと微生物の双方に栄養を与え、健康と幸せを左右する微生物のバランスをよくしてくれることを忘れないようにしよう。

この章では食物繊維を例にして語ったが、食べ物に含まれる栄養成分はどれも単体で作用しているわけではない。どんな栄養成分にもプラスとマイナスの面があり、それが複雑に絡み合っている。脂肪にはいろいろな形があるし、炭水化物の分子もいろいろなサイズがある。すべてはあなたの食生活全体の枠組みの中で、どう作用するかにかかっている。脂肪は悪くて食物繊維がいいと言うだけでは不充分だ。どんなダイエット法が流行しようと、「何事も適度に」という古くからの格言以上に正しいものはない。食物繊維の価値は、ヒトいう種が草食性から出発して現在の雑食性に至った進化の過程で育んできた微生物集団がいてこそ発揮される。食物繊維好きの微生物のホームグラウンドである大腸と、その微生物の待機所である虫垂を備えたヒトの消化器系の構造は、私たちが肉食動物ではないこと、植物を主食としてきたことを教えてくれる。私たちが見落としている栄養成分は食物繊維だ。それはすなわち、私たちが植物を食べることを忘れていることを意味する。

私は折りにふれ、毎日食べるという生理学的な義務があることに幸せを感じる。食べることは人生の最大の喜びであり本質でもある。ヒトの活動において食べることほど楽しく、また生きるために不可欠なことはない。しかし、食べることにまつわる快楽と生命維持の二つの側面にはバランスが必要だ。皮肉なことに、季節にかかわりなく種類も新鮮さも栄養面でもいちばんいい食べ物を手に入れられる先進国で、多くの人が栄養失調ではなく飽食のせいで死んでいる。砂糖と塩、脂肪、保存料まみれの食品を製造している多国籍企業を非難するのは簡単だ。狭いところで薬漬けにして飼育している畜産業にも問題はある。栄養摂取の最適バランスを医者や科学者がよく知らないのも事実だ。しかし、最終的に自分自身と子どもが何を食べるかを決めているのは私たちであり、そこには自由と同時に責任がついてまわる。

あなたはあなたの食べたものでできている、とはよく聞く言葉であるが、あなたはあなたの微生物が食べたものでできている、とも言える。食事のたびに、あなたの微生物のことをちょっと思いやってみてはどうだろう。あなたの微生物は今日、どんなものを欲しがっているだろう?

第7章　産声を上げたときから

コアラの子どもは生後六か月になると母親の腹袋から顔を出すようになる。そして、母乳だけに頼る食生活からユーカリの葉を食べる食生活への移行がはじまる。大半の草食動物から見て、ユーカリの葉は食欲をそそらない食べ物だ。ごわごわしていて、有毒で、栄養成分はほとんどない。コアラの哺乳類としての遺伝子に、ユーカリの葉からわずかでも栄養を引き出せるような酵素をつくる能力はない。だが、コアラは別の方法でこの問題を解決した。ウシやヒツジと同じように微生物を利用して、繊維質の多い植物性の食べ物から大量のエネルギーと栄養分を取り出すことにしたのだ。

ただし、生まれたばかりのコアラの腸にはユーカリの葉を分解する微生物がいない。その腸に微生物の「苗」を植えるのは母親の仕事だ。そのときが来ると、母コアラは「パップ」という糞便に似た離乳食を出す。消化しやすく分解されたユーカリの葉と腸内細菌の混合物であるパップは、生まれたばかりのコアラの腸に微生物を届けると同時に、その微生物が群生するのに必要な微生物の餌を与える。腸内にコロニーが定着すれば、幼いコアラは消化能力を備えたミクロな協働集団を得て、ユーカリの葉を食べられるようになる。

母が子にマイクロバイオータを授けることは哺乳類以外の動物もやっている。母ゴキブリは自分のマイクロバイオータを「菌細胞」という特別な細胞に保存しておき、産卵直前に菌細胞の中身を体内で放出する。産み落とされた卵にはすでに微生物がとりこまれているというわけだ。一方、カメムシはコアラと似ていて、産卵後の卵の表面に微生物入りの糞を塗りつけておく。卵から孵ったカメムシはすぐさま母の糞を食べる。別の種であるマルカメムシは微生物なしで卵から孵ったあと、卵のそばに母が置いていった、微生物のつまったカプセルの中身を吸う。このカプセルが不在だと、マルカメムシはカプセルを求めて付近を歩きまわる。鳥類や魚類、爬虫類などでも卵の段階で、または卵が孵ってからマイクロバイオータが母から子に受け継がれることが知られている。

種によって方法は違っても、生きていくのに最良の微生物一式を母から子に与えるのはほぼ普遍的なことのようだ。これだけ普遍的なのは、生き物が微生物と共生することに進化的なメリットがあるからだ。ある生物が卵に糞を塗りつけたり細菌を飲みこんだりすることを恒常的におこなっているなら、それはその種がそうふるまうように進化したからだ。そうすることで生存と生殖のチャンスが高まったのに違いない。では、ヒトはどうだろう。微生物と共生することで私たちが利益を得ているのはわかったが、その微生物集団を子孫にどうやって引き継いでいるのだろう。

細胞の数だけで言うなら、赤ん坊はこの世に生まれて最初の数時間で「大半がヒト」の状態から「大半が微生物」の状態に切り替わる。子宮内部の羊水につかっているとき、胎児は外界の微生物からも母親の微生物からも守られている。だが、破水と同時に微生物の入植がはじまる。赤ん坊は産道を通るとき、微生物のシャワーを浴びる。ほぼ無菌状態だった赤ん坊を、膣の微生物が覆っていく。

産道から顔を出すとき、赤ん坊は膣の微生物とはまた別のタイプの微生物を受けとる。そう、誕生直後に母親の糞便を摂取するのはコアラだけではないのだ。子宮収縮ホルモンの作用と降りてくる胎児の圧力を受けて、陣痛中や出産時にほとんどの女性は排便する。赤ん坊は顔を母親のお尻の側に向けて頭から先に出てくる。そして母親がつぎの陣痛に備えて体を休めているあいだ、赤ん坊の頭と口はうってつけの位置に来る。あなたは本能的に顔をしかめるかもしれないが、これは幸先のいいスタートだ。母から子への最初の贈り物、糞便と膣の微生物が無事に届けられることになるのだから。

これは進化的に「適応した」誕生だ。肛門が膣口のすぐそばにあるのも、子宮収縮ホルモンが直腸を刺激して排便を促すのも、別段悪いことではない。自然選択は、それが赤ん坊の役に立つから選んだのだろう。あるいは、少なくとも害にはならないから排除しなかった。微生物とその遺伝子――母のゲノムとうまく調和して働いていた遺伝子――を受けとった赤ん坊は、希望に満ちた人生のスタートを切る。

新生児の腸内細菌を、母の膣と糞便と皮膚、父の皮膚から採取した四種類のサンプルと比べると、新生児の腸内でコロニーをつくっている菌種や菌株は、母の膣内のそれと最も近い。いちばん多いのはラクトバチルス属とプレボテラ属の細菌だ。これらの膣内細菌は少数精鋭で、母親の腸内細菌と比べると多様性はずっと少ないが、新生児の発達途上の消化管で特別な任務を負っているのだろう。ラクトバチルスのいるところに病原体は存在しない。クロストリジウム・ディフィシルも、緑膿菌も、連鎖球菌もいない。こうした厄介者はラクトバチルスに押しのけられて足場を築くことができない。ラクトバチルスは乳酸菌と総称されるグループの一部で、ミルクをヨーグルトに変える細菌もここに含まれる。ラクトバチルスがつくる乳酸（ヨーグルトに酸味を与える物質）がある場所は、他の細菌にとって居心地が悪い。また、ラクトバチルスは自分で抗生物質をつくり出す。この抗生物質はバクテリオシンと呼ばれ、新生児の無垢な腸内に入ってこようとする病原体を殺す役割を果たしている。

だが、なぜ赤ん坊の腸内にコロニーをつくる微生物が、母親の腸内ではなく産道にいる微生物と似ているのだろう。腸内細菌は食物の消化を助けるものなのだから、同じ腸内細菌のほうが向いているはずなのでは？　医者や女性の多くはラクトバチルスが膣内で栄えていることに気づいている。膣カンジダ症（イースト菌感染）になったとき、生のヨーグルトを塗布するといいというのは伝統的な民間療法の一つだ。以前は、膣に乳酸菌がいるのは膣を感染症から守るためだと信じられていた。それはそれで大変ありがたいことではあるが、本来の目的は別にある。

膣にいる乳酸菌はミルクを餌にする。ミルクを乳酸に変換する過程でラクトース（乳糖）を取り出し、それをエネルギーとして使う。赤ん坊もミルクを飲んで、ラクトースをグルコースとガラクトースという二種類の単糖に分解し、それを小腸から血液中に吸収してエネルギーとして使う。小腸で分解・吸収しきれなかったラクトースは無駄にはならず、乳酸菌の待つ大腸に行く。そう、赤ん坊が産道で出合うラクトバチルスは、膣を守るために膣にいるというより、赤ん坊の腸内にコロニーをつくらせるためにそこにいる。乳酸菌は膣にずっといるから膣のための細菌だと思いがちだが、赤ん坊のための細菌でもあり、出産のときが来るまでそこで待機しているのだ。現代の先進国でこそ女性の出産回数は減ってしまったが、本来なら膣の乳酸菌の出番はもっと多かった。膣は出発ゲートとして、赤ん坊を最適な状態で人生航路に送り出せるよう進化してきたのだろう。

人生最初の日々を乳酸菌の恩恵を受けて過ごす赤ん坊も、やがてはミルク以外のものを消化できる腸内細菌、つまり母の腸内細菌が必要となる。じつは赤ん坊は、出産時に出合う糞便とは別に、母の膣から腸内細菌の一部を得ている。妊婦の膣に棲む微生物の組成比はそうでない女性のそれとは違い、通常の膣内細菌のほかに、いつもは腸内にいる細菌が交じっている。

たとえばラクトバチルス・ジョンソニイという細菌種は、ふだんは小腸にいて胆汁を分解する酵素を生成している。だが妊娠中は膣内での存在量が急上昇する。この細菌は攻撃的な性格をもち、脅威となる細菌を殺す抗生物質のバクテリオシンを大量に生成し、自身の増殖域を広げる。そのため、赤ん坊の腸にあれば役に立つ。

妊娠中、膣のマイクロバイオータは多様性を狭める方向に移行する。新生児に「苗」を植えつける準備として、重要な微生物に的を絞ろうということなのかもしれない。赤ん坊の腸のマイクロバイオータは、植えつけられた「苗」が集落になるころにはそこそこ多様になっている。母の膣からもらった細菌だけでなく、糞便からもらった細菌が加わるからだ。だが、この最初にできる集落もまた、すぐに規模を縮小させられる。ミルクの消化を助ける細菌が優勢になるからだ。これは私の推測だが、母の糞便からやってきた細菌は、あとで必要になればいつでも出ていくつもりで、虫垂という隠れ家にいったん引っこんでしまうのではないだろうか。

赤ん坊の腸内に棲みついた初期のコロニーは、数か月あるいは数年かけて発展していくマイクロバイオータの基礎となる。地質活動で新しくできた土地に生命が展開するようすを想像してみよう。岩石しかなかったところにまず地衣類が進出し、つぎに苔が生え、それがくり返されるうちに土ができ、そこに小さな植物が生え、やがて低木や高木が育つ。そしていつの日か、イギリスのナラの森やアメリカのブナとカエデの森に、あるいはマレーシアの熱帯雨林になる。それと同じように、何もなかった腸にまず乳酸菌を中心とするシンプルなマイクロバイオータができる。それを出発点に、どんどん複雑に多様になっていく。これは生態遷移と呼ばれる現象だ。それぞれの段階で栄えた生物が、つぎの段階で栄える生物に必要な栄養源となって、生態系の組成が移り変わっていく。

ミクロな生態遷移は赤ん坊の腸の中だけでなく、皮膚の上でも起こっている。最初に入植する微生物は、つぎの段階で栄える微生物を決める。ナラの森がドングリを産し、熱帯雨林が果物を産するように、マイクロバイオータは成長途上の赤ん坊のための多様な物質をつくり出し、それが赤ん坊の代謝作用を鍛え、免疫系を教育する。免疫細胞も組織も血管も、マイクロバイオータの指示の下に育ち、発達する。マイクロバイオータの指示は、微生物それぞれの利益を追求したものであると同時に、ヒトにとっても役立つものだ。母の膣から健康な微生物の「苗」を植えつけてもらった赤ん坊は、微生物と健全な提携関係を築きつつ人生をスタートする。

産道にいる微生物

なんとすばらしい門出（かどで）だろう。問題は、多くの赤ん坊が母親の膣を通らずに生まれていることだ。経膣出産より帝王切開のほうが普及している地域まである。ブラジルと中国では半数近くの女性がお腹を切り開いて赤ん坊を取り出している。病院のない農村部で帝王切開がほとんどおこなわれていないことを計算に入れると、ブラジルと中国の都市部における帝王切開の実施率はもっと高くなる。リオデジャネイロには出産件数の九五％が帝王切開という病院もある。アデリル・カルメン・レモス・デ・ゴエスが二〇一四年に経験したことは、ブラジル社会で帝王切開がいかに根づいているかを物語る。アデリルはすでに二度も帝王切開をしていたため、こんどは経膣出産を希望すると病院に伝えた。だが、その病院ではできないと言われたので自発的に退院した。彼女は自宅で出産しようと帰途についたところを武装警官に捕えられ、病院に連れ戻されて強制的に帝王切開させられた。ブラジルの多くの医療機関にとって、経膣出産は時間がかかりすぎる予測不可能なものとみなされているようだ。

女性の選択が尊重される国でも帝王切開は普及している。多くの女性は、一度帝王切開をしたらつぎも帝王切開しなければならないと言われる。子宮にできた切開傷が子宮収縮の圧で破裂する恐れがあるからだというのだが、その考え方は古い。科学研究の結果が医療指針に反映され、それが医療スタッフに浸透するまで時間がかかるのは世の常だが、現在では、帝王切開を四度経験したあと経膣出産をしてもとくにリスクが高くなるわけではないという認識に変わっている。アメリカでは出産件数の七〇%あるいはそれ以上が帝王切開という極端な病院もあるが、国全体で平均すると三二%だ。これは典型的なパーセンテージだろう。先進国ではどこも四分の一から三分の一が帝王切開だ。かといって、途上国ならこの数字が低くなるわけでもない。ドミニカ共和国、イラン、アルゼンチン、メキシコ、キューバでは帝王切開の割合が急増していて、三〇～四〇%台に達している。

言うまでもなく、昔からこうだったわけではない。帝王切開は、母親が死にかけているとき、まだ生きている赤ん坊を取り出すための異例な措置だった。二〇世紀に入ると麻酔と外科技術が改良され、赤ん坊だけでなく母親も救える手段となった。難産で赤ん坊が酸素欠乏を起こしかけている、または母親が出血しているというときに、帝王切開のほうが安全だとして切り替えられた。一九四〇年代後半以降は抗生物質が母親側のリスクをさらに下げたため、帝王切開は年々増えていった。そして一九七〇年代に急カーブで上昇し、その後も堅調に増え続けている。いまでは開腹手術でいちばん多い手術が帝王切開だ。

メディアは、有名人の女性が帝王切開を選ぶと、ここぞとばかりに報じる。そのせいで、何時間もの陣痛に耐える必要がなく、速くて便利で痛みのない、膣にやさしい出産を女性が望んでいるから帝王切開が増えているのだろうと思う人も多い。だが、陣痛がはじまる前から計画的な帝王切開を選ぶ人も増えてはいるが、帝王切開の件数を押し上げているのは圧倒的に、分娩中に助産師や医者から勧告されて帝王切開に切り替えるケースだ。訴訟社会でなおかつ医療制度が民営化されているアメリカでは、医療スタッフがわずかなリスクをも避けるために帝王切開に切り替える傾向がある。だが公的な医療制度を敷いているイギリスでも、分娩が困難になると早めに帝王切開に切り替える医者は多い。困難な分娩とは、陣痛がはじまってから時間がかかりすぎる、赤ん坊の体が大きくてつっかえる、頭より先に尻が降りてきてその体勢を元に戻せない、などだ。

分娩中に帝王切開に切り替えるよう勧められると、多くの女性は一抹のやましさを感じながらも安堵する。痛みと疲労、これ以上経膣分娩を続けることへの不安から逃れる手段がすぐそこにある。自然出産に代わる手段が「すぐそこにある」のなら、これ以上続けるのは無益でむしろ危険だと妊婦は感じてしまうのだ。だが、現実はそうとはかぎらない。平均すると、計画的な帝王切開にまつわるリスクのほうが経膣出産のリスクより高い。たとえばフランスでは、分娩前まで健康だった女性が死亡する割合は、経膣出産では一〇万人につき四人だが、帝王切開では一三人にのぼる。たとえ死に至らなくても、帝王切開は経膣出産より危険が多い。感染症、出血多量、麻酔の副作用など開腹手術にまつわるすべてのリスクがついてくるからだ。

帝王切開は、医療上必要な場合には経膣出産の代わりに採用しうる重要な手段だ。一部の女性にとっては、子どもを産むにはこの方法以外にないこともある。世界保健機関（ＷＨＯ）は帝王切開の実施率を全出産の一〇～一五％に収めるべきだとしている。出産の危険から母子を守り、なおかつ不必要な手術リスクを避けるとすれば、このくらいの数字が妥当だというのだ。医者からすれば、どんなケースならこの一〇～一五％に値するのかを判断するのがむずかしい。計画的な帝王切開を選ぶ女性のほうも、自身と子どもへのリスクを充分に説明されないことが多く、逆に家族や職場から勧められることまである。

いまのところ、帝王切開による赤ん坊へのリスクは最初の数日か数週間までしか考慮されていない。イギリスの国民保健サービスが発表している見解はこうだ。

子宮を切開するとき、赤ん坊の皮膚に傷がつくことがある。これは帝王切開の一〇〇件に二件の割合で発生しているが、通常は悪化することなく治る。帝王切開で生まれる赤ん坊に多い問題は呼吸障害であるが、これはほとんどが早産の場合に発生する。この呼吸障害のリスクは三九週以降の出産であれば、帝王切開であっても経膣出産と同程度にまで下がる。出産直後とその翌日に一過性多呼吸に陥ったとしても、通常は二～三日で完全に治る。

しかし、帝王切開で生まれた子の長期的な影響まで言及されることはめったにない。以前はさして害のない代替手段と思われていた帝王切開だが、母子ともに健康リスクがあることが徐々に明らかになってきた。早くにわかったこととして、帝王切開で生まれた赤ん坊は感染症になりやすいというのがある。メチシリン耐性黄色ブドウ球菌（ＭＲＳＡ）に感染した新生児の八〇％は帝王切開で生まれている。帝王切開で生まれた子は幼児期にアレルギーを発症しやすい。母親がアレルギーで（おそらく遺伝因子があり）、なおかつ帝王切開で生まれた子は、そうでない子より七倍もアレルギーになりやすい。

帝王切開で生まれた子は自閉症と診断される割合も高くなる。アメリカの疾病管理予防センター（ＣＤＣ）の研究者たちは、帝王切開という出産方法がなければ自閉症の発生率は現状より八％下がったのではないかと試算している。強迫性障害の患者でも、帝王切開で生まれた患者がそうでない患者の二倍いる。一部の自己免疫疾患でも帝王切開との関連性が示されている。1型糖尿病とセリアック病は、帝王切開で生まれた子のほうがなりやすい。肥満さえも帝王切開による出産との関連性が示されている。ブラジルで一〇代後半を対象にした調査によると、帝王切開で生まれた子は一五％が肥満になっていた。対する経膣出産では一〇％止まりである。

すでにお気づきのとおり、これらはどれも二一世紀病だ。細かく見れば、それぞれに環境要因や遺伝因子など幅広い要素が関係しているものの、帝王切開が二一世紀病のリスクを高めているのは明らかだ。赤ん坊の腸のマイクロバイオータを採取・分析すると、生後数か月が経過していても、その子が帝王切開で生まれたか経膣出産で生まれたかがわかる。産道をとおって生まれた赤ん坊の体外と体内にできている膣由来微生物のコロニーが、帝王切開で生まれた赤ん坊にはできていないのだ。母親のお腹の「サンルーフ」から出てきた赤ん坊が最初に出合うのは環境中の微生物だ。手袋をはめた手で引っぱり出され、母親の腹部の皮膚をさっとかすめ、不安そうな両親に少しばかり挨拶し、そそくさと手術室から連れ出され、タオルにくるまれ詳細な検査を受ける。消毒が徹底された手術室で生まれる赤ん坊にとってはじめて出合う微生物は、母親と父親、医療スタッフの皮膚の細菌だ（運が悪ければ連鎖球菌や緑膿菌やクロストリジウム・ディフィシルなど強靭な細菌と出合ってしまう）。帝王切開で生まれた赤ん坊の腸のマイクロバイオータは、皮膚の細菌が基礎となって形成される。

経膣出産では母の膣のマイクロバイオータと赤ん坊の腸のそれとが一致するのに対し、帝王切開の赤ん坊ではそうならない。ミルクに含まれるラクトースを分解するラクトバチルス属やプレボテラ属の細菌がいるべきところに、コリネバクテリウム属やプロピオニバクテリウム属など皮膚の細菌が定着している。ミルクではなく皮脂や粘液を好む細菌が赤ん坊の腸の最初の住民になるのは、ナラの森になるべきところにマツの苗木が植えられているようなものである。

出産方式による腸のマイクロバイオータの違いが子どもの将来の健康にどう影響するかについては、研究データが徐々に出てきつつある。今後メカニズムが詳しくわかってくれば、いまは漠然とした懸念でしかないものにも因果関係が示されるはずだ。しかし、マイクロバイオーム研究者のロブ・ナイトには、ただ懸念があるというだけでも充分に行動を起こす理由となった。ナイトの妻は二〇一二年に緊急措置の帝王切開で娘を出産した。コロラド大学で乳幼児の腸におけるマイクロバイオータの研究に携わっていたナイトは、膣をとおらず出てきた娘が経験するかもしれない不利益をできるだけ防ごうと思い、医療スタッフが部屋から出払ったあと、綿棒を使って妻の膣から娘に微生物を移した。

彼のしたことは病院の努力に逆らう行為であり、医療スタッフに知れたら反対されただろうが、大いなる可能性を予見していた。ロブ・ナイトと、ニューヨーク大学医学部の准教授であるマリア・グロリア・ドミンゲス＝ベロは現在、帝王切開で生まれた赤ん坊に膣の微生物を移すことで短期的、長期的な改善結果が得られるかどうかを調べる大規模臨床試験を実施している。試験の方法は簡単だ。妊婦が手術室に入る一時間前にガーゼの小片を膣に入れる。執刀直前にガーゼを取り出し、消毒した容器に保管する。数分後、赤ん坊が出てきたらそのガーゼで、まずは口をこすり、つぎに顔を、最後に全身をこする。

とても単純だが、効果が期待できる介入だ。プエルトリコの病院で帝王切開で生まれた一七名の赤ん坊を対象にした予備的な試験では、ガーゼ処理した赤ん坊は処理しなかった赤ん坊に比べ、母親の膣や肛門のマイクロバイオータに近い腸内マイクロバイオータが育っていた。ガーゼでこするだけでは不充分かもしれないが、何もしないよりは効果があり、経膣出産で生まれた赤ん坊の腸内に見られる細菌種の数を増やしていた。

この先には、まだ答えの出ない疑問が続く。たとえば、水中出産で生まれた赤ん坊が最初に出合うのはどんな微生物か。浴槽を洗うのに使われる抗菌洗剤が残っているであろう温水が、膣から赤ん坊の皮膚や口に移動するのを妨げたりしないのか。破水せず羊水にくるまれたまま出てくる赤ん坊は、母親の陰部にいる微生物と接触し損ねるのか。そして、自宅出産と、自宅より清潔であろう病院での出産に、何か微生物レベルでの違いはあるのだろうか。

欧米では、経腟出産でさえ必要な細菌と出合いにくくなっている。自宅出産が多いアフリカやアジアに比べ、欧米では出産を医療行為ととらえ、消毒を徹底する傾向があるからだ。医療スタッフの手も、ベッドも器具も、すべて抗菌作用のある石鹼とアルコールで洗ってから妊婦や新生児に触れる。アメリカの病院では、女性の半分近くが、B群連鎖球菌など有害な細菌を赤ん坊にうつさないようにと抗生物質の点滴を受ける。そして赤ん坊は全員、生まれた直後に抗生物質を投与される。万一母親に淋病があると、新生児は淋菌性結膜炎になるおそれがあるからだ。イグナーツ・ゼンメルヴァイスなら、自分の唱えた消毒法が医療現場で徹底されているのを知って、さぞ喜ぶことだろう。実際、こうした衛生管理のおかげで数えきれないほどの母子が救われている。一方で、ヒトゲノムとマイクロバイオームにとって、こんな形で衛生管理されることは計画に入っていない。このことを考えずして、母と赤ん坊のために医療体制を改善するつぎのステップには進めない。

これは女性だけに責任を押しつけてすむ問題ではない。変えなければならないのは、陣痛前に計画的な帝王切開を選ぶ少数派の女性というより、出産を医療対象とみなす風土すべてだ。帝王切開の実施率を下げようという掛け声はすでに世界中ではじまっている。いまのところその理由は、母体へのリスクと不必要な手術に費やされるリソースの無駄を減らすためという二点に集約されている。そこにもう一点、新生児の短期的・長期的な健康リスクを減らすというのもつけ加えてもらいたいものだ。

赤ん坊が人生最初の数秒で出合い、その後しばらくいっしょに過ごしてきたマイクロバイオータの

「苗」は、まだまだ未熟で不安定だ。この「苗」がどう育っていくかは、これから月日をかけて、年月をかけて、どのように「手入れ」されていくかで決まる。

母乳の中にいる微生物

一九八三年、ジェニー・ブランド＝ミラー教授は母親になった。数日後、彼女は乳児疝痛に直面した。新生児の息子が、どこも具合の悪いところはなさそうなのに何をどうしても泣きやまなかったのだ。ブランド＝ミラーとその夫は、二人ともラクトース不耐症の研究にかかわったことがある。ミルクに含まれる糖であるラクトースをラクターゼ酵素で分解できない人がいることをよく知っていた二人は、息子の激痛を引き起こしているのはラクトース不耐症ではないかと疑った。ブランド＝ミラーの夫は大学院時代に、疝痛で泣き止まない乳児を対象に、ラクターゼ酵素の液滴を与えるプラセボ対照試験をしたことがある。残念ながらラクターゼ投与群とプラセボ投与群の赤ん坊が泣き続ける時間に違いは出なかった。だが、疝痛持ちの赤ん坊とそうでない赤ん坊では呼気に含まれる水素の量に違いがあった。

二人は考えた。呼気に水素が多く含まれているということは、腸内細菌が食物を分解していることを意味する。しかし、ラクトースは基本的に、ヒトの消化酵素によってグルコースとガラクトースという二つの小さな糖に分解される。腸内細菌が水素を発生させているとすれば、その細菌は小腸で分解されなかった別の分子を食べていると考えられる。ブランド＝ミラーは母乳の大部分が各種のオリゴ糖でできていることを知っていた。だが、オリゴ糖を分解するのに必要な消化酵素をヒトはもっていない。そのため母乳にあるオリゴ糖は無駄なものだと思われていた。二人は直感した。オリゴ糖は赤ん坊の食物ではなく、腸内細菌の餌なのでは？

オリゴ糖は単糖が数個結合した炭水化物の総称で、ヒトの母乳には一三〇種類ほどが含まれている。この種類の多さはヒトに特有な性質であり、たとえばウシの乳には数種類のオリゴ糖しか含まれていない。私たちは大人になってからオリゴ糖を含む食品を食べることはない。それなのに、妊娠期と授乳期に女性の乳房組織でつくられる。機能のないものをわざわざつくるのは、そこに重要な何かがあるからだと二人は思った。

ブランド＝ミラーと夫は仮説を確かめようと試験をした。赤ん坊にグルコースを水に溶かして与えたときと、精製したオリゴ糖を水に溶かして与えたときの、呼気に含まれる水素量を測定した。グルコースでは水素量が増えなかった。グルコースは小腸で吸収されてしまい、腸内細菌の餌にならなかったということだ。だが、オリゴ糖を与えたときの呼気には水素が大量にあった。オリゴ糖の分子は小腸をそのまま通過して、消化酵素ではなく腸内細菌に分解されていたということだ。

いまでこそ周知されているが、オリゴ糖は赤ん坊の腸の「苗床」で正しい細菌種を栄えさせる役目を果たしている。母乳で育つ赤ん坊には、ラクトバチルス属とビフィドバクテリウム属が優勢なマイクロバイオータが育っている。オリゴ糖を唯一の食料源にする。その廃棄物として出るのが短鎖脂肪酸だ。酪酸、酢酸、プロピオン酸は三大短鎖脂肪酸だが、このとき四番目の短鎖脂肪酸である乳酸塩（単に乳酸と呼ばれることもある）が放出される。これが赤ん坊にとって貴重な物質となる。乳酸塩は大腸の細胞に吸収され、赤ん坊の免疫系の発達に重要な役割を果たす。簡単に言うと、大人に食物繊維が必要なように、赤ん坊には母乳に含まれるオリゴ糖が必要なのだ。

細菌の餌となることだけが母乳に含まれるオリゴ糖の役目ではない。人生最初の数日と数週間、赤ん坊の腸のマイクロバイオータはとても単純で不安定だ。特定の細菌がいきなり増えたかと思うと、忽然と消える。肺炎連鎖球菌のような病原性の細菌が一つ入ってきただけで大混乱を起こし、多くの有益な細菌が破壊されることもある。オリゴ糖は混乱した腸内環境を平常に戻す働きをする。病原性細菌はなんらかの破壊行為をする前に、まず腸壁に付着する。そのためには細菌表面にある特別な結合部を使わなければならない。オリゴ糖はその結合部にぴったりはまって、病原性細菌が足場を築くのを阻止する。母乳に含まれる一三〇種類のオリゴ糖のうち、数十種類は特定の病原体に鍵と鍵穴のように結合することがわかっている。

母乳の成分は、赤ん坊の成長段階に応じて変わる。出産直後に出る初乳は免疫細胞と抗体に富んでいて、母乳一リットルあたりに小さじ四杯相当のオリゴ糖をたっぷり含んでいる。数週間たって赤ん坊のマイクロバイオータが安定してくるころ、母乳の中のオリゴ糖含有量は減ってくる。出産後四か月になると一リットルあたり小さじ三杯未満となり、子どもが一歳の誕生日を迎えるころには小さじ一杯未満となる。

ここでもう一度、コアラなどの有袋類の例を見てみよう。今回はミルクに含まれるオリゴ糖の重要性に注目する。たいていの有袋類は二つの乳頭をもち、その乳頭は腹袋の内側にある。子どものコアラが腹袋の中で過ごすあいだ使うのは、一方の乳頭だけだ。もし、二シーズン続けて子どもが生まれた場合には、二匹の子コアラが乳頭をそれぞれ一つずつ使う。驚くことに、二つの乳頭から出てくるミルクは、子コアラの成長状態に合わせて成分が異なる。生まれたばかりのコアラが飲むミルクは、オリゴ糖が多くラクトースが少ない。もう少し成長したコアラが飲むのは、オリゴ糖が少なくラクトースが豊富なミルクだ。コアラが腹袋から出るころには、ミルクに含まれるオリゴ糖の量はさらに減る。

このことからわかるのは、母親の側の生産能力が衰えたからオリゴ糖の含有量が減るわけではないということだ。有袋類は、子の腸内細菌の変化に合わせてミルクを生産している。自然選択は、微生物のためになるミルクを出すことを選んだ。微生物のためになることは、子孫のためになるからだ。

母乳にはオリゴ糖のほかにも意外な成分が含まれている。病院の母乳バンクは数十年前から、母乳育児中の母親による「献乳」を集めている。赤ん坊が未熟児で生まれてきたりひどい病気にかかっていたりすると、母親はすぐにお乳をあげられない。するとその母親は、そのままお乳が出なくなってしまうことがある。そんな赤ん坊にとって母乳バンクは頼みの綱だ。だが、母乳バンクには難渋する問題があった。提供される母乳がいつも細菌に汚染されているのだ。混入する細菌の多くは乳首や乳房の皮膚からきたものと思われたが、採乳するときどれだけしっかり皮膚を消毒しても、母乳の中の細菌をゼロにすることはできなかった。

消毒の精度を極限まで上げた採乳技術とＤＮＡ解析技術を使って調べたところ、献乳の際に見つかる細菌は、もとから母乳にいた細菌だった。赤ん坊の口や母親の乳首から乗り移って混入したのではなく、乳房組織の中に入りこんでいた。いったいどこから？　乳房組織にいる細菌の多くは皮膚によくいる細菌とは違った。つまり、乳房の皮膚から乳汁に侵入したわけではない。乳房組織にいる細菌は、通常は膣や腸にいる乳酸菌だった。母親の糞便を解析すると、腸と母乳にいる細菌は同じだった。これらの微生物は大腸から乳房へと移動したようだ。

血液を調べて移動ルートがわかった。樹状細胞と呼ばれる免疫細胞の中に入って移動していたのだ。樹状細胞は細菌の密入国を手助けすることで知られている。腸を取り囲む厚い免疫組織の中にある樹状細胞は、長い腕（樹状突起）を伸ばして腸内にどんな細菌がいるかをチェックする。そして通常は、病原体を見つけたらそれを飲みこみ、別の免疫細胞（ナチュラルキラー細胞）の軍団がやってきて退治してくれるに運ぶ。

のを待つ。ところがなんと、樹状細胞は害のない有益な細菌までつかまえて飲みこみ、血流に乗って乳房に運ぶ。

　この仕組みが働いていることはマウスでも確認できる。リンパ節に細菌が見つかる割合は、妊娠していないマウスでは一〇%だったが妊娠後期のマウスでは七〇%だった。出産するとリンパ節の中の細菌は急減するが、このとき同時に乳房組織に細菌が集まっていることが八〇%のマウスで確認された。どうやらマウスでもヒトでも、免疫系は悪い微生物を追い出すだけでなく、いい微生物を新生児に引き渡す手伝いをしているらしい。これはすばらしい戦略だ。細菌の側からすると、ライバルのいない新天地を得られる。赤ん坊の側からすると、出産時に受けとる微生物のほかに、追加で有益な細菌をもらえる。

　赤ん坊の成長に合わせて母乳のオリゴ糖含有量が変わるように、母乳に含まれる細菌も変わる。生後一日目に必要な微生物は、一か月後、二か月後、六か月後に必要な微生物とは違う。出産直後の数日に出る初乳には数百種の微生物が入っている。ラクトバチルス属、連鎖球菌属、エンテロコックス属、ブドウ球菌属の細菌はすべて含まれており、その数は一ミリリットルあたり一〇〇〇個体にもなる。赤ん坊は一日およそ八〇万個の細菌を母乳のみで摂取していることになる。やがて母乳に含まれる微生物は数を減らしながら種類を変えていく。出産から数か月たった母乳には、成人の口内にいるのと同じ微生物が入っている。赤ん坊の離乳に備えてのことだろう。

　不思議なことに、出産方式によって母乳に含まれる微生物が変わる。陣痛がはじまる前に計画的な帝王切開で出産した女性の初乳に含まれる微生物は、経膣出産した女性のそれとかなり違う。その違いは少なくとも六か月は続く。しかし、陣痛が来たあと緊急の帝王切開を受けた女性では、経膣出産した女性と初乳の微生物が似ている。陣痛中の何かが警報を発して、これから赤ん坊を外に出すことを免疫系に知らせ、胎盤ではなく母乳に栄養が行くよう指示しているようだ。おそらく陣痛中に強力なホルモンがたくさん出て、微生物を腸から乳房に移動させているのだろう。計画的な帝王切開は赤ん坊にとって二重の不利益となる。産道で必要な微生物を得られないうえに、母乳による追加の微生物も得られない。

母乳に含まれるオリゴ糖や生きた細菌、その他の物質は、赤ん坊と微生物の両方にとって理想的な環境を用意する。母乳は有益な微生物の定着を促し、腸の微生物共同体を少しずつ大人用の組成に変えていく。その微生物共同体は有害な微生物種がコロニーをつくるのを防ぎ、未熟な免疫系に敵と味方の見分け方を教える。

では、粉ミルク（調整乳）は赤ん坊のマイクロバイオータにどう影響するのだろうか。母乳か粉ミルクかの流行は、スカートの長さのように移り変わる。自分の母乳以外で育児をする方法は粉ミルクが一般利用できるようになる前から存在した。二〇世紀以前には他人の赤ん坊に乳を与える乳母がいて、上流階級のあいだでは授乳を乳母に任せることが「流行」になっていた。貴族の女性が自分の子どもに乳をやることは「みっともない」と思われていた時代もあった。かと思えば、産業革命期には外で働く女性が乳母を雇い、上流階級の女性は自分で授乳した。

一九世紀末から二〇世紀初期に乳母という仕事は消え、かわりに実用的な粉ミルクが登場した。消毒しやすいガラス瓶、何度でも洗えるゴム製乳首、成分調整した牛乳による粉ミルクを使っての育児は、当初は必要に迫られてしかたなくするものだったが、やがて母親の意思で選んでするものになった。母乳を与える母親の割合は急減した。一九一三年には女性の七〇％が自分の産んだ赤ん坊に母乳を与えていたが、一九二八年には五〇％に、第二次世界大戦終了時には二五％にまで下がった。一九七二年には二二％という空前の低さに落ちこんだ。哺乳類の動物が何千万年も続けてきた授乳育児をたった一世紀でやめてしまったようなものだった。

　母乳に含まれるオリゴ糖と生きた細菌が、赤ん坊の腸のマイクロバイオータの「苗」を育てる役割を果たし、赤ん坊の成長に合わせて変わるのだとすると、粉ミルク育児ではどうなるのだろう。粉ミルクもミルクであることには変わりないが、牛乳を原料にして製造されている。牛乳はウシの子どもとその腸内にいる微生物に最善となるよう進化を重ねてきた。ウシの腸内細菌は、反芻作用を受ける草を餌にして栄える。小腸で消化しきれなかった肉や野菜の残飯を餌にするヒトの腸内細菌とは違う。牛乳だけではヒトの新生児に必要な栄養成分、とくにビタミンやミネラルが足りず、壊血病やくる病、貧血を生じさせることがある。現代の粉ミルクは重要な栄養成分がたくさん加えられているが、免疫細胞や抗体、オリゴ糖、生の細菌までは入っていない。

　粉ミルクで育てられる赤ん坊の腸のマイクロバイオータは、母乳の場合と比べて細菌の種類が多い。母乳をまったく与えられていない赤ん坊の腸に棲む微生物は種類が五〇%ほど多い。とくに多いのは、ペプトストレプトコッカセアエ科の細菌で、そこには厄介な病原菌であるクロストリジウム・ディフィシルも含まれる。クロストリジウム・ディフィシルが優勢になると難治性の下痢を引き起こし、最悪の場合、赤ん坊は死ぬ。母乳のみの赤ん坊では五人に一人しかクロストリジウム・ディフィシルを保有していないが、粉ミルクのみの赤ん坊では五人に四人が保有している。赤ん坊はこの細菌を通常、分娩室で拾う。病院での滞在日数が長ければ長いほどこの細菌を拾うチャンスが高くなる。

　大人であれば微生物の多様性が大きいほうが総じて健康だと言えるが、赤ん坊では逆である。人生最初の数日に、膣の乳酸菌と母乳のオリゴ糖の助けを借りながら「選び抜かれた微生物種」を育てることは、赤ん坊を感染症から守りつつ、未熟な免疫系に知識を与えるのに重要なステップだ。母乳と粉ミルクを組み合わせる育児をすると、それだけでクロストリジウム・ディフィシルを含む不必要な細菌が加わる。母乳と粉ミルクを半々で与えられる赤ん坊のマイクロバイオータの組成は、母乳だけの赤ん坊の場合と粉ミルクだけの赤ん坊の中間のようになる。

だが、赤ん坊のお腹にいる微生物の種類が少しばかり多いからといって、何が問題なのだろう。別のグループの細菌が、何か害を及ぼすのだろうか。やっぱり母乳よ、と言う人は多いが、実際に子どもの健康にどれだけいいのかまではっきり答えられる人は少なく、おそらくは、粉ミルクでも充分だけれど母乳が追加されればなおいい、というくらいの気持ちで言っているのだろう。しかし、データを見れば、健康への影響は母乳と粉ミルクで明らかに違う。

まず、粉ミルクで育つ赤ん坊は感染症にかかりやすい。母乳だけの赤ん坊に比べ、粉ミルクだけの赤ん坊は、耳感染症になるリスクが二倍、呼吸器感染症で入院するリスクが四倍、胃腸感染症になるリスクが三倍、そして腸の組織が死ぬ壊死性腸炎になるリスクが二・五倍とそれぞれ高くなる。乳幼児突然死症候群で死亡するリスクも二倍だ。アメリカでの乳児死亡率（一歳未満で死亡する割合）は、母乳で育つ赤ん坊より粉ミルクで育つ赤ん坊のほうが一・三倍も高い。なお、この数字は、妊娠中の喫煙や貧困、教育など多方面の要素を考慮し、また赤ん坊自身の病気のために母乳育児が困難だったケースを除外している。先進国では乳児死亡率はすでに低くなっているので、一歳になる前に死亡する乳児を人数で見ると、母乳育児で一〇〇〇人のうち二・一人、粉ミルク育児では二・七人である。もちろんこの程度で親が大騒ぎして心配する必要はないが、アメリカで毎年、四〇〇万人の赤ん坊が生まれていることを思えば、そのうち七二〇人は、落とさずにすんだ命を落としているのかもしれない。

粉ミルクで育つ赤ん坊は二倍、皮膚炎と喘息を発症しやすい。免疫系の癌である小児白血病になるリスクも高い。1型糖尿病にもなりやすい。おそらく虫垂炎、扁桃炎、多発性硬化症、関節リウマチにもなりやすいはずだ。これらのリスクはどれも小さいので、親がいちいち心配する必要はないものの、先ほどの乳児死亡率同様、毎年生まれる赤ん坊の数百万という数字を母数とすると無視することはできない。

おそらく最も心配なのは、粉ミルク育児は母乳育児に比べて子どもが過体重になりやすいことだ。リスクは二倍ほど高くなる。この傾向が真に因果関係によるものか、それとも単なる相関関係なのかを知るために、科学者たちは「用量依存性」を調べることにした。これは、ある要素がある影響を真に引き起こしているかどうかを、要素（用量）の増加に応じて影響（効果）が増大するかどうかを調べて確かめる方法だ。たとえば、アルコール摂取という要素がほんとうに反応時間を遅らせているとすると、少なくともある時点までは、アルコールの摂取量が増えれば増えるほど反応時間は遅くなるはずである。

母乳育児（用量）と肥満リスクの予防（効果）については、用量依存性が認められた。ある研究によると、生後九か月を上限に、母乳育児を続ける期間を一か月ずつ延ばすと、子どもが過体重になるリスクは一か月につき約四%ずつ下がった。生後二か月まで母乳だけで育てると八%のリスク減、三か月続けると一二%のリスク減だ。九か月のあいだ母乳育児を続けると、生後すぐに粉ミルク育児を開始した場合に比べて過体重リスクは三〇%も下がる。粉ミルクによる補充を一切しない完全な母乳育児だと効果はもっと大きく、過体重リスクは一か月延ばすごとに六%ずつ減少した。粉ミルク育児だと過体重または肥満になりやすいという傾向は、小児期の体重だけにとどまらない。一〇代後半や成人になってからの体重にも影響する。肥満になると2型糖尿病を発症しやすくなるが、粉ミルクで育った子どももその例外ではない。粉ミルクだけで育った子どもは大人になってから六〇%も多く糖尿病を発症する。帝王切開がそうであるように、粉ミルク育児の不利益の多くは二一世紀病と関連する。

粉ミルクが標準だったころ育ったベビーブーム世代なら、これらの事実と数字は実感をともなって理解できるのではないだろうか。一九七〇年代の半ばになると、母乳育児の流行がふたたび戻ってきた。このときの流行は裕福で高学歴の層が中心だった。同じころ、粉ミルクメーカーが途上国に向けて販売運動を強化した。すると、一部の途上国で粉ミルクで育った赤ん坊の死亡率が二五倍に跳ね上がった。原因は、簡単に哺乳瓶の消毒ができないこと、病原体に汚染された水を使ってミルクを溶いたことだ。北米とヨーロッパの女性は粉ミルクメーカーの姿勢に憤り、これもまた母乳育児の比率を高めることにつながった。たった一〇年で、それ以前の三倍の女性が新生児に母乳を与えるようになった。

だが、母乳育児が復活してから生まれたX世代とミレニアム世代が粉ミルク育児のリスクから逃れられているわけではない。先進国では過去二〇年で母乳育児の比率が上がり続け、一九九五年には六五%に、近年では八〇%にまで上昇したが、公的な勧告の数字には遠く及ばない。二〇・五%の赤ん坊は一滴の母乳も飲んだことがなく、そのつぎの二五%は生後八か月で粉ミルクに切り替えられている。母乳育児が増加しているとはいえ、あまり慰めにはなっていないのだ。生まれてからずっと母乳育児だという場合でも、その半分は第一週ですでに粉ミルクを補助的に使っている。WHOは、生後六か月は母乳だけで、その後は二歳まで適切な補完食を組み合わせた母乳育児を続けるべきだと勧告しているが、それをアメリカで守っている母親は一三%しかいない。イギリスでは、生後六か月まで母乳だけを与えている母親は一%にも満たない。

そうは言っても完全に母乳育児をするのは大変だ。とくに最初の数日と数週間はむずかしい。母乳を与えたくても与えられない母親もいる。赤ん坊の具合が悪かったり、母親のお乳が出なかったりする場合には、母乳をあきらめるしかない。家計の事情や支援不足のため、最初から粉ミルクを頼るしかない母親もいるだろう。だが、私たちは社会全体で、どんな授乳が「ふつう」なのかを見失っている。産業革命以前は欧米でも、もっとずっと長い期間、赤ん坊にお乳を与えていた。子どもが乳離れするのは二歳か三歳、場合によっては四歳というのが典型的で、たいていはつぎの赤ん坊が生まれるまで授乳が続けられていた。

母乳が「最善」で粉ミルクは「善」だという歪曲された欧米式の見方は、科学研究の場にも入りこんでいる。学生の多くは「粉ミルクのリスクは何か」ではなく「母乳のメリットは何か」と問いを立てる。この二つの問いは統計学的には同義で、「母乳育児と粉ミルク育児を比較する」という意味だ。ノースカロライナ大学医学大学院で母体胎児医学の助教授をしているアリソン・ステューベによると、「母乳のメリットは何か」という問いには「母乳は赤ん坊にとって、おまけの幸運」という前提が含まれている。すでに健康的な生活をしているのに、さらに総合ビタミン剤を飲むようなものだ。一方、「粉ミルクのリスクは何か」という問いには「粉ミルクを飲ませるのは危ない――粉ミルクは標準から外れている」という前提が含まれる。本来、母乳育児は至適基準（ゴールド・スタンダード）ではなく標準（スタンダード）のはずだ。女性が自分の授乳法を考えるとき、この二つのどちらのニュアンスでとらえるかで選び方は正反対になる。

表現におけるこの微妙な違いが、人々が「母乳か粉ミルクか」の論争をどう解釈するかに大きく影響する。アメリカで二〇〇三年におこなわれた調査によると、「粉ミルクのよさは母乳と変わらない」という設問に、人々の四分の三はノーと答えた。だが、「母乳ではなく粉ミルクで育てると、赤ん坊は病気になりやすくなる」という設問にイエスと答えたのはたった四分の一だ。人々は、母乳のメリットについては知っているのに、母乳育児をしないとどうなるかは考えもしないということだ。母乳育児にどっちつかずの態度でいる女性を対象にした啓蒙活動で、「母乳育児のメリット」を説明された女性はあまり態度を変えなかった。同じ情報でも「母乳育児をしないことによるリスク」として説明された女性は、積極的に母乳育児を選んだ。

女性には、自分の赤ん坊をどう育てるかを選ぶ権利がある。だが、それぞれの方法がどんな結果をもたらしうるかという情報も得たうえで選ぶべきだ。女性が母乳育児をしやすくなるような支援はもちろんのこと、情報を整理してふさわしいタイミングで女性と医療スタッフに届けるシステムも必要だ。粉ミルクの品質改良にも期待したい。現時点でオリゴ糖や生の細菌を含んだ調整ミルクはほとんどないからだ。問題は、一三〇種類のオリゴ糖を完璧にブレンドし、健全な微生物群を加えた調整ミルクがどんなものになるのか、まだぜんぜん想像がつかないことだ。結果がわからないうちに試すのは害あって益なしだ。

人生の最初の三年間、腸のマイクロバイオータはとても不安定だ。細菌集団は、互いに縄張り争いをしながら入れ替わる。新しい細菌が侵入して他の細菌が撤退する。ビフィドバクテリウムの存在量は一年かけてゆっくり確実に減少する。生後九か月から一八か月のころ、大きな変化が起きる。固形の食べ物を迎えるための変化だ。ある実験によると、赤ん坊にエンドウマメその他の野菜を与えると、それが合図となって、アクチノバクテリア属とプロテオバクテリア属の細菌が優勢だったマイクロバイオータが、フィルミクテス門とバクテロイデーテス門の細菌で構成されるマイクロバイオータに移行する。これは赤ん坊の成長にとって大きな転換点となる。

生後一八か月から三六か月にかけて腸のマイクロバイオータはどんどん安定し、多様性を増してくる。三歳の誕生日を迎えるころには、初期のマイクロバイオータに見られた母乳育児と粉ミルク育児による違いは、別の人や場所からもらった新しい微生物に押されてだんだん見えなくなる。かつてあれほど豊富にあった乳酸菌はほとんどいなくなり、新しい食べ物や環境に合った微生物にとって代わられる。

成長するにしたがって、子どもの腸の細菌は、母親の膣の細菌から腸の細菌に似てくる。「この親にして、この子あり」のことわざどおり、母の腸内にあるものは、娘や息子の腸内にもある。これは同じ家で暮らし、同じ微生物に囲まれ、同じ食べ物を食べているからでもあり、遺伝子を共有しているからでもある。驚くことに、あなたのゲノムは体内に棲まわせる微生物について多少の決定権を有している。免疫系の構築に関与する遺伝子は、腸内に迎える細菌に対しても影響力を発揮する。母と子は遺伝子の半分が同じなので、子は母と同じ微生物一式をもっていると役に立つ。赤ん坊の免疫系は人生最初の数分間に勢いよく侵入してくる細菌を、この先二度と出合わないであろう細菌も含め、大量にさばいていかなければならない。だが、感染の危険性が最も高いこの瞬間を、赤ん坊は生き延びる。ということは、この時点で遺伝子や免疫系はすでに準備ができているはずだ。敵と味方の見分け方について事前にプログラミングされていれば、赤ん坊は産道で出合うさまざまな母親の膣の細菌にうまく対処できる。

マイクロバイオームの驚くべき順応性

マイクロバイオームのすばらしさは、ヒトゲノムには逆立ちしても真似できない豊かな順応性にある。あなたは歳を重ね、ホルモンの波に翻弄され、新しい食べ物を試し、新しい場所に行く。あなたの微生物はそのときどきで、あなたの状態を最大限に活用する。栄養不良？　大丈夫、微生物が足りないビタミンを合成してくれる。バーベキューで肉を食べた？　ご心配なく、微生物が炭化した部分の毒を弱めてくれる。ホルモンが変わった？　なんのなんの、微生物に任せておけば問題ない。

大人になると、体に必要なビタミンやミネラルの量や種類が子どものころとは違ってくる。たとえば赤ん坊は大量の葉酸を必要とするが、それを含む食べ物を摂ることができない。だがマイクロバイオームには、母乳から葉酸を合成する遺伝子がいくらでもある。大人はそれほど葉酸を必要とせず、また食べ物から充分に摂ることができる。すると、葉酸を合成する遺伝子ではなく、葉酸を含む食べ物を分解する遺伝子をもつ微生物が活躍するようになる。

ビタミンＢ12はその逆で、年齢を重ねるほど必要量が増える。歳をとるとあなたのマイクロバイオームはビタミンＢ12を合成してくれる遺伝子の数を増やす。微生物は親切心からそうするのではない。微生物の側も、ビタミンＢ12あるいはそれが含まれている餌を必要としているからだ。食物分子の分解や合成にかかわるほかの多くの遺伝子も年齢とともに移り変わり、あなたの食生活と体の変化に合うようになる。

同じ家に住む人もあなたの微生物に大きく影響する。ある家で一定時間を過ごせば、指紋や足跡、皮膚細胞や髪の毛のＤＮＡなど「あなたがそこにいた痕跡」が残る。そのときあなたは微生物の痕跡も残している。アメリカで七世帯を対象に住人と微生物の関係を調べた研究によると、被験者の手と足と鼻にいる微生物と、床やドアノブにいる微生物を比べただけで、どの人がどの家に住んでいるかすぐにわかったという。キッチンとベッドルームの床にいる微生物は居住者の足にいる微生物と一致し、調理台やドアノブにいる微生物は居住者の手にいる微生物と一致した。

この研究をしている最中に三家族が引っ越しをした。引っ越して数日のうちに、その家には新しい住人が連れてきた微生物が集落をつくり、以前の住人の微生物と入れ替わった。居住者が「家のマイクロバイオータ」に及ぼす影響はとても大きく、住人が二、三日外泊しただけでこの研究は行きづまる。個人の「微生物の痕跡」が時間とともに希薄になることは、法医学の鑑識で時間記録を作成するのに使える可能性がある。ＤＮＡのテクノロジーは犯罪捜査の景色をすっかり変えたが、マイクロバイオームはヒトゲノム以上に個人の特徴を指し示す。それで暴かれるのはいったいどんな秘密だろう。

家族は互いにマイクロバイオータが似ており、親と子はかなりの部分で同一の細菌を共有している。友人と同居するだけでも——赤の他人でさえ同居すれば——微生物の共有が生じる。先の研究に参加したある世帯は家族ではなく、遺伝的に無関係な三名で構成されていた。三人の同居生活はマイクロバイオータの融合が起こるに充分だった。この三人には、とくに手に同じ微生物が存在していた。三人のうち二人は恋愛関係にあったため、残りの一人よりもさらに多くの微生物を共有していた。

女性の毎月のホルモンの波は微生物の組成比を変える。多くの女性で、膣内に棲む微生物種のそれぞれの勢力は、月経サイクルに合わせて増減する。一方、月経サイクルに関係なく膣内微生物の組成比がランダムに変わる人もいれば、月経にも排卵にも左右されずに一定の組成比を保つ人もいる。面白いことに、微生物の組成比がシーソーのように入れ替わっても、異なる菌種が同じ活動をしている。ラクトバチルス属で優勢な乳酸を生成する細菌が姿を消すと、連鎖球菌属で乳酸を生成する細菌がその代わりを務めるというように、同じ仕事が続行される。

膣のマイクロバイオータの組成比が妊娠中に変わることは前にも述べたが、同じことは腸のマイクロバイオータにもあてはまる。女性は妊娠中に体重を一一〜一六キロ増やす。おおよそで言うなら、このうち赤ん坊は三キロで、胎盤と羊水と臨時の血液が四キロ、残りの四〜九キロは脂肪だ。妊娠第三期（七〜九か月）の妊婦の代謝指標は、肥満患者のそれとよく似た数値を示す。体脂肪、コレステロール、血糖値が高くなり、インスリン耐性や炎症マーカーまで肥満患者に似てくる。

こうした指標は肥満患者では不健康を意味するが、妊婦の場合は別だ。代謝、つまりエネルギーを取り出し貯蔵する能力が変わるのは、それが妊娠の維持に必要なことだからだ。妊婦の脂肪組織が厚くなるのは、おそらく日々成長する胎児を支えるのに充分なエネルギーを母親に蓄えさせておくためだろう。出産後に母乳を産生するのに必要なエネルギーも蓄えておかなければならない。

痩せた人と太った人で腸のマイクロバイオータが違うことを発見したルース・レイは、その後コーネル大学に移り、肥満患者における微生物の変化と妊婦の代謝の変化との関係について研究を続けた。彼女の研究チームは九一名の妊婦の腸内微生物を経過観察した。妊婦の腸内微生物は、妊娠第三期に入るとそれまでとは著しく違ってきた。多様性が減少し、プロテオバクテリア属とアクチノバクテリア属の二グループの細菌が突出して存在量を増やしていた。この変化は、マウスやヒトで炎症が生じるときに見られる変化に通じる。

第2章で述べたように、肥満患者のマイクロバイオータを移した無菌マウスは、痩せた人の腸内細菌を移した無菌マウスに比べて急速に体脂肪を増やす。この実験は、微生物が体重増加を引き起こしているのであって、逆ではない（微生物は体重増加の結果ではなく原因である）ことを示している。では、ヒトの妊娠第三期のマイクロバイオータの変化は、肥満患者に見られるような代謝パターンの、原因なのか結果なのか。ルース・レイは同じ方法によるマウス実験をおこない、原因であることを確かめた。無菌マウスに妊娠第三期のヒトの腸内細菌と、妊娠第一期のヒトの腸内細菌をそれぞれ移すと、前者は後者に比べて体重が増え、血糖値が上がり、炎症が生じやすくなったのだ。おそらく代謝パターンを変化させることで、発達中の胎児に必要なものを集めたり転用したりするのを助けているのだろう。

赤ん坊が生まれたあと、女性の腸のマイクロバイオータは、時間はかかるものの通常の状態に戻る。いまのところ、妊娠第三期の微生物の組成がいつまで残存するのか、何がきっかけになって戻るのかは不明だ。授乳の開始や陣痛時のホルモンが合図になるのかもしれない。母乳育児は「赤ん坊への体重移行」だとよく言われる。たしかにそれは、妊娠中にためておいたカロリーを授乳を通じて赤ん坊に移す行為に見える。授乳行為が妊娠第三期の肥満型マイクロバイオータを元に戻すのかどうかはわからないが、母乳育児をした母親はその後の人生で2型糖尿病や高コレステロール、高血圧、心臓病になりにくいということはわかっている。

腸のマイクロバイオータは食生活やホルモン、外国旅行、抗生物質による治療などさまざまな影響を受けるものの、成人になってからはおおむね安定する。ただし高齢になると、健康状態の変化に合わせて変わる。人体のヒト細胞の部分が全体的に老化すると、その乗り物を利用している微生物のほうも老化する。もちろん個々のレベルで見れば、生涯ずっと持ちこたえるヒト細胞はごく少数しか存在しないし、ほとんどの微生物細胞も数時間か数日しか持続しない。それでもヒトと微生物の共同体として見れば、その共同体は歳を重ねるごとに効率が落ち、誤作動する頻度が増えていく。高齢者の免疫系はヒートアップする。高齢者の体内を炎症促進性の化学伝達物質が駆けめぐるようすは、二一世紀病に見られる、低レベルだが持続する炎症状態を思い起こさせる。高齢者に多い「炎症持続」と呼ばれるこの状態は、健康状態と密接にかかわっている。

炎症持続の状態は腸のマイクロバイオータの組成比と無関係ではない。重い炎症を抱えた健康状態のよくない高齢者は、腸内細菌の多様性が小さく、免疫系をなだめることで知られている細菌が少ない一方で、免疫系を苛立たせる細菌が目立つ。高齢化が炎症を引き起こし、それがマイクロバイオータを変化させているのか、それとも高齢化にともなうマイクロバイオータの変化が炎症を引き起こしているのかは、いまのところ不明だ。だが、老齢期における微生物の組成比を決めるのに食生活が大きな役割を果たしていることを思えば、老化プロセスでマイクロバイオータが重要なカギを握っていることは想像に難くない。時期尚早ではあるものの、一部の科学者は、高齢者の腸内細菌を改善することで健康維持と長寿を実現できるのではないかと期待している。

産声を上げたときから息絶えるまで、私たちはつねに微生物と共に生きている。マイクロバイオームはヒトゲノムの延長として働く。私たちの体の成長と変化に合わせて双方のニーズに合うよう数時間で調整して順応する。万事がうまくいくならば、母親の微生物は子どもに与えうる最良の誕生プレゼントとなる。親の選択は文字どおり私たちと共に生きていて、私たちが立って歩くようになり、言葉を話すようになり、やがて独立していくのを陰で支える。大人の私たちには自分の体にあるすべての細胞——ヒトの細胞と微生物の細胞——を世話する責任がある。母になる女性は、自分の遺伝子と微生物の遺伝子の両方を次世代に引き渡す役目があることを忘れてはならない。遺伝子のサイコロでどの目が出るかは偶然の産物だが、選択の産物でもあるのだ。自然出産と完全母乳育児の重要性とその結果をきちんと認識していればこそ、私たちは自分自身と子どもが健康で幸せに過ごせるよう主体的に物事を選択できるようになる。

第8章　微生物生態系を修復する

二〇〇六年一一月二九日の夕方、三五歳のカウンセラー、ペギー・カン・ハイは、顧客と会うため雨の中をハワイ州マウイ島で車を運転中、時速二六〇キロを出していたオートバイに突っこまれた。ペギーは大破した車の中に閉じこめられ、頭と口から出血して意識を失った。オートバイに乗っていた若い男は路上に散乱する破片の中で死んでいた。

頭と両脚の怪我を手術で治してから五年後の二〇一一年、ペギーの痛んだ左足が壊死した。このままでは敗血症が広がって命が危くなる。ペギーはやむなく、左の下肢を切断して足首の骨を逆向きに接合するローテーション手術を受けた。手術から三日後、ペギーはひどい嘔吐と下痢に襲われた。看護師は驚いて、つぎの日に外科医を呼んだ。外科医はペギーに、これは手術のために投与された麻酔と抗生物質、鎮痛剤による反応だと説明し、別の薬を処方して彼女を家に帰した。

数週間後、ペギーは薬を飲むのをやめた。足はまだ痛かったが、そのうちよくなるだろうと思ったのだ。だが、そうはならなかった。翌朝から一日三〇回もの下痢がはじまり、二か月続いた。体重が二〇％落ち、髪が抜け、動悸がおさまらず、目がかすむようになった。医者は鎮痛剤離脱による正常な症状だと強く主張し、つぎに、過敏性腸症候群か胃酸の逆流だろうと言った。ペギーは下痢止め薬を飲むのを拒んだ。病気のもとを封じるのはかえって具合を悪くするはずだと強く感じたからだ。

数か月後、ペギーは足の手術を受けた病院の胃腸科にまわされた。大腸内視鏡（小さなカメラをつけたチューブを肛門から入れる）の検査を受け、ひどい下痢の説明がついた。彼女はクロストリジウム・ディフィシルに感染していた。

第4章で述べたように、クロストリジウム・ディフィシルはどうしようもなく厄介な細菌で、命にかかわる恐ろしい病状を引き起こす。病院内または健康な人の腸内に潜んでじっとしているこの細菌には、ほかの細菌との競争や、病院清掃員の駆除に負けない特性が二つある。まず、過去数十年で、以前より耐久性と危険性を増した新しい株が出現した。おそらく抗生物質との軍拡競争で生まれた変異株だろう。いまのところ、クロストリジウム・ディフィシルのほうに勝ち目がある。

もう一つは、腸内細菌の三分の一に見られる「芽胞形成」という特性だ（病原性細菌の多くもこの特性を有している）。アルマジロが驚いたとき体を丸めて堅牢な甲羅の中に入ってしまうのと同じように、クロストリジウム・ディフィシルは苦境に遭うと自身を厚い保護層で囲って生き延びる。芽胞が形成されてしまったら、抗菌洗剤も胃酸も役に立たない。芽胞は抗生物質はもちろん極端な温度にさらされても死滅せず、状況が好転するのをひたすら待つ。

ペギーの状況は典型的だった。足の手術で抗生物質を投与され、数日間入院した——病院はクロストリジウム・ディフィシルの本拠地だ。抗生物質は傷口から感染症になるのを防ぐためのものだったが、同時に腸内の細菌まで一掃した。無防備な腸に、クロストリジウム・ディフィシルが侵入した。味方の細菌による保護層が再生する前に、クロストリジウム・ディフィシルは野火のように広がった。ペギーの胃腸科専門医はクロストリジウム・ディフィシルを退治するため高用量の抗生物質を何クールもくり返し処方したが、クロストリジウム・ディフィシルはしぶとく残り、ペギーはますます衰弱した。

ペギーは視力と聴力が衰え、このままでは危ないというほど体重が減ったため、夫と相談し、思い切った手段に出ることにした。クロストリジウム・ディフィシルを追い出すには腸内細菌のバランスを修復しなければならない。そのためには、どうするか。

ペギー・カン・ハイが陥ったジレンマは、クロストリジウム・ディフィシル感染症の患者にかぎったことではない。消化器系の病気その他、微生物生態系の損傷に起因する病気に苦しむ人にとって、健全な微生物集団を再建するにはどうしたらいいかというのは切実な問題だ。食生活に注意を払い不必要な抗生物質を避けるという基本姿勢は、マイクロバイオータの現状維持には有効だろうが、すでに崩壊してしまっている場合はどうすればいいのだろう。重要な微生物種が消えてから長い時間がたっていて、そのスペースをすでに日和見細菌に乗っ取られてしまっているときには？　免疫系が機能不全になっていて、敵と味方の区別がつかなくなっている場合には？　かつて栄えていた微生物王国の廃墟となった庭を手入れするのに、枯れてしまった樹木に水を撒くだけでは追いつかない。最初から庭をつくり直すほうがいいこともある。土地を整備して、新しい「苗」を植えるところからやり直すのだ。

微生物は補助食品として補充できるのか

一九〇八年、ロシアの生物学者イリヤ・メチニコフは、自身の生き方に似つかわしくない題名の本を出版した。メチニコフは過去に二度、自殺未遂をしている。一度目はアヘンの大量摂取で、二度目は科学の殉教者になるつもりで意図的に回帰熱に感染した。だが、彼にとって三作目の著書『寿命を延ばす――楽観的な研究』は、死を急ぐことではなく遅らせることをテーマとした本だった。死すべき運命がいよいよ近づいてきたときにこのテーマで本を書くことは、メチニコフに老いた心を鼓舞する力を与えたに違いない。免疫系の研究が評価され、この本が出版された同じ年にノーベル賞を受賞したメチニコフは、「死は腸からはじまる」と考えていた。古代ギリシアの先人ヒポクラテスも同じような考え方をしていたが、メチニコフはそれより少しばかり近代的で、老化を引き起こす真の原因は先ごろ発見された腸内細菌ではないかと推測した。

二一世紀科学の方法論を知ったうえで読み直すメチニコフの本は、危なっかしく、ときには笑ってしまうほど滑稽だ。彼の立てた仮説は興味深いが、それを支える証拠は乏しく、疑似相関だけで押し切られている。たとえば、コウモリの消化管には大腸がなく、細菌がほとんど棲んでいない。だがコウモリは、他の哺乳類の小動物よりずっと長生きしている。彼はそこから、細菌とそれを収容している大腸の存在が、コウモリ以上に密集した暮らしをしている哺乳類に早すぎる死をもたらしていると推論した。大腸は何のためにあるのか、と彼は問うた。「この問いに対し、私は一つの理論を打ち立てた。哺乳類で大腸が発達したのは、立ち止まって排便することなく長距離を走るためだ。大腸は、単に排泄物の貯蔵所として機能しているにすぎない」

腸内細菌が体の不具合を引き起こすと考えたのはメチニコフだけではない。当時は体の病気と心の病気の原因について、ある新しい説が医者や科学者のあいだで広まっていた。「自家中毒」と名づけられたこの仮説は、大腸は毒物の貯蔵庫または化学試験所のようなところだという思いこみに基づく。腸内細菌は残飯を腐敗させるだけの存在で、そこで発生する毒素が下痢や便秘、さらには疲労、抑うつ、ノイローゼを引き起こすと思われていたのだ。マニア（躁病）や重症のメランコリー（うつ病）の患者には、しばしば「余分なものを省く」として結腸切除の手術がおこなわれた。この過激な手術は死亡率が高く、患者の生活の質をひどく落としたにもかかわらず、当時の医者たちからは一定の評価を与えられていた。

ノーベル賞受賞者の科学的手法を批判したくはないが、少なくともこの本に書かれているメチニコフの中途半端な腸内細菌説は、再現性や対照群との比較、因果関係の考察といった科学的な手順を踏んでいない。彼が科学界で頭角を現すようになった時期は、ルイ・パスツールの細菌説が「医学研究」という将来性のある分野を切り開き、科学者たちが意気揚々としていた時代と重なる。仮説がつぎからつぎへと出てきた。医学微生物学者という新しい集団は、根気のいる研究や実験、証拠固めに時間やエネルギーを費やすことをせず、新しい考えを見つけては喜び、熱中するだけだった。

こうして二〇世紀初期には、メディアと大衆、ニセ医者がこぞって「自家中毒」ブームに群がった。結腸切除はともかく、悪い腸内細菌を退治するための療法が二つ登場した。まずは腸内洗浄で、これはこんにちでも美容業界で支持されているが医学界からは評判がよろしくない。もう一つは、毎日いい細菌を一定量摂取するという方法だ。こちらは現在、プロバイオティクスと呼ばれている。

メチニコフが長寿法を考えるようになったきっかけは、ブルガリア人学生から聞いた話だった。ブルガリアの農民に一〇〇歳以上の人が多いのは、酸っぱいミルク、つまりヨーグルトを毎日飲んでいるからだ、という風説である。発酵乳に酸味がするのは、メチニコフが言うところの「ブルガリアン・バチルス」という細菌がミルクに含まれるラクトース（乳糖）を発酵させるとき、乳酸を出すからだ。現在、この細菌はラクトバチルス・デルブリュッキの亜種ブルガリクスと分類されており、略してラクトバチルス・ブルガリクスと呼ばれている。メチニコフは、こうした乳酸菌が腸内を消毒し、老化や死を引き起こす有害な細菌を殺しているのだと考えた。

ほどなく、ラクトバチルス・ブルガリクスや、別の細菌であるラクトバチルス・アシドフィルスを含む錠剤や飲料が店頭で買えるようになった。すばらしい効果を説く広告が医学雑誌と新聞を飾った。「驚きとしか言いようのない効果。心と体の不調が消え、全身に活力が湧いてくる」と、あるブランドは宣伝した。自家中毒の概念は医者と大衆から広く受け入れられるようになり、一九二〇年ごろにはプロバイオティクス産業が開花した。

だが、長続きはしなかった。膨らむ一方のプロバイオティクス産業を支える自家中毒の理論は科学的に弱かった。その土台は相関関係を示す仮説を無造作に積んでいるだけで、それぞれに納得させる部分はあっても、しっかりセメントで塗り固めるには裏づけとなる証拠が少なすぎた。この脆弱な土台は、心の病気までも悪い細菌のせいにしようとしたところでもろくも崩れた。空いたスペースに収まったのはフロイト派の理論だ。皮肉なことに、土台の部分は前より有害な精神分析とエディプスコンプレックスに入れ替わった。

自家中毒の理論を崩した中心人物は、ウォルター・アルヴァレスという名のカリフォルニアの医者だった。アルヴァレスは、メチニコフの細菌仮説より少しばかり多い証拠を使って、すべてを精神分析にとりこんだ。彼は、自家中毒を起こしたと言ってくる患者をすべて、最初の診察で精神病質者だと決めつけた。彼の診断は医学的な観点ではなく、患者の性格や見た目を基準にしていた。たとえば片頭痛は、小柄な体つきで胸の形のいい女性に多い病気だと考えた。アルヴァレスは同僚の医者に、そうした体格の女性が受診しに来たら片頭痛の有無を確かめるようにと助言したという。当時の医者はもはや、胃腸障害の基本である便秘さえも微生物が原因だと考えず、肛門期固着を抱えた慢性心気症だと診断を下した。

たしかに、自家中毒の理論は科学的な厳正さを欠いていた。当時の微生物学者に科学的証拠を集める道具や技術がなかったことも不利に働いた。それでも、結腸洗浄やヨーグルト療法のほうが――たとえ細菌仮説そのものはあやふやでも——いくらかまともだっただろう。二〇〇三年になってようやっと、勇気ある研究者グループによって心の病気に対するプロバイオティクスの効用が見直されることになった。このころには、ＤＮＡ解析技術や厳正な査読制度が確立し、科学界からフロイトの影響はすっかり消えていた。

プロバイオティクスは食品としても錠剤としてもかろうじてスーパーマーケットの棚に置かれ続けていたが、科学者からふたたび注目されるようになったのは最近のことだ。またしてもプロバイオティクス産業は急成長し、いくつかのブランド名が一般家庭に浸透した。ヨーグルトのメーカーは、実際に何も約束することなく、ラクトバチルス入り飲料を毎朝一杯か二杯飲むだけで元気になり、賢くなり、さっぱりし、体型を保ち、気分が晴れ、幸福で健康になるように思わせる巧妙なマーケティングをしている。メーカー各社は製品に含まれる細菌とその効用をめぐって張り合う。さまざまなプロバイオティック製品に独自の競争力をつけようと、特定の遺伝子と細菌の組み合わせに特許を申請する。たとえば、大腸菌Ｏ１５７が心配な人にはラクトバチルス・ラムノサスにプロピオニバクテリウムを加えたものを、ニキビで困っている人にはラクトバチルスに「ダイアルキリソソルバイド」を組み合わせたものを提案する。バランスを崩した膣内ペーハーを整えるなら、九種類のラクトバチルスの細菌と二種類のビフィドバクテリウムの細菌でできた膣カプセルはいかがですか？　これから生まれる赤ちゃんのアレルギー予防に、妊婦さんにはラクトバチルス・パラカセイの特別な遺伝子変異株はどうでしょう？

特許を登録していようがいまいが、現在、ほとんどの国の薬事法は細菌を含む製品に健康上の有効性を表示することを許していない。ただ、以前は発酵食品や栄養補助食品だったのに、そこに含まれる生きた細菌の健康効果について科学研究が進んだおかげで薬のような装いになっているだけである。もちろん、もしラクトバチルスの特定細菌種がほんとうに大腸菌感染を防いだり、ニキビを治したり、アレルギーを予防できるのなら、ヨーグルト・メーカーとしてはそう宣伝したいところだろう。だがメーカーは、そのためにわざわざ莫大な費用をかけて臨床試験をするつもりはないようだ。つまり、少なくとも製薬会社がつくる医薬品なら臨床試験で有効性と安全性が確認されているが、ヨーグルトは依然として不明なままだということだ。食べても安全だということはわかっているが、効果についてはどうなのか。プロバイオティクスはほんとうにあなたを健康に、幸福にするのだろうか。

形式的に言うなら、この問いの答えはイエスだ。なぜならプロバイオティクスの定義は、WHOによるところの「適量ならば健康上の利益がある、生きた微生物」だからである。したがって、「プロバイオティクスはほんとうに効くのか」という問いへの答えはかならずイエスとなる。問うべきは、どの細菌をどれだけ飲めば病気の予防や治療に役立つのかだ。

できることなら私だって、カップ一杯のヨーグルトやフリーズドライした細菌の錠剤で奇跡的な回復を果たしたというようなストーリーを紹介したい。ラクトバチルス・イノベーションならあなたのお子さんの花粉症を治せるとか、ビフィドバクテリウム・ファンタジーなら痩せられるとか、アドバイスできるものならしたい。でも、当然ながらそんな単純な話ではない。

あなたの腸には一〇〇兆個の微生物がいる。一〇〇、〇〇〇、〇〇〇、〇〇〇、〇〇〇である。これは地球上の全人口のおよそ一五〇〇倍で、それがすべてあなたのお腹の中にいる。菌種別では二〇〇〇種ほどだろうか。この数字は人間社会の国の数のおよそ一〇倍にあたる。この二〇〇〇種の中に無数の菌株があり、それぞれ遺伝子的に異なる能力をもつ。あなたにとってはすべて基本的に「友好的」な細菌であっても、細菌にとっては互いに友好的な関係とはかぎらない。集団どうしでスペースを奪い合い、弱い相手を容赦なく追い出す。確保したスペースを守るために化学物質の武器をつくり、侵入してこようとする相手を殺す。個体間でも食料を奪い合い、少しでも豊かな領土を求めて泳いで行くための鞭毛を鍛えている。

そんな戦場に小さなカップ入りヨーグルトの中身が入っていくところを想像してみよう。ヨーグルト容器の中でミルクや糖のあいだを泳いでいる「旅行者」の小集団は、個体数にすれば一〇〇億個ほどで、いまから見知らぬ土地に行って新しい店を開こうとしている。一〇〇億個というと多そうに聞こえるが、一〇〇兆個に比べればゼロが四つ足りない。激戦地に乗りこむにはいかにも非力な集団だ。大海に泳ぎ出るカメの赤ん坊のように、ヨーグルトの中にいる細菌の多くはプラスチック容器から自由になったとたんに行き先を見失う。なんとか腸に到達したとしても、その先に苦難が待ち受けている。すでに混雑している商売敵だらけの土地に店を開いて生計を立てるのは、そう簡単なことではない。

旅行者は数のうえで劣勢だというだけでなく、総合的な技能という点でもハンデがある。旅行者は全員同じ遺伝子をもつ細菌なので、同じ戦術しか使えない。腸内にいる二〇〇〇種の細菌には二〇〇万種類かそれ以上の遺伝子があるのに対し、旅行者が隠しもつ技能のレパートリーはごくわずかだ。そもそも、旅行者の微生物が宿主の健康に役立つ遺伝子をもっていたとしても、それを運ぶ道のりで障害に出合えば、その利益は私たちに届かない。

こんなことばかり書いていては訴えられそうなので、その前に、この旅行者たちが充分長く滞留し、充分多く数を増やして、届けるべきものを届けたときの効果についても紹介しておこう。なお、私がここでプロバイオティクスと呼ぶのはヨーグルトだけでなく、生きた細菌（ときとして複数種の生きた細菌）を含んだ錠剤、棒状の菓子、粉末、飲料として売られている製品すべてを指す。

まずは、抗生物質の不愉快な副作用を埋め合わせるという、あなたがプロバイオティクスに期待する最低限の効用について考えてみよう。特定の病原菌を抗生物質で退治するつもりで、ほかの種類の細菌まで大量破壊してしまうのはよくあることだ。この大量破壊のせいで患者のおよそ三〇%が経験するのは下痢である。これは「抗生物質起因性下痢」と呼ばれ、ふつうは抗生物質による治療期間が終われば治る。ペギー・カン・ハイのようにクロストリジウム・ディフィシル感染症になってしまうこともあるが、それはかなり不運だった場合である。下痢を引き起こしている原因が単純に「いい細菌」の喪失だったなら、すぐに「いい細菌」を戻してやれば下痢は止まるか、少なくとも症状が改善するはずだ。

実際、そのとおりになる。合計一万二〇〇〇人が参加した六三か所の臨床試験（どれも適正に計画された試験である）の結果に疑いをはさむ理由はまずないと思うが、プロバイオティクスは抗生物質起因性下痢の発生率をかなり下げることがわかった。抗生物質の治療で一〇〇人のうち三〇人が下痢を発症するとすれば、プロバイオティクスを併用することで発症者を一七人に抑えることができる。最も効果的なのはどの細菌か、またどれだけの分量かについては簡単には答えられない。おそらく、下痢を起こしやすい抗生物質とそうでないものとがあるに違いなく、前者になら、プロバイオティクスを同時に処方することが副作用予防の安全策になるだろう。ともかく、プロバイオティクスは使う価値がある。いまこの瞬間にも八〇〇〇万人のアメリカ人が抗生物質を服用していて、そのうち二〇〇〇万人が下痢を経験していると考えると、適正なプロバイオティクスを補充することで一〇〇〇万人近くが苦しまずにすむ。

プロバイオティクスはうんと小さな赤ん坊にも役に立つ。早く生まれすぎた赤ん坊の場合、腸が急速に壊死していくことがある。そうした赤ん坊に予防的にプロバイオティクスを投与しておくと、死亡リスクが六〇%減少する。感染性の下痢になった赤ん坊や小児には、プロバイオティクス、とくにラクトバチルス・ラムノサスＧＧ菌を与えると、症状の持続時間を縮めることができる。

だが、もっと複雑な病気や、すっかり根づいてしまった病態などにはどうだろう。1型糖尿病や多発性硬化症、自閉症など、本格的になってしまった自己免疫疾患や心の病気の場合、おそらくプロバイオティクスでは、少なすぎるか遅すぎる。これらの病気の場合、膵臓のインスリン分泌細胞がすでに機能停止していたり、鞘（さや）が壊れて神経細胞がむき出しになっていたり、発達中の脳細胞が本来の進路を外れたりしている。アレルギーも、細胞こそ破壊されていないが免疫系がすでに制御不能になっている。免疫系の働きを元に戻すのは、膵臓の細胞を目覚めさせたり神経を鞘で包み直したりするのと同じくらいむずかしい。

適正に計画されて査読を受けた各種研究は、さまざまなブランド、菌種、菌株のプロバイオティクスが実際にあなたを幸せに健康にするだろうというデータを出している。気分を向上させ、皮膚炎や花粉症を軽減し、過敏性腸症候群の症状をやわらげ、妊娠中の糖尿病を予防し、アレルギーを改善するという。体重を減らしたというデータまである。数週間や数か月のプロバイオティクス治療でこれらの症状が完全に治ることはないものの、いくらかは役に立つということだ。しかし、プロバイオティクスの効果は治療よりも予防のほうで強く発揮される。

たとえば、こんなマウス実験がある。成体になるまでにヒトの1型糖尿病に相当する病気を発症する遺伝子をもつマウスに、ＶＳＬ＃３（八種類の菌株による四五〇〇億個の細菌で構成されたプロバイオティクス）を生後四週目から毎日与えると、発症率が低くなる。三二週目の時点で、何もしなかったマウスは八一％が糖尿病になっていたが、ＶＳＬ＃３を与えられたマウスでは二一％にとどまった。生きた細菌を毎日与えるだけで、四匹のうち三匹のマウスが「遺伝子の運命」を免れたのである。

投与の開始時期を少し遅らせて一〇週目からにすると、「遅くても何もしないよりはまし」という結果になった。三二週目に糖尿病になっていたマウスは、投与なし群で七五％、ＶＳＬ＃３投与群で五五％だった。四週目から投与を開始したときほど歴然たる効果はなかったものの、それでも糖尿病をかなり予防できたと言える。

ＶＳＬ＃３は市販のプロバイオティクス製品のうち最多の個体数と菌種を誇るとのふれこみで、そこに含まれる数千億個の細菌は、遺伝的に糖尿病になりやすいマウスの発症プロセスを何らかの形で変えている。これらの細菌は、免疫系が膵臓のインスリン分泌細胞を攻撃するのを止めてくれている。ＶＳＬ＃３を投与されたマウスはどうやら白血球細胞のチームを招集して膵臓に届け、白血球はそこでインスリン分泌細胞の破壊を抑える抗炎症物質のメッセンジャーを送り続けているらしい。この報告には希望がもてる。ひょっとするとヒトでも、適切な時期にプロバイオティクス投与を開始すればこの種の病気を進行前に食い止めることができるかもしれない。いま、まさにこの考え方を検証する臨床試験が進行中なのだが、結果が出るのはもうしばらく先になりそうだ。

プロバイオティクスはその核心において、免疫系の働きを健全なほうに向かわせる何らかの効果を有しているに違いない。二一世紀病の根底に横たわるものを思い出してほしい。私たちの体を苦しめているのは炎症だ。プロバイオティクスに真の価値があるとすれば、それは炎症を鎮めることだろう。第4章で説明したように、制御性Ｔ細胞は免疫系全軍を調整する准将のようなもので、敵がいないのに戦いたくてうずうずしている兵士を鎮めて落ち着かせる働きをしている。だが、その制御性Ｔ細胞（准将）を統治しているのはマイクロバイオータだ。マイクロバイオータは優秀な准将を募集して、免疫系に自分たちを攻撃させないように仕向ける。プロバイオティクスはこの作用を真似て、既存の制御性Ｔ細胞に免疫系の軍隊にいる荒くれ者を治めさせる。ＶＳＬ＃３はマウスに対してもう一つ有益な効果を示している。炎症の原因であり結果でもあるとされる腸壁の透過性による影響を弱めてくれるのだ。

プロバイオティクスに関しては、気をつけるべきことが三つある。一つ目は、その製品にどんな菌種のどんな菌株が含まれているかだ。この点については詳細に記載されていないことが多く、また、実際に培養やＤＮＡ解析をしてみると、中身が記載どおりでなかった製品もいくつか見つかっている。菌種や菌株の違いがどう影響するのかはまだほとんどわかっていないが、基本的にはなるべく多様な細菌が入っているほうがいいだろう。二つ目は、その製品にどれだけの量の細菌が入っているかだ。その量は、コロニー形成単位（ＣＦＵ）の数値で示される。先ほど述べた「旅行者」が直面する苦難を想像すれば、ＣＦＵが多いほど効果があると考えていいだろう。三つ目は、細菌がどうパッケージされているかだ。プロバイオティクスはさまざまな形で売り出されている。粉末、錠剤、棒状の菓子、ヨーグルト、飲料。肌用クリームや塗布剤まである。マルチビタミンなど別のサプリメントに混ぜ合わされたものもある。こうした加工が細菌にどんな影響を与えているかはまだ不明だ。ヨーグルトの形をとるプロバイオティクスの多くは相当量の砂糖が加えられており、それはバランスを健康的なほうではなく不健康なほうに傾けるかもしれない。

一つ目のポイントである菌種と菌株については最も議論を呼んでいる。プロバイオティクスとして売り出すときに使われる細菌の多くはメチニコフの遺産を継承している。ラクトバチルス属の細菌は、ヨーグルトづくりには価値があるものの、ヒトの成人の腸内にはあまりいない。このタイプの細菌は、経腟出産で生まれて母乳を与えられている赤ん坊の腸内では栄えているが、その時期が終わると急速に量を減らし、腸内にいる全細菌の一％未満になる。ラクトバチルスがプロバイオティクス産業の先頭を切った理由はただ一つ、培養可能だということだ。ラクトバチルスがほかの腸内細菌と違うのは、酸素に触れても死なないことで、ペトリ皿で比較的簡単に育てることができる。それどころか、温かいミルクのタンクの中でも育つ。この理由により、ヒトの共生菌の初期の研究でラクトバチルスは過剰に取り上げられた。もし、プロバイオティクス産業が興った時代にＤＮＡ解析と嫌気培養（無酸素環境下での培養）の技術が確立されていたなら、その代表格にラクトバチルスが選ばれることはなかっただろう。

他人の糞便を分けてもらう

プロバイオティクスにそれなりの効果があるのはわかったが、あなたがペギー・カン・ハイのような状況にある場合はどうしたらいいだろう。ペギーは体重が急減し、抗生物質による治療の可能性が消え、途方に暮れていた。このままだと「中毒性巨大結腸症」に進行するおそれがある。結腸が膨張して破裂し、内容物が腹腔内にまき散らされると死亡リスクが一気に高まる。アメリカでは、クロストリジウム・ディフィシル感染症による死亡者は過去一年で三万人にのぼっている。エイズによる死亡者数をはるかに上回る数字だ。ペギーは三万人の一人になりたくなかった。

もう一つ別の治療選択肢があった。発端は友人からの又聞きだ。友人の身内は病院で看護師をしており、なかなか治らない下痢患者に新しい治療法が試されているという話を耳にした。その治療法は全世界で数か所の病院でしか実施されていなかったが、治療を受けた患者はそこそこ具合がよくなっているという。ペギーは、どんな治療でもいいから試してみたいと思った。何か所かの病院に電話したあと、ペギーはハワイからカリフォルニアに治療に行くための航空券を予約した。夫も同行したが、それは単なる付き添いのためというより妻が必要としているものを提供するためだった。妻が必要としているのは新しい腸内細菌一式だ。夫の糞便からとるのだが、それで二人がためらうはずもなかった。なにしろほかに選択肢はないのだ。

この方法は糞便移植、便微生物移植、あるいは細菌製剤療法と呼ばれている。ユーモアをこめてトランスプージョンと呼ばれることもある。その名のとおり、ある人の糞便を採取して別の人の大腸に入れるという治療法である。聞こえは悪いがこの方法を採用したのはヒトが最初というわけではない。トカゲからゾウまで「食糞」をする動物は多くいる。ウサギやげっ歯類の動物にとって自分の糞を食べるのは重要な意味がある。植物細胞の中に堅固に閉じこめられている栄養分を、まず腸内細菌に分解させて糞として出す。それをもう一度食べて栄養分を吸収するというわけだ。二度食べることで、得られるカロリー量も増える。食糞させずに育てたラットの成長率は、通常ラットの七五％にとどまる。

ただ、食糞の習性をもつ動物種はまれなので、動物学者からは「異常行動」とみなされがちだ。たとえば、ゾウの群れを率いるメスのリーダーが軟便を出すことがある。これは、群れにいる幼い子ゾウたちに鼻ですくわせて食べさせるためのものだ。チンパンジーも互いの糞を食べる。タンザニアでチンパンジーの生態解明に多大な貢献をしたイギリスの動物学者ジェーン・グドールによれば、野生のチンパンジーは下痢をすると食糞行動に出ることがあるという。チンパンジーは、森の中で熟したばかりの果実を腹いっぱい食べると下痢になる。そのチンパンジーの腸内細菌が目新しい食料、つまり果実にまだ順応していないからだ。グドールが研究対象としていたパラスという名のメスは、一〇年にわたり治ったり治らなかったりをくり返す慢性的な下痢に陥っていた。パラスは下痢がはじまるたびに食糞行動に出た。私たちが最近になって見知った微生物の理解に照らせば、パラスは健康なチンパンジーの糞を食べて自分の腸内微生物バランスを元に戻そうとしているのだと考えられる。新しい果実をたらふく食べたあと下痢になるチンパンジーが食糞をするのは、その果実をすでに何度か食べている群れの別のメンバーから、その果実に順応した微生物を得ようとしているのだろう。

野生状態で食糞することはないのに、動物園では熱心に食糞行動するという動物もいる。それを見て、とくに子どもの動物がうれしそうに糞を食べているのを見て、飼育員はしばしば当惑する。動物園におけるこの行動は「暇だから」と解釈されることが多い。体を揺すったり、歩き回ったり、とりつかれたように毛づくろいする行動と同類だと思われがちなのだ。だが、自閉症やトゥーレット症候群、強迫性障害の患者を診ている精神科医なら、こうした行動に自分の患者と動物園の動物の共通点を見るかもしれない。糞便を食べたりなすりつけたりすることに強い興味を示す兆候は、重症の自閉症児や統合失調症、強迫性障害の患者にも見られる。フロイト派なら、動物であれ人間であれこうした食糞行動や反復行動の理由を、親との疎遠、あるいは性的欲求不満で説明するだろう。だが、生理学的な解釈はもっと微生物寄りだ。反復行動を生じさせているマイクロバイオータの不具合を元に戻すには、より健康な他の個体の糞を食べるのが近道だ。つまり、食糞は異常行動でも何でもなく、病んだ動物が自分のディスバイオシスを正すための適応行動だと考えられる。

ためしに動物園のチンパンジーに繊維質の葉を餌として与えると、食糞行動が減るという。だが、よく見ると、チンパンジーは葉を食べておらず、しゃぶったり、舌の下にしまいこんだりしているというのだ。これは単なる推測だが、チンパンジーは、その葉についている共生菌を唾液にからめて吸っているのではないだろうか。そうすることで、自身のマイクロバイオータにその細菌の「苗」またはその遺伝子をとりこんで、食料を消化するときの助けにしようとしているのかもしれない。第6章で説明した、日本人が海藻の共生菌の遺伝子を含むマイクロバイオータをもっているのと同じ仕組みである。動物園のチンパンジーにしてみれば、葉についている共生菌を得れば、園で餌として与えられる食料でも充分に栄養を引き出せるようになるので、食糞行動の優先順位は下がるのだろう。

実験用の無菌マウスに新しいマイクロバイオータを与えるのは簡単だ。すでにマイクロバイオータをもっている通常マウスと同じケージに入れるだけでいい。食糞をして数日後、無菌マウスと通常マウスはおそろいの微生物をもつことになる。異なるマイクロバイオータを有する二種類のマウスを同居させた場合も、それぞれの腸内にいる微生物が交換されておそろいになる。二〇一三年、アメリカのミズーリ州セントルイスにあるワシントン大学のジェフリー・ゴードンらの研究チームがまたもや巧みな実験をした。彼らは無菌マウスを二つの集団に分け、一方の集団に太った人の腸内細菌を、もう一方に痩せた人の腸内細菌を植えつけた。この実験では遺伝子の条件を同じにするために、互いに双子でありながら一方が太っていてもう一方が痩せている、というペアを腸内細菌の提供者とした。予想どおり〈肥満型〉の細菌を与えられたマウスは、〈痩身型〉の細菌を与えられたマウスより体脂肪を増やした。植えつけてから五日後に、二集団のマウスをいっしょにした。〈肥満型〉の細菌を与えられて太ったマウスと、〈痩身型〉の細菌を与えられて痩せているマウスを同居させたのだ。なんと前者のマウス集団は、後者のマウス集団といっしょになると、単独で暮らしていたときほど体脂肪を増やさなくなった。二集団のマウスのマイクロバイオータを調べると、前者のマウス集団の細菌組成比は、後者のマウス集団のそれに似たものにシフトしていた。後者のマウス集団、すなわち〈痩身型〉の細菌を与えられたマウスの細菌組成比は変わっていなかった。

それなら私たちも、健康的な細身の体になるために食糞したほうがいいのだろうか？　ご心配なく、他人の健康にあやかるために糞便を食べる必要はない。私たちには食べるかわりに糞便移植という手段があるからだ。糞便移植の方法は、簡単に言うと、健康なドナーの糞便と生理食塩水を料理用ミキサーで混ぜ合わせて患者の大腸内に注入する。そのときカメラのついた長いプラスチック製のチューブ（内視鏡検査のときの大腸ファイバースコープ）をお尻の穴から挿しこむ。これは下から入れる方法だ。注入液を上から入れる方法もある。鼻腔チューブで鼻から喉、胃に流しこむのである。

糞便移植の現代的な用法を開発したアレクサンダー・コルツは、最初のころ、糞便の注入液を準備していたときのことをこう語る。「私は最初の一〇件の移植を時代遅れの方法でおこないました。内視鏡検査室の洗面所でミキサーを使ったのですが、その最中に、人の多い病院で糞便移植をするのが現実的でないことを悟りました。ミキサーのボタンを押したとたん、匂いが嗅覚に与える威力にショックを受けました。待合室を空（から）にするほどの威力でした」。匂いの問題のほかに、たとえ糞便に病原体が入っていなかったとしても、注入液を調合する医者に多少のリスクが生じる。どれほど有益な微生物でも、本来いるべき場所ではないところにいれば有害になることがある。腸の中で安全な微生物が肺の中でも安全だとはかぎらない。

糞便移植なんてイヤ、と思ったあなた。もし、あなたがまだこの本を読んでいるなら、糞便移植に対して抱く気持ちにどう対処すればいいかをお教えしよう。方法は二つある。まずは、美化したり婉曲的に表現したりして、あまり真面目に向き合わないことだ。もう一つは、逆にその嫌悪感にしっかり向き合うといい。見た目がイヤ？　でもそれは、微生物と死んだ植物と水でできたものにすぎない。七〇％かそれ以上は微生物と言っていい。色が茶色なのは壊された赤血球の色素のせいだ。赤血球は肝臓で破壊され、排泄物として追い出される。匂いもイヤ？　だが、あの匂いは単なるガスだ。主として硫化水素などイオウを含むガスであり、食べ物の残りかすを腸内細菌が分解するときに出る。

嫌悪感は身を守るための正常な反応で、有害なものを避けるために進化した感情だ。避けるべきものとは、嘔吐物や腐敗物、虫の大群、よく知らない人の体、好きでない人の体、ぬめぬめしたもの、べとべとしたものなどだ。糞便もその一つだ。私たちはとりわけ肉食動物の糞便に嫌悪感を抱きがちで、ウシの糞に触れるのは平気でもイヌの糞はだめなことが多い。ヒトの糞便に触れるのもだめだ。どの国、どの民族、どの文化でも、胸が悪くなるような不快なものに直面した人はみな、同じしぐさをする。頭を後ろに引き、鼻をすぼめ、眉根にしわを寄せる。手を胸に引き寄せ、体の向きを横にする。不快さが極端な場合はすぐさま嘔吐する。本能に刻まれたこの嫌悪反応は、病原体と接触する機会を減らしてくれる。私たちを病気にさせる微生物がいるのは、嘔吐物や腐敗物、ぬるぬるべとべとしたものの中だ。そしてもちろん、糞便の中にもいる。

糞便のことなんか考えたくないし他人の糞便を自分の体に入れるなんて考えるのはもっとイヤ。そう思うのはいたって自然なことだ。でもここで、輸血のことを考えてみよう。輸血なら、それほど嫌悪感は生じないのではないだろうか。透明袋に入った血液は、健康なドナーから丁寧に採取され、細胞や血漿に病原体がいないことを確認されている。袋には血液型と採取日のシールが貼られ、点滴袋のように吊り下げられる。そして命を救う。きちんとしていて、清潔で、超モダンなイメージすらある。

しかし、糞便と同じく血液にも、ＨＩＶや肝炎ウイルスのような病原体はいる。糞便と同じく血液も、放置していれば空気中の細菌にとりつかれて腐敗する。ついでに言うなら、血液と同じく糞便も命を救う。糞便注入液は、健康をもたらす成分の入った液体だと思えばいい。アレクサンダー・コルツの教え子に、クロストリジウム・ディフィシル患者のために自分の糞便をすすんで提供した女子学生がいた。彼女が周囲にその話をすると、友人たち（ほとんどが医学生）は彼女の献身をほめるでもなく、献血のときのように「ああ私も行きたかったんだけど、忙しくて」と言い訳をするでもなく、げらげら笑ってからかったという。

糞便に宿る「特別な力」を最初に発見したのは、マイクロバイオータという新しい科学分野に通じた二一世紀の医者たちではない。四世紀の中国で、伝統医学の師だった葛洪（かっこう）は『肘後備急方』という救急処置の手引書に、食中毒やひどい下痢を起こした患者には健康な人の糞便を飲料にして与えれば奇跡的に回復すると書いている。同じ治療法は一二〇〇年後の中医学手引書にも出てくる。このときは「黄色い汁」と表現されている。いまも昔も患者に糞便移植を受け入れさせるのは大変だったことだろう。

しかし、三か月間トイレの中で過ごし、体重の五分の一を失った者に糞便移植を納得させるのはむずかしくはない。以前の健康体のころならともかく、いまのペギー・カン・ハイには嫌悪感など抱いている暇はない。カリフォルニアの病院で夫の糞便を濾過した注入液をファイバースコープで送りこんでもらい、数時間ほど体を休めているうちに具合がよくなっているのにペギーは気づいた。数か月ぶりにトイレに行く必要を感じなくなった。丸々四〇時間、トイレに行かずにすんだ。数日後、下痢が治った。二週間後、ふたたび髪が生えてきた。四〇歳の彼女の顔からニキビが消え、激減していた体重が戻りはじめた。

再発性のクロストリジウム・ディフィシルに抗生物質を投与しても、治癒率は三〇%にとどまる。この感染症は毎年一〇〇万人以上の患者を出し、数万人から数十万人を死亡させている。だが、一度の糞便移植による治癒率は八〇%だ。最初の移植後に再発した場合（ペギーもそうだった）、二度目の移植をすると治癒率は九五%まで上がる。外科手術なしの一回の治療で、薬も使わず数百ドルの費用でこれだけ高い成功率を達成できるのは、同じように命にかかわるほかの病気では考えられないことだ。

オーストラリアのシドニーにある消化器疾患センターで胃腸科医を務めるトム・ボロディ教授にとって、糞便移植は主たる治療法になっていた。一九八八年、ボロディはジョージーという名の患者を担当した。ジョージーは、フィジーで休暇を過ごしているとき細菌を拾って以来、激しい腹痛と下痢、便秘、膨満感に苦しんでいた。抗生物質で簡単に治せると思われたが、何クール試しても無駄に終わり、ジョージーは自殺を考えるまでになった。患者が苦しむのを見てボロディも苦しんだ。ジョージーをフィジーに行く前の健康状態に戻す方法は尽きていた。ボロディは文献を徹底的に調べ、一九五八年に男性三名と女性一名が抗生物質による治療後に重症の下痢と腹痛を発症するという、ジョージーと似た例を見つけた。この四名のうち三名は集中治療室で瀕死の状態にあった。当時の統計でこの状態に陥った場合の死亡率は七五％だった。ジョージーの病状に似た四名の患者の主治医だったベン・アイズマンは糞便移植を試した。移植後数時間から数日で、四人全員が回復し、退院していった。何か月も悩まされていた下痢から完全に解放されたという。

これだ、と思ったボロディは、ジョージーにこの案を話した。彼女はどんなことでも試したいと答えた。ボロディは二日かけて移植をおこなった。数日後、ジョージーの状態は劇的に改善していた。聞けば、もう職場に復帰を果たしているという。だがボロディは、彼女を救った方法を公表しなかった。当時はそれほどまでに抵抗があったのだ。しかしそれ以来、ボロディの研究チームは腸内細菌の組成を修復することで利益を得そうなあらゆる症状に、糞便移植を採用してみるようになった。その後の一年で、彼らは下痢、便秘、炎症性腸疾患を訴える患者五五名に糞便移植を実施した。うち、二六名は症状が変わらなかったが、九名は改善、二〇名は全快した。

ボロディのチームは数年がかりで糞便移植に反応する病態とそうでない病態を学んだ。彼らが実施した移植は五〇〇〇件を超えた。対象となった病態の大半は、下痢型の過敏性腸症候群とクロストリジウム・ディフィシル感染症だ。ボロディの病院で八〇％の治癒率となった糞便移植は、目下のところ下痢型の過敏性腸症候群の最も効果的な治療法となっている。便秘型の過敏性腸症候群ではむずかしく、治癒率は三〇％にとどまり、また移植を数日間くり返さなければならない。これだけ成功率が高く、また患者からの要望があるにもかかわらず、糞便移植をおこなうボロディのような医者は何かにつけて「ニセ医者」呼ばわりされてしまう。同業の一流の医者から非難されることもある。糞便は製造販売が可能な薬ではないため、この移植術は他の医薬品のような規定や規制を受けずにすむ。臨床試験も厳密に言えば不必要で、それもあって多くの医者は糞便移植の効果に懐疑的だ。

だが、ペギー・カン・ハイや、彼女と同じ立場にいる人たちは、この考え方を快く受け入れる。マンチェスター大学で医学と胃腸病学の教授をしているピーター・ホーウェルに言わせると、「私が診ている過敏性腸症候群の患者たちは、糞便移植をやりたくてたまらないようだ」。じつのところ、この方法をためらうのは患者より医者の側であることが多い。医者が嫌悪を感じたり、そんなものはニセ医者のやることだと思っていたりするからだ。アメリカでは、食品医薬品局（ＦＤＡ）の委員でさえ、医療機関における糞便移植に待ったをかけようとしたことがある。二〇一三年春に起きた二か月の大騒動がそれである。ＦＤＡはごく一部の認定機関以外でこの治療法をおこなうことを禁止すると発表した。これまでクロストリジウム・ディフィシルその他の消化器疾患の治療を成功させていた医者たちは、とつぜんライセンスの申請を義務づけられることになった。ＦＤＡが懸念したのは安全性だ。糞便移植はこれまで公的な臨床試験を受けていないからだ。だが、胃腸科専門医たちからの激しい抗議により、禁止令はすぐさま取り下げられた。規制の制定と同じくらい迅速な撤回だった。現在、糞便移植はクロストリジウム・ディフィシルの治療にかぎって、当面のあいだ認められている。

あなたが健康状態改善のために糞便移植を必要としている、あるいは心底望んでいる立場にあると想像してみよう。あなたにはドナーが必要だ。そしてそのドナーには、最良の素材を提供してもらいたい。まずは配偶者を考える。でも、その配偶者が家でトイレに行く回数の多いことをあなたは知っている。きょうだいはどうだろう。でも、そのきょうだいは二一世紀病で苦しんでいる。グループメールで友人たちに体の具合を尋ねるか、フェイスブックに「お腹の具合がいいと思う人はぜひ連絡して」と投稿する以外に、どうやって糞便を調達しようか。

二〇一一年にこの状況に陥った男子学生がいた。彼は再発性のクロストリジウム・ディフィシル感染症に一八か月苦しみ、弱りきっていた。医学部への進学をめざして勉強中だったので、この病気を抗生物質で治せないときは糞便移植が選択肢となることは知識として知っていた。抗生物質の治療を三クール受けて失敗に終わったとき、彼はつぎの段階に進もうと決めた。だが、その移植を引き受けてくれる医者が見つからない。医者たちを思いとどまらせていたのは移植の実行そのものより、ドナーを見つけてスクリーニングし、糞便注入液を調合するという、面倒で費用のかかるプロセスのほうだ。この学生の友人に、マサチューセッツ工科大学（ＭＩＴ）の大学院生マーク・スミスがいた。水源に見つかる微生物や人体内にいる微生物を研究していたスミスは、友人に早急に必要とされている治療がこんなことで進まない状況をおかしいと思った。

スミスは考えた。救急医は患者に輸血が必要になったとき、血液センターに電話して届けてもらうだけでいい。血液の提供者を探しまわり、採血し、病原体の有無と血液型をテストし、患者に注入できるような容器に入れるという、一連の作業を自分でやる必要はない。糞便移植が必要な患者にも輸血のような仕組みがあれば、医者の手間は省けるのではないか。

友人が七クール目の抗生物質治療に失敗し、ついにルームメイトの（スクリーニングしていない）糞便を自分で自分に塗布しようとしていたころ、マーク・スミスは、ＭＩＴで経営学修士（ＭＢＡ）のコースにいたジェイムズ・バージェスと手を組んだ。二人はスミスの指導教官であるエリック・アルム教授の支援を受け、オープンバイオームという非営利の糞便バンクを立ち上げた。オープンバイオームは、ドナーの募集、スクリーニング、注入液の調合、サンプルの出荷までをする。患者がしなければならないのは、ファイバースコープを使ってくれる医者を見つけ、糞便サンプルの費用二五〇ドルを支払うことだけだ。現在アメリカでは、三三の州にまたがる一八〇の病院がオープンバイオームのサービスを利用している。アメリカ人なら八〇％が車で四時間以内の場所で、冷凍された安全な糞便を入手できることになる。すでにおよそ二〇〇〇人のクロストリジウム・ディフィシル感染症患者が、オープンバイオームのおかげで治癒している。

オープンバイオームに糞便を提供するボランティア（一回につき四〇ドルと、それにより二～三人の命を救えるかもしれない明るい見通しが報酬となる）の適性審査はあなたが想像する以上に厳しいものではない。しばらく抗生物質を飲んでいない、しばらく海外旅行に行っていない、アレルギーや自己免疫疾患など腸内細菌がらみの病気になっていない、代謝異常症候群や大うつ病性障害になっていない、ＨＩＶや大腸菌Ｏ１５７のような微生物に感染していない、それだけだ。だが、この条件をすべて満たせる人は意外に少ない。オープンバイオームでは、五〇人の応募者に質問と検査をして一人の適格者を得られるのがやっとだ。参考までに、献血のボランティアなら五〇人のうち四五人が適格となる。

トム・ボロディが勤めるオーストラリアの消化器疾患センターは胃腸科の病院だ。だが彼は、腸以外の病気から回復したケースをいくつか見てきた。便秘や下痢を抱える患者の一部に二一世紀病を併発している人がいる。ビルという名の患者もその一人で、何年も多発性硬化症を患っていて歩くことができなくなっていた。ビルがボロディの病院に糞便移植を受けに来たとき、その目的は便秘を治すためだった。ところが移植して数日たったころから何かが変わってきた。そして日ごとに健康と歩行力をとり戻した。現在のビルは、かつて多発性硬化症だったとは思えないほどだ。

　ボロディの病院で糞便移植を受けたあと、健康をとり戻した自己免疫疾患の患者はビルだけではない。ビルのほかにもう二人、多発性硬化症の患者が救われている。さらに、パーキンソン病と初期の関節リウマチを患っていた若い女性が一人と、免疫系が血小板を破壊する「特発性血小板減少性紫斑病」の患者一人が、それぞれ糞便移植のあと症状が消えた。これらの奇跡的な回復が移植によるものか、それとも自然寛解（とくに治療をしなくても症状が消える現象）なのかは、現時点ではまだ不明である。

　糞便は医薬品ではないため、キッチン用ミキサーと濾し器、生理食塩水を用意して、ユーチューブのビデオで手順を確認すれば自分で移植することもできる。実際、何千人もがそうしている。意外でも何でもないが、このように自力で試そうとする人々の中に、自閉症の子をもつ親たちがいる。ボロディ自身が確認した例として、糞便移植後に、さらに風味づけした飲料に便微生物を混ぜたものを何度か飲ませて自閉症児が症状を改善させたケースがあった。ボロディの治療の目的は胃腸の症状の軽減で、心の病気の範疇ではない。にもかかわらず、何人かの子どもがこうした治療のあと症状を改善させていると彼は言う。最も勇気づけられるのは、二〇種類ほどの語彙しか使えなかった幼児が、微生物治療ののち数週間でおよそ八〇〇語まで使える語彙を増やしたというケースだ。いまのところ、こうした話はすべて事例報告でしかない。自閉症患者への糞便移植の効果を調べる臨床試験は、計画ならあるようだが実際に実施されたことはまだ一度もない。しかし、証拠がないからといって自閉症児の親たちを制止することはできない。親たちの多くはどんなことでも試したいと思っている。

　プロバイオティクスと同じく糞便移植も、自閉症や1型糖尿病のような病態への治療には影響力が小さすぎ、またタイミング的に遅すぎるように思われる。すでに損傷が生じてしまった場合や、器官の発達を左右する重要な時期を逃してしまった場合には、マイクロバイオータをどれだけ修復したとしても損傷の拡大を防ぐ程度の効果しかないだろう。一方、症状が少しずつ悪くなるタイプの病気なら、時計の針を戻すことは可能かもしれない。

第2章で紹介した、ヒトの肥満者の腸内細菌を無菌マウスに入れた実験を思い出してほしい。二週間後、餌を食べた量は変わらないのにそのマウスは太った。逆向きの実験をしたらどうなるだろう。健康で痩せているヒトの腸内細菌を太ったヒトに入れた場合は？　今回ばかりはマウス実験の結果ではなく、ヒトでどうなるのかを伝えたい。なぜならそれは、アムステルダムにあるアカデミック・メディカルセンターのアンネ・フリーゼとマックス・ニュードープが率いる研究チームが出した結果だからだ。

この試験の目的は、肥満者が減量できるかどうかを調べることではなく、痩せ型のマイクロバイオータの即効性を見ることだった。痩せた人の微生物コロニーを受けとると、太った人の代謝は改善するだろうか。第2章で述べたように、太っていても健康な人と不健康な人の二種類がいる。いまのところ多数派である不健康な太り方をした人は、単に太っているだけでなく病んでいる。そうした人たちは、医療コストを上昇させている最大要因である代謝異常症候群に陥っている。あまりなじみのない言葉かもしれないが、代謝異常症候群とは、肥満だけでなく2型糖尿病、高血圧、高コレステロールという致死的な因子が重なった状態のことをいう。代謝異常症候群の患者を治療するのに毎年、何百億ドルもが費やされており、先進国では死因の大半の背景となっている。代謝異常症候群が背景にある死因リストの上から三つは心臓病、肥満関連の癌、脳卒中だ。

代謝異常症候群の一側面である2型糖尿病は、個人の健康状態を表す指標になる。インスリン分泌細胞が破壊されてしまう1型糖尿病とは異なり、2型糖尿病の場合はインスリン産生能力が残っている。ただ、その細胞が反応しないのだ。インスリンは、すぐにエネルギーとして使う必要のない血液中のグルコース（糖）を脂肪として蓄えるよう人体細胞に命じるホルモンだ。食物からグルコースが血液中に入ってくると、血糖値が上がらないようインスリンが分泌される。しかし、血液中のインスリン濃度がつねに高いと、体はグルコースを貯蔵せよという命令を無視するようになる。これがインスリン抵抗性と呼ばれる危険な状態だ。過体重または肥満の人の三〇～四〇％は2型糖尿病になっている。そのうち八％はいずれ心臓病で死ぬ。

過体重であろうとなかろうと健康な人の場合、食事のあとで血糖値が急上昇する。するとインスリンが分泌されるので、血糖値は急降下する。このように素早く反応するとき、その細胞はインスリンに感受性があると表現される。グルコースを貯蔵せよという命令にすぐ反応するからだ。だが、インスリンに対して抵抗性がある人にはこうした血糖値の乱高下がない。血糖値が上がってから下がるまで長い時間を要する。インスリン抵抗性を本来の状態に戻す方法が見つかれば、代謝異常症候群に関連する死亡を防ぐことができる。

太った人の腸内細菌をマウスに入れるとマウスが太るのなら、健康で痩せた人の糞便を太った人に移植すると肥満関連の症状を改善させられるのではないか、とフリーゼとニュードープは考えた。二人を含む研究チームは臨床試験を開始した。この試験では、痩せ型マイクロバイオータの糞便移植によりインスリンの感受性を上げることができるかどうか、また細胞のグルコース貯蔵速度が上がるかどうかを見る。九名の肥満男性に痩せたドナーから採取した糞便の液を入れ、別の九名の肥満男性に自身の糞便の液を入れると、六週間後、痩せ型マイクロバイオータを受けとった男性たちはインスリンへの感受性が上がっていた。彼らの細胞は以前より二倍近い速さでグルコースを貯蔵していた。健康で痩せたドナーのインスリン感受性とほぼ同じになるほどの改善である。自身の糞便を戻し入れられた対照群のグルコース貯蔵速度は以前とまったく変わらず、インスリン感受性は低いままだった。

自分の腸内に棲みついている微生物集団のタイプが違うだけで、健康でいられるか、それとも心臓病で死ぬ確率が八〇％になるかに分かれるというのは驚きだ。新たにインスリン感受性を獲得した男性たちの腸内細菌の菌種は一七八〜二三四種類も増えていて、多様性が増していた。増えた菌種の中には、短鎖脂肪酸の酪酸をつくる細菌グループがいた。酪酸は肥満予防に重要な役割を果たすと考えられている。大腸の細胞は酪酸によって強化される。細胞どうしをつないでいる蛋白質の鎖が堅くなり、厚い粘液層で覆われることにより、腸壁にすき間ができるのを防ぐ。

フリーゼとニュードープはつぎに、痩せ型マイクロバイオームの糞便移植で太った人が減量できるかどうかを知りたくなった。マウスでは可能であることが確認されている。太ったマウスに痩せたマウスの微生物を与えると体脂肪が三〇％減るのだ。現在、同じことがヒトでも作用するかどうかを調べるための二度目の臨床試験が進行中だ。この試験の結果によっては、肥満と代謝異常症候群の治療法が根本的に変わるかもしれない。うまくいけば、医療費の削減と患者の生活の質の向上につながるだろう。

腸内マイクロバイオータが健全な状態に戻ることで、2型糖尿病を含む代謝異常症候群の要素が改善するのなら、糞便移植までする必要はあるのだろうか。プロバイオティクスでも同じ効果が得られるのでは？　厳正に設計した二件の臨床試験が、ラクトバチルス属の細菌でできたプロバイオティクスでインスリン感受性と体重が改善したとする結果を出している。とはいえ、菌種が何であれ、その結果がどうであれ、プロバイオティクスは「軟膏」でしかない。いわば、一時的な慰めだ。プロバイオティクスは腸管を通るが、そこに長くとどまるわけではない。それで利益を得るには摂取し続ける必要がある。それに、プロバイオティクスを毎日摂取したとしても、それだけでは歩兵に武器をもたせないまま戦場に送りこむようなものだ。

持続的な効果を得るには、外から補充しなくても細菌が自力で増殖する環境を用意してやらなければならない。そこで登場するのがプレバイオティクスだ。プレバイオティクスは生きた細菌ではなく、有益な細菌の全個体数を増やすよう促す「細菌の餌」だ。フラクトオリゴ糖、イヌリン、ガラクトオリゴ糖といった名前は、まるでできあい食品のパッケージの裏に書かれている合成添加物のように思えるかもしれない。実際それらは化学物質ではあるのだが、ニンジン（βカロチン、グルタミン酸、ヘミセルロースなど）や牛肉（ジメチルピラジン、アセトインその他）の成分と同じで、人工的なものではない。プレバイオティクスは、どのみち食べるべきである難消化性の食物繊維に含まれている。当然ながら、サプリメントの形で商品化もされている。野菜を食べるのが苦手なら、ハンバーガーにプレバイオティック・パウダーをかけて摂取してはいかがですか、というわけだ。

プレバイオティクスの利益は、それが単離されたものであれ、オリジナル（タマネギ、ニンニク、ネギ、アスパラガス、バナナなど）であれ、プロバイオティクスの利益よりずっと広範囲に及ぶはずだ。食中毒からの回復促進や皮膚炎の治療に効果のあることは以前から示されていたし、おそらく大腸癌の予防にもいいだろうと言われているが、こうした効用についての研究はまだ初期段階でしかない。期待したいのは、プレバイオティクスは代謝異常症候群の治療にも使えそうだという点だ。第6章で述べたように、フラクトオリゴ糖（オリゴフルクトース）はビフィドバクテリウムとアッカーマンシア・ムシニフィラを増やすことが知られている。これらの細菌は、腸壁にすき間ができるのを防ぎ、食欲を抑え、インスリン感受性を高め、減量を助ける。

理想のドナーを求めて

つきつめれば、プロバイオティクスと糞便移植にそれほど大きな違いはない。どちらも有益な微生物を腸内に届けるという考え方だ。一方は上から、もう一方は下から。一方はラボで培養され、もう一方は他人の腸内という理想的な環境で培養される。この二つの方法が合流するのは時間の問題でしかない。腸内の正しい場所に正確に届けられるよう設計されたカプセルに、糞便移植の注入液に入っているのと同じ微生物集団をつめて、コップ一杯の水で飲みこむ方法なら、科学史の遺物であるラクトバチルスでつくられたヨーグルトなどよりはるかに役に立つだろう。便利で安価なうえ、お尻にファイバースコープを突っこまれる恥ずかしさとも無縁でいられる。

ボロディ教授はいつも何かしら革命的なことを思いつき、周囲を和ませるユーモアを欠かさない人物で、現在、そんなカプセルをアレクサンダー・コルツと組んで研究している。ボロディはそれを、糞便入りカプセルという意味の英語を縮めて「クラップセル」と呼ぶ。どちらかといえば規制がゆるいオーストラリアの医学研究環境で、彼は二〇一四年一二月、クラップセルを使ってクロストリジウム・ディフィシル患者を治すのに成功した。カプセルの中にはボロディが移植に使ったのとまったく同じ糞便溶液が入っていて、それを下からではなく上から入れた。

しかし、規制の厳しいカナダにいるマイクロバイオーム科学者のエマ・アレン゠ヴェルコーは、もっと的を絞って調整した「合成糞便」を開発しようとしている。自閉症の研究で使ったのと同じ無酸素培養装置のロボガットを用いて、オンタリオ州キングストンにあるクイーンズ大学の感染症専門医エレイン・ペトロフと共に、生（なま）の糞便の代わりに既知の細菌のカクテルを調合した。このレシピは、類まれなる健康に恵まれた一人の女性の腸内で四一年かけて精製されたものを手本につくられた。ここまで健康な人を探すのに数十年かかった、とアレン゠ヴェルコーは言う。

　アレン゠ヴェルコーは毎年三〇〇人のゲルフ大学の学部生に微生物学入門の授業を教えている。そして毎年、「これまで一度も抗生物質を飲んだことのない人は手を挙げて」と尋ねる。だれも手を挙げない。オープンバイオームの設立者であるマーク・スミスと同じくアレン゠ヴェルコーも、理想的な糞便の提供者が見つからなくて困っていた。大学生という若くて健康で運動が得意な集団でさえ、腸内細菌が抗生物質による大量破壊の被害を受けたことのない者はいなかった。アレン゠ヴェルコーはついにインドの農村出身の女性に出合った。その女性は、子どものころに抗生物質を投与されたことはなく、大人になってからはひざの怪我を縫合したあと単回投与されたことが一度あるだけだという。体つきは細身で、健康で、病気をしたことがなく、バランスのとれた有機食品を食べている。最高の糞便ドナーが見つかった。

　アレン゠ヴェルコーとペトロフは、やっと見つけた「スーパードナー」の糞便を使って唯一無二の混合微生物を培養した。選ばれた三三の細菌は、危険でないことがわかっていて、培養が比較的容易で、万一の場合は抗生物質で抹消できるものばかりだ。ペトロフが診ていた二人の女性患者は、どちらも抗生物質の治療後に何か月も再発性クロストリジウム・ディフィシルで苦しんでいた。その二人の患者に、従来の糞便ではなく合成糞便を移植して、患者の腸に「苗」を植えつけようという計画だった。移植から数時間後、女性患者は二人とも下痢が止まり、自宅に戻ることができた。アレン゠ヴェルコーとペトロフは、この治療法の初期の成功をばねに、「便微生物移植」の垣根を越え、もっと現代的な「微生物生態系治療」の領域に進出している。

　アレン゠ヴェルコーとペトロフ、ボロディがそれぞれの「製剤」に磨きをかけ、不可避の規制のハードルをクリアしたとしても、従来型の糞便移植は再発性クロストリジウム・ディフィシル感染症における治療法の至適基準として残るだろう。しかし、糞便移植の行く末は、言うまでもなく一人ひとりのニーズに合わせたパーソナライゼーションだ。精査され、スクリーニングされたドナーの糞便を使うという道筋の先には、もう一歩進んだ方法が待っている。精子ドナー選びの場面を思い浮かべてみよう。女性は、自分の子の生物学的父親になるかもしれない男性へのインタビューのビデオを見ることができる。そのビデオで、本人のそれまでの人生や物の見方を確認できる。その男性の学生時代の成績や職歴を含む履歴書を読むこともできる。身長、体重、病歴、長寿家系かどうか（祖父母、曾祖父母の情報）に関するデータを調べることもできる。精子ドナー選びで女性がチェックしているのは、最終的には相手にどんな遺伝子があるかだ。彼女たちは、自分の遺伝子と混ぜるための、そして自分の遺伝子を補完するための遺伝子を選んでいる。

糞便ドナーについても同じことが言える。ヒト細胞の群れ（精子）か、微生物の群れ（糞便）かの違いはあっても、いずれにせよあなたが受け取るのはその中にある遺伝子だ。身長や体重、寿命にさえ貢献する遺伝子、あなた自身の遺伝子に混ぜられて補完される遺伝子、健康と幸福につながる遺伝子である。

糞便移植が普及するのは避けられず、そうなると消費者の側の私たちはドナーへの要求を高めていくはずだ。現状のドナーに対しても、腸内細菌関連の病気（心の病気の一部も含め）などのスクリーニング検査はおこなわれている。だが、レシピエント側がドナーを選んだり、レシピエントとドナーの組み合わせを考えたりするところまではいっていない。遺伝子の選別とまではいかなくとも、少し差別化した要素があればそれがプラスに働くことは容易に予想できる。たとえば、ベジタリアンのレシピエントにはベジタリアンのドナーを組み合わせる、というように。移植するならあなたの食生活に合ったマイクロバイオータのほうがスムーズにいくだろう。あるいは、太ったレシピエントに痩せたドナーを組み合わせれば、健康向上に役立つかもしれない。性格で選ぶことも考えられる。外向型の微生物はいかが？　楽観主義者の排泄物で、あなたの人生を明るくしませんか？　スパイスとしてトキソプラズマのサイドディッシュもご用意しております。

いまのところはすべて空想だが、こうしたことは一九九〇年代の「デザイナーベイビー」論争を思い起こさせる。微生物遺伝子の詳細について解明が進み、私たち自身の遺伝子と具体的にどう作用するのかがわかるようになれば、糞便移植でドナーからレシピエントに手渡される中身の重要性が増してくる。現在のところ私たちは、ある人にとっていい腸内細菌は別の人にもいい、という単純なコンセプトでしか考えていないが、一人ひとりの微生物共同体を形づくっている要素――遺伝子や食生活、過去、人間関係、旅行先など――に目を向けるようになれば、自分に適した微生物を選ぶことに無関心ではいられなくなるだろう。

健康的なマイクロバイオータを取り戻そうという目的はいいとして、健康的なマイクロバイオータがどんなものかという疑問がまだ残っている。アレクサンダー・コルツとエマ・アレン゠ヴェルコー、マーク・スミスとオープンバイオームのチームが壁にぶちあたったように、糞便ドナーにふさわしい健康なアメリカ人を探すのはとてつもなく困難だ。提供を申し出る善意のボランティアのうち九〇％はスクリーニング過程で落とされる。ボランティアに名乗りを上げるくらいだから、そうした人たちは自分を健康だと思っている。その背後に、自分の健康に自信のない人が大勢いることを考えれば、真に移植に値するマイクロバイオータをもつ欧米人は一％にも満たないだろう。抗生物質で攪乱され、脂肪と砂糖まみれになり、食物繊維が不足している欧米人のマイクロバイオータは、いまも産業革命前の暮らしをしている人々の純粋なマイクロバイオータと比べてどのくらい違うのだろうか。

当然ながら、かなりの違いがある。マイクロバイオーム研究の先導者、ジェフリー・ゴードンの率いる国際研究チームは、産業革命前の伝統的な暮らしをしている二地域の二〇〇名から糞便を採取した。一つ目の集団は、ベネズエラのアマソナス州にある二か所の南米先住民の村落で、穀類とキャッサバが中心の、食物繊維が多く脂肪と蛋白質が少ない食生活をしている。二つ目の集団は、アフリカ南東部のマラウイにある四か所の村落で、同じく穀類と野菜中心の食生活をしている。ゴードンの研究チームは各人の糞便から得られたマイクロバイオータをDNA解析し、アメリカ在住の三〇〇名の解析結果と比べた。

三か国のマイクロバイオータを類似度で眺めると、アメリカと、アメリカでない二か国とでくっきりと分かれた。南米先住民とマラウイ人の腸内細菌にほとんど違いは見られなかった。ベネズエラとマラウイは一万キロ離れているにもかかわらず、腸内細菌は互いによく似ている。一方、アメリカ人の腸内細菌は南米先住民のそれともマラウイ人のそれとも似ておらず、多様性が低い。マイクロバイオータに含まれる菌種の数は、南米先住民が一六〇〇、マラウイ人が一四〇〇で、アメリカ人は一二〇〇だった。

アメリカ人のマイクロバイオータが仲間はずれなのは一目瞭然だ。単に違っているだけなのか、それともダメージを受けているのかを知るためには、どの細菌グループに違いがあり、そのグループがどんな仕事を担っているかを見ればいい。アメリカ人の腸と非アメリカ人の腸を分ける指標として、存在量の異なる九二の菌種が浮かび上がった。そのうち二三菌種はプレボテラ属の細菌だった。第6章で述べたように、プレボテラ属はブルキナファソの子どもたちの腸に多く見られる細菌グループだ。穀類、豆類、野菜に含まれる繊維質の細胞を多く食べる食生活をしていると、このグループの細菌が優勢になる。プレボテラ属の二三菌種が栄えているサンプルはどれも、非アメリカ人のものだった。

つぎに、アメリカ人と非アメリカ人のサンプルでどんな酵素に違いが見られるかが調べられた。酵素は分子の世界における働きバチのような存在だ。蛋白質を分解する、ビタミンを合成するなど、それぞれ独自の役割を果たしている。アメリカ人と非アメリカ人の腸内細菌がつくり出す酵素のうち、とくに目立った違いのある酵素は五二種類あった。ここで簡単なクイズを出そう。違いのある酵素のうち、ビタミンを合成する酵素を多くつくっているのは、アメリカ人と非アメリカ人、どちらだろう？　私は最初、非アメリカ人だと思った。栄養の乏しい食料から精一杯栄養を吸収するのにたくさんの酵素を使っているだろうと思ったからだ。アメリカ人は栄養やビタミンが豊富な食品をいつでも手に入れられるからビタミンを合成する酵素はそれほど必要ではないだろう、と。だが、私の答えは間違っていた。ビタミン合成酵素をつくる遺伝子は意外にも、アメリカ人のマイクロバイオームのほうに多く含まれていた。ほかにアメリカ人に多かったのは、医薬品や重金属の水銀、そして脂っこい食べ物からできる胆汁酸塩を分解する酵素だった。

簡単に言うと、アメリカ人と非アメリカ人のマイクロバイオームの違いは肉食動物と草食動物の違いのようだ。アメリカ人の腸内細菌は蛋白質や糖、糖の代用品を分解するのが得意で、南米先住民とマラウイ人の腸内細菌は植物に含まれるでんぷんを分解するのに向いている。パレオダイエットに傾倒している人は、立ち止まってこの点をよく考えてみるといいかもしれない。

微生物生態系を修復するという試みはまだ新しい分野で、先行きは不透明だ。プロバイオティクス、プレバイオティクス、糞便移植、微生物生態系治療のどれをとっても、「予防は治療にまさる」という古くからのことわざ以上に有効なものはない。私たちは過去数十年で、ヒトという種を支えてきた微生物の多様性を大きく失ってしまった。抗生物質もファストフードもない辺地で暮らす社会がこの地球に残っていなかったら、私たちはヒトのマイクロバイオータの「本来の姿」を知ることはできなかっただろう。地球全体での生物多様性が失われているように、私たちの内なる生態系の多様性も失われつつある。子どもや孫のために、私たちはいまこそこの流れを反転させなければならない。

終　章　二一世紀の健康

一九一七年、イギリス王ジョージ五世は、その年に一〇〇歳の誕生日を迎える男性七名と女性一七名に祝いの電報を送った。以来この儀式は伝統となり、送り主はジョージ五世の孫娘に、電報はグリーティングカードに替わったものの、こんにちまで続いている。イギリス王室は年々忙しくなっている。祖父が一年ごとにしていた誕生カードへの署名を、女王エリザベス二世は毎日こなさなければならないからだ。こんにち一〇〇歳を超えているお年寄りは、ジョージ五世がはじめて祝電を送ったときにはまだ赤ん坊だった。そのお年寄りたちが生きているうちに、イギリス全土の一〇〇歳以上の人口は二桁から約一万人になった。

二〇世紀に、ヒトという生物種は太古の昔からの敵をコントロールする手段を見つけた。ワクチン、医療現場の衛生習慣、水道整備、抗生物質を通じて私たちは、平均すると三一年だった人生の時間をおよそ二倍に引き延ばした。これら四つのイノベーションが広く行き渡った先進国の平均寿命は八〇歳になろうとしている。寿命の延びを可能にした変化の大半は、一九世紀末から第二次世界大戦終了までの約五〇年間に起こった。

さて、二一世紀になると、ヒトの健康は新たなステージに入った。先進国で達成された長寿だけが健康の指標ではなくなった。寿命が延びても、心身の不具合によって生活の質が妨げられたまま生きているのでは健康とは言えない。生活の質が本来そうであるべき水準より低くなっている人は大勢いる。自閉症になった幼児。アトピー性皮膚炎や花粉症、食物アレルギー、喘息に苦しむ子ども。残りの一生を自分でインスリン注射して過ごさなければならないと言われた一〇代の少年少女。神経系が破壊された事実と向き合わなければならない若者。そして太りすぎや心の病気に苦しむ無数の人々。

ありがたいことに、先進国では天然痘やポリオ、麻疹を心配する必要はなくなった。これは人類史における大躍進だった。だが、かわりに私たちが苦しむことになった二一世紀病は、当初の衛生仮説が示唆したような感染症減少の代償ではない。衛生仮説とその中心的な教義である「感染がアレルギーその他の炎症系疾患を防いでいた」という考えは、一般市民も医療従事者もいったん捨てなければならない。私たちに足りないのは感染ではなく、旧友だ。かつて、ヒトの進化における無意味な名残と広く信じられていた虫垂は、じつは微生物の隠れ家で、人体免疫系の育成を担っていることをいまの私たちは知っている。虫垂炎は、人生につきものの不可避の事故のようなものではなく、本来なら虫垂に侵入してきた病原体を撃退するはずの旧友たちがいなくなったことで発生してしまう病気だ。人体の最古の友人と友情を温め直すチャンスは、まだ手の届くところにある。

私は第1章で、二一世紀病の原因に、どこで発生したか、だれが影響を受けたか、いつはじまったかを問う疫学的手法で迫った。その答えは、人類の富と才によりもたらされた「暮らし方の変化」を映し出していた。先進国では抗生物質を万能薬として、単なる風邪から命を脅かす危険な感染症まであらゆることに使っている。畜産業も同じ薬に頼りきっている。抗生物質を使えば家畜の成長を速めることができるうえ、感染症を心配せずに遺伝的に似かよった家畜を大量に狭い空間に押しこめて育てることができるからだ。私たちの食事からは、人類がずっと食べてきた食物繊維がこれまでになく減っている。多くの赤ん坊が自然分娩ではなく外科的に取り出されている。そして哺乳類としての母乳育児を放棄して粉ミルクの便利さに走っている。

こうした変化は一九四〇年代を中心に起こった。抗生物質が手軽に使えるようになり、第二次世界大戦の終結とともに食生活が変容し、帝王切開と粉ミルク育児が急増した時代である。最近まで私たちに見えていなかったのは、こうした変化が微生物に与えた影響の大きさだ。私たちは微生物に宣戦布告した日に、そうとは知らず、微生物と数千世代にわたって結んできた共進化と共同生活の約束を一方的に破棄してしまった。

二一世紀病は、人種にかかわりなく新生児にも高齢者にも男にも女にも発症する。女性のほうが影響されやすく、とくに自己免疫疾患になりやすい傾向があるが、その理由はまだよくわかっていない。こうした性差とマイクロバイオータとの関連性を示した実験がある。遺伝的に1型糖尿病になりやすい系統のマウス（NODマウス）では、メスのほうがオスより二倍、糖尿病を発症しやすい。この違いは免疫系に対するホルモンの作用が関係しているものと思われる。NODマウスのオスは、精巣を除去されるとメスと同程度に糖尿病を発症しやすくなるからだ。ちなみにNODマウスを無菌環境で育てると、糖尿病発症率にオスとメスの差はなくなる。つまりマイクロバイオータが発症リスクを左右していることを示している。オスのマウスの腸内細菌をメスのマウスに導入すると、案の定、メスのマウスはテストステロン濃度が上がり、糖尿病発症率が下がった。ただし、マウスにこうした性差が現れるのは生殖機能がはじまる時期以降だ。ヒトの1型糖尿病に性差が見られないのは、この病気が思春期前に発症するからだろう。多発性硬化症や関節リウマチなどの自己免疫疾患は、若いうちは女性のほうが発症しやすいが、年齢とともに男女で差がなくなる。

どこで、だれに、いつ、なぜ、どのように二一世紀病が出現したのかをたどって見えてきたのは、私たちはマイクロバイオータにダメージを与えてきたということだ。微生物共同体のバランス、とくに腸内細菌のバランスが崩れると、炎症を引き起こし、炎症が慢性症状を引き起こす。こうした慢性病の原因をヒトゲノム研究が明かしてくれるのではと期待された時期もあった。だが、ヒトの遺伝子をどれだけ探しても、遺伝子が決め手になっている病態は当初の予想よりずっと少なかった。結局、ゲノムワイド相関解析で明らかになったのは、それぞれの病気になりやすい体質かどうかだけだ。個人のゲノムを調べて見つかる遺伝子バリアント（ＤＮＡのスペル違い）は、かならずしもエラーではなく、ふつうの状況で自然に生じる変動で、病気に直結するような性質のものではなかったのだ。ただし特定の環境要因が重なると、ＤＮＡのスペル違いが特定の病気の発症を後押しすることがある。二一世紀病に関連するとされた遺伝子バリアントの多くは、腸壁の透過性と免疫系の調整にかかわる遺伝子だった。

一九〇〇年の先進国における死因の上位三位は肺炎、結核、感染性下痢症で、この三つが人口の三分の一の命を奪っていた。平均寿命は四七歳だった。二〇〇五年、人口の半分の命を奪っている死因の上位三位は心臓病、癌、脳卒中で、平均寿命は七八歳である。私たちはこれらの病気を高齢者の病気とみなし、人生を長く生きた代償だと考えがちだ。しかし、西洋化されていない地域の人が――感染症、事故、暴力に何度もさらされながら生き延びて高齢になった人を含め――心臓病や癌や脳卒中で死ぬことはあまりない。私たちが現在理解しつつあるのは、単に高齢になるだけで心臓が固くなったり、細胞が無秩序に増えたり、血管が破裂したりするわけではないということだ。医学研究者たちのあいだでは、心臓病、癌、脳卒中は高齢者の病気というより炎症ではないかという見方が浮上している。高齢になって発症するのは、ダメージが長年にわたって蓄積された結果かもしれない。もしそうなら、そこまでダメージを蓄積させずに老いることも可能だろう。

ヒトゲノムの解読が生物学の新時代の到来を告げたように、もう一つの臓器と呼んでもいいマイクロバイオータの存在に気づいたことは、医療の新時代を切り開いた。二一世紀病は長生きする患者、治療をする医者、薬を開発する製薬会社に新たな課題を提示した。私たちが悩んでいる慢性症状に対して、従来の治療法は行きづまっている。アレルギーには抗ヒスタミン剤を、糖尿病にはインスリンを、心臓病にはスタチンを、心の病気には抗うつ剤をというような、総合的に治すことを目指さず個別に長期的に対処する方法では、問題の核心には迫れない。そのせいでつい最近まで、私たちはその根本原因を見抜くことができなかった。マイクロバイオータが単なる傍観者ではなく人体運営の直接的な参加者だと判明した現在、二一世紀病の根本原因をターゲットにするという新しい希望が見えてきた。

では、私たちはどうすればいいのだろう。私たちと微生物との関係は三つの側面から脅かされている。抗生物質を使いすぎていること、食物繊維の摂取が足りないこと、赤ん坊のマイクロバイオータの植えつけ方と育て方が変わってしまったことだ。この三つの側面に対し、社会として個人としてどう姿勢を変えていけばいいかを考えてみよう。

社会としての姿勢を変える

医療倫理の中心教義は「何よりも、危害を与えてはならない」だ。どんな治療にも副作用のリスクはつきもので、医者は利益とリスクのバランスを考えなければならない。これまで、抗生物質の副作用はあったとしても小さいと思われ、軽視されてきた。だが、マイクロバイオータが人体の健康に与える影響の大きさがわかった以上、一クールの抗生物質治療で利益より危害を与える場合がある、という認識をもたなければならない。たとえ抗生物質で感染症をうまく退治できたとしても、別のところでダメージを与えている可能性がある。抗生物質の使用を減らすべき理由はすでにある。耐性菌出現の問題だ。耐性菌の出現は社会にとっても個人にとっても脅威であるはずなのに、まだまだ認識が甘く、医者や患者に使用を減らすよう強く働きかけるに至っていない。加えて、抗生物質はマイクロバイオータを無差別攻撃して患者個人に危害を与える。抗生物質で治療するというのは、健康な細胞まで壊してしまうという意味で癌を抗癌剤で治療するようなものと考えて、危害より利益が上回るときにのみ使うようにすべきだろう。

　抗生物質への依存を減らすために、また他の選択肢がない場合に生じうる影響をできるだけ小さくするために、社会全体で取り組むことのできる現実的な対応がいくつかある。まず、細菌ではなくウイルスが原因の病気にまで抗生物質を処方する過剰使用についてだが、医者からすると、目の前の患者の病状がウイルスによるものか細菌によるものか見分けることができないという問題がある。現状では、症状を引き起こしている病原体が何であるかを正確に知ろうと思ったら、検査機関にサンプルを送って分析または培養してもらわなければならず、結果が出るまで数日待たなければならない。多くの患者にとって、また多くの感染症にとって、これでは時間がかかりすぎだ。ということで、不必要な抗生物質の使用を減らす第一歩は、感染の原因を数分または数時間で特定できる迅速診断キットの開発だ。もちろん、それに使うサンプルは糞便、尿、血液、あるいは呼気のように簡単に採取できるものでなければならない。

　現在、大半の抗生物質が多種多様な（広域の）細菌に効くようにできていることは利点とされている。医者は原因となった病原体を知らなくても、広域抗生物質を処方すればたいていの感染症を治せるからだ。

しかし、感染を引き起こしている細菌をすばやく特定して、その細菌にいちばん合った抗生物質で治療するのが理想だ。それぞれの病原体に特有の分子を標的に、その病原体だけ殺すような抗生物質があれば、それ以外の有益な微生物とマイクロバイオータに損傷を与えずにすむ。そうした薬剤を病原体ごとに開発するにはもちろん費用がかかるが、長い目で見ればマイクロバイオータ損傷関連の病気に費やされる医療費の削減につながるし、何より、感染症患者に危害を及ぼすリスクが減る。

抗生物質の使用を減らすだけでなく、有益な微生物を病原体との戦いにうまく利用することも考えたほうがいい。腸内に常駐しているマイクロバイオータは、黄色ブドウ球菌やクロストリジウム・ディフィシル、サルモネラ菌などの病原体がコロニーを形成するのを妨害する役割を果たしてくれる。目的を絞った適切なプロバイオティクスを摂取して、常在菌の防衛力を高めれば、感染症と戦ったり炎症を抑えたりするのに役立つだろう。

医薬品の効き目をよくするために個人のマイクロバイオータを理解し、そこに介入することは、個別化医療（パーソナライズド・メディシン）というつぎのステップとなる。たとえば、心不全治療薬のジゴキシンは、患者一人ひとりに合わせて処方量を調節しなければならない。いまのところ、どの処方量で治療を開始するかは医者の勘にゆだねられている。そして数週間、数か月かけて効果と副作用のバランスを見ながら量を調整していく。患者の反応がまちまちなのは、遺伝子の違いではなく腸内細菌の組成比の違いによる。エガセラ・レンタという細菌を抱えている患者はジゴキシンへの反応が鈍い。エガセラ・レンタそのものは一般的な腸内細菌で害はないが、ジゴキシンを不活性化させる作用があるのだ。医者は、患者の腸内にこの細菌がいると事前にわかっていれば、その患者に蛋白質を多く食べるようにと助言することができる。蛋白質に含まれるアミノ酸のアルギニンが、細菌による薬の不活性化を防いでくれるからだ。

人が薬剤にどう反応するかは予測がむずかしい。反応を決めるのは遺伝子や環境だけではないからだ。あなた自身の遺伝子のほかに、マイクロバイオータには四四〇万個の遺伝子がある。親から受け継いだものもあれば、あとから獲得したものもある。それらが個人の薬への反応を左右する。微生物は薬を活性化させたり、不活性化させたり、毒性化させたりする。一九九三年、一八名の日本人が微生物の作用による犠牲になった。彼らは癌を患っているときに帯状疱疹になった。帯状疱疹の薬は腸内細菌の作用を受けて変容し、抗癌剤を致死的な毒素にした。この相互作用の危険性は帯状疱疹の薬が承認されたときから知られており、添付文書にも抗癌剤との併用への警告文が載っていた。あいにく日本では当時、医者が患者本人に癌であることを告知しない慣行があったため、抗癌剤を抗癌剤だと言わずに処方していたのである。

ここまでくれば想像はつくだろうが、患者の腸内微生物のDNA解析（配列決定）をして、診断はもとより、その人にとっての薬の適量を決めるのに使うという方法が視野に入ってくる。特定の菌種を加えるか取り除くかしてマイクロバイオータを操作すれば、副作用を抑えたり、効き目や安全性を向上させたりできるかもしれない。DNA解析の費用はどんどん下がっているので、マイクロバイオームをモニタリングしながら健康状態をチェックし、リスクが見つかれば改善計画を立てるというような未来像も現実的になってきた。

抗生物質の過剰使用は集約農業の現場にもある。イギリスのテレビ局BBCのニュースキャスター、ジョン・ハンフリースは著書『狂食の時代』で、畜産農場を訪ねたときのことを語っている。畜産業者はハンフリースに、獣医学の分野で最高の薬を使って育てた巨大な牛を誇らしげに見せた。ハンフリースは牛舎の片隅に一頭のやせ細った牛がいるのに気がついた。「あの牛はどこか悪いのですか」とハンフリーが尋ねると、「どこも悪くありませんよ」と返された。「あれは、わが家の冷凍庫に行くやつです。薬漬けの肉を子どもに食べさせたくないと家内が言うもんで」

ＥＵ諸国では、抗生物質を家畜の成長促進剤として使うことはすでに禁止されているが、「治療薬」と称してしばしば使われているのは言わずもがなだ。一方アメリカでは、食品医薬品局（ＦＤＡ）がＥＵ同様の規制を敷く意図を発表してはいるものの、実際に禁止するのはかなり先になりそうだ。抗生物質の使用で影響を受けるのは畜産品だけではない。残留薬を含んだ糞が有機野菜の肥料になっている。抗生物質（農薬やホルモンその他、ヒトへの安全性が疑わしい薬なども）を使わずに農産物をつくれば、最終的に店頭価格は高くなる。だが、小売店のレジで多めにお金を払うのと、健康が蝕まれて医療費が余分にかかるのと、あなたとしてはどちらがいいだろうか。後者の場合、医療サービスを維持するために費やされる税金も上昇する。

ダイエット法については世間にあらゆる論争があふれている。バターと植物油、どちらが体に悪いのか。一日何カロリーを摂取すればいいのか。ナッツ類はいいのか悪いのか。減量するには炭水化物と脂肪、どちらを減らせばいいのか。こうした質問には専門家でさえ明快な答えを返せないが、食物繊維をもっと食べるべきだという意見に反対する専門家はいない。

イギリスでは「果物と野菜を一日に少なくとも五点食べよう」という呼びかけ運動が二〇〇三年からはじまった。この標語はイギリス国民の意識に根づかせることに成功し、人々の日常会話の中で「私の一日五点はね、ワイン、ジャム、フルーツ風味のお菓子……」というようなジョークが出てくるまでになっている。オーストラリアでは「めざせ２＆５」という標語を掲げ、毎日二点の果物と五点の野菜を食べることを促している。こうしたメッセージは人々の食べ方に多少の影響を与えたようだが、食物繊維よりもビタミンとミネラルに焦点があてられているのが残念だ。食品メーカーはこの機に乗じ、一日何点というノルマに充当できることを認めたシールを、トマト・ピューレやフルーツジュースなど幅広い食品に貼っている。ジュースにされたり他の食品にブレンドされたりすることの多い果物は注目を集めているが、穀類や種子類、木の実はすっかり無視されている。食物繊維はまともに取り上げられたことすらない。どうせなら、「もっと植物を食べよう」という標語のほうがいいのでは?

食に関して社会全体が抱える最大の問題は、私たちの忙しすぎる生活ペースではないだろうか。時間のなさは食物繊維の摂取不足につながる。働きづめの先進国の労働者にとって典型的な昼食のサンドイッチには、葉っぱ一枚の生野菜か調理した野菜がもうしわけ程度に入っているのがせいぜいで、食物繊維の摂取にはほど遠い。準備をしている時間のない夕食も似たようなもので、電子レンジで温めるだけの食事に野菜がほとんど入っていないのは周知の事実だ。果物でさえ、ジュースやゼリーなどの加工食品にされている。そのほうが切ったり皮をむいたりする手間が省けるし、通勤バッグの中で傷む心配もないというわけだ。さらに、職場に調理して食べることのできる設備がなく、野菜料理は冷めたものを食べてもあまりおいしくない。職場に電子レンジを置くだけでも、働く人が野菜を食べるきっかけになるだろう。世の中、これだけ「食」に関心が集まっているというのに、私たちは食べることにわずかな手間暇さえ惜しんでいる。

赤ん坊のことも考えよう。過去一世紀、妊婦のケアは飛躍的に向上し、乳幼児の死亡率は減少した。とくに早産で生まれた未熟児を救える確率は大きく高まった。そして、粉ミルク育児が母乳育児より普及するようになって数十年、少なくとも先進国では母乳を赤ん坊の標準食と再評価するところまで戻ってきた。

しかし、別の意味で私たちは逆行している。科学と医学をすっかり信用し、また選択の自由を謳歌するあまり、多くの都市で経膣出産より帝王切開が増えている。帝王切開については母親と子どもの健康にどんな影響があるのかほとんど研究されていないので慎重になるべきだ。とくに妊娠中、分娩中、出産中など各段階においてどのような状態が健全なのか不健全なのか、現段階ではわかっていない。

助産師と産科医は、帝王切開と粉ミルク育児が赤ん坊のマイクロバイオータに与える影響を知っておかなければならない。当の母親にも知らせる必要がある。赤ん坊をこの世に誕生させるにあたっては、母体と赤ん坊の双方にとってベストな方法が採用される。だが、その前提となる知識は時代とともに絶えず進化している。かつて安全だと思われていた帝王切開は現在、そうでもないと思われるようになってきた。母親から微生物一式を受けそこなった赤ん坊は、その不利益を数日後、数か月後、数年後に受けるかもしれないことを覚えておいたほうがいい。

私たちはいま、子どもたちをモルモットに壮大な実験をしている。自然に反して、陣痛のはじまる数日前、または数週間前に外科的に赤ん坊を取り出すとどうなるのか。微生物一式のことはさておき、分娩中に分泌されるホルモンや、産道を通るときの圧力を赤ん坊に与えないとどうなるのか。分娩中に体内で生じるはずの化学的、物理的な変化を経験しないまま、外科医のメスで妊娠状態をとつぜん終わらせると母体はどうなるのか。こうした疑問への答えを、私たちはいまやっと学びはじめたところだ。帝王切開は母体と赤ん坊にとってほんとうに必要なときだけの措置とし、そうでない場合は自然に任せることを、社会全体が認識すべきである。

前世代の子どもたちは、別の実験のモルモットだった。赤ん坊に母乳ではなく牛乳を飲ませるとどうなるかという実験である。現在、先進国で生まれる赤ん坊の四分の一で、この実験は続いている。もちろん、赤ん坊のニーズを満たすだけの母乳をつくることのできない女性が少数存在する（五％未満と推測される）。母親または新生児の状態によっては母乳育児が不可能な場合もある。そうした女性を支援して、かわりに搾乳した母乳や献乳、特殊調整粉乳など質のいいミルクを提供する体制を整えることが急がれる。母乳に含まれるオリゴ糖と微生物についての最新知識を駆使して特殊調整粉乳を開発すれば、母乳育児が困難な母親だけでなくさまざまな事情から粉ミルク育児を選択せざるをえない母親を救うことになる。

助産師や産科医、保健師は、母乳についての最新知識をつねに更新しておくべきだ。そうすることにより、さまざまな事情を抱える赤ん坊の親に、ふさわしい助言をしたり支援したりできるようになる。

個人としての姿勢を変える

幸い先進国では、自分の健康のかなりの部分を自分で決めることができる。親からもらった遺伝子や環境因子を変えることはできなくても、自分のマイクロバイオータを整え、育て、世話をすることはできる。何を食べるか、どんな薬を飲むかであなたの微生物群は変化する。あなたが微生物を大切に扱えば、微生物もあなたにお返しをしてくれる。これから子どもを産もうと思っているなら、親（とくに母親）がその子のマイクロバイオータを決めるのだという自覚をもとう。

私は自分で選択することが好きだ。選択は自由だからできることであり、また、選択するからこそ自由が手に入る。選択は文明社会の証だ。選択は自分で自分の暮らしを向上させる原動力でもある。だが、無知なまま選択しても意味がない。過去一五年ほどのマイクロバイオータ研究は、人体の複雑な相互作用の一部を明らかにしてくれた。私たちの体は共生微生物込みの共同体として機能するようプログラムされている。その情報をもとにどんな選択をするかはあなたしだい。私に言えるのは、なんとなくではなくきちんと考えて選択してもらいたいということだけである。

まずは食生活について、きちんと考えて選択しよう。

知り合いの医者たちに言わせると、医者の仕事をしていていちばん徒労を感じるのは、自助努力をしようとしない患者を相手にするときだという。医者は、運動と食生活（脂肪と糖と塩分を控えて食物繊維を増やす食生活）で健康を改善させようとするのだが、そうした患者は聞く耳をもたず、問題を薬で解決したがるという。だが、食べ物こそが薬だ。

ヒトは雑食動物として進化してきた。人体はたくさんの植物と少しの肉を食べるようにできている。それなのに私たちは、たくさんの肉と少しの植物と、そして動物にも植物にも見えない加工食品を山ほど食べている。もしあなたが、食物繊維の摂取を増やそうと野菜をたくさん食べることを選択した場合には、あなたのマイクロバイオータが適応できるよう、あせらずゆっくり時間をかけて移行したほうがいい。脂肪や蛋白質、単糖が中心の食生活に適応した細菌が多くいる腸内にいきなり大量の食物繊維が入ってくると、望ましくない作用が出ることがあるからだ。野菜や豆類は繊維分が多く、糖分が果物より低いことはぜひ覚えておこう。果物は、ジュースにしたりブレンドしたりすると繊維分が減る。同じく果物は、ヒトの酵素で分解されて小腸から吸収されるため、結果的に人体に摂取されるカロリーが多くなる。また、すでに何らかの胃腸障害がある場合は、食生活を変える前に医者に相談すること。

植物性の食品を食べて有益な微生物の組成比を増やすことは健康への第一歩だ。きちんと考えて選択し、いま以上に多くの植物を食べるようにしよう。

つぎに抗生物質について、きちんと考えて選択しよう。

誤解のないように最初に言っておきたい。抗生物質は命を救う薬であり、多くの状況においてリスクよりも利益がはるかに上回る。もちろん抗生物質を使う前にはマイクロバイオータのことを考慮に入れて選択すべきだ。しかし、抗生物質が手に入らない世界では有益な微生物の世話をする贅沢さえ許されない。要は、抗生物質が悪いのではない。抗生物質は病原性細菌と戦う私たちの武器庫になくてはならない弾薬だが、クモを殺すのにクラスター爆弾を使う必要はないということだ。

抗生物質の過剰使用に責任があるのは医者だけではない。一般診療では一人の医者がランチ休憩をとるまでに二五人前後の患者を診なければならない。一人の患者に病歴を尋ね、診断を下し、おろおろしている患者に助言をし、ふさわしい薬を処方するのに与えられる時間は長くて一〇分だ。抗生物質を出してくれと厚かましく言ってくる患者には、言われるままに出しておこうと考えても不思議はない。このあと診なければならない患者がたくさん待っているのだから。あなたがそんな厚かましい患者になりたいかどうか、きちんと考えて選択しよう。

抗生物質が必要かどうか迷ったときのために、いくつかポイントを紹介しよう。まず、このままでも病状がよくなるかどうか様子をみるため、一日か二日待ってみることを考える。ここで言う「考える」というのは常識に照らすという意味だ。また、医者から抗生物質を出すと言われたときは、つぎのような質問をしてみるといい。

1　この病気がウイルス性ではなく細菌性だという確率はどのくらいでしょう。
2　抗生物質を使うと明らかによくなるか、回復スピードが上がると思われますか。
3　抗生物質を使わず、自分の免疫力だけに任せた場合、どんなリスクがありますか。

薬を使うかどうかについては明確な答えは得られないことが往々にしてあるが、抗生物質は有害にも有益にもなりうるということを認識し、きちんと考えて選択しよう。メリットとデメリットを天秤にかけて考えなければならないのは患者も同じだ。そのためには、患者であるあなたも、話し合いをする医者も、情報に通じている必要がある。あなたと医者では立場が違うということも心の片隅においておこう。

そうそう、食事でマイクロバイオータのバランスを変えればあなたの病気がよくなりそうな場合には、ぜひ試してみよう。いずれにしても、いい食生活は健康増進に役立つ。ただし、この方法を商売にしようとしている人には気をつけよう。あなたのマイクロバイオータの組成比だけで、あなたの病気がわかるわけではない(少なくとも、いまのところは)。

抗生物質に頼るかどうか、きちんと考えて選択しよう。

出産方式と、赤ん坊への授乳方法についてもきちんと考えて選択しよう。

昨今、妊娠と子育てについての情報とアドバイスはあふれんばかりで、私たちに生まれつきの本能がわずかに残っていたとしても風前のともしびのようになっている。しかし、マイクロバイオータ研究のおかげで出産と授乳に関しては、経過が順調であれば自然に任せるべきだという簡潔な選択基準ができた。もちろん順調でない場合には、帝王切開や粉ミルク育児という補助手段がある。

だれもができる最善策は、自覚して準備をしておくことだ。出産についてきちんと考えて選択し、生まれてくる赤ん坊に健全なマイクロバイオータの「苗」を植えつけることを考えて出産計画を立てる。最も効果的なのは経腟出産することだ。帝王切開を選ぶ場合や、やむを得ず帝王切開になった場合には、マリア・グロリア・ドミンゲス゠ベロが研究している、腟内をガーゼでぬぐって新生児に塗りつける方法を採用することを考えよう。あなたの計画をパートナーや医者、助産師に、あらかじめ伝えておこう。

赤ん坊は出産時にマイクロバイオータの苗を受け取る。母乳はその苗に栄養を与える役目がある。母乳育児をするつもりなら、知識を蓄え、決意表明をし、周囲の支援を事前にとりつけておくほうがいい。情報や助言は世界保健機関（ＷＨＯ）のウェブサイトを含め、インターネット上でたくさん見つかる。赤ん坊の健康と幸せのために母乳をいつまで与えればいいかについての助言も載っているので、見てみるといい。完璧にできなくても自分を責めないように。あなたの子どものマイクロバイオータを育てる方法はいくらでもある。

ほかにも子育てに関していいニュースがある。私たちは「バイ菌」に対してそんなに神経質にならなくていいのだ。赤ん坊が日々の暮らしで出合う細菌の大半は有害ではない。というより、赤ん坊の免疫系を教育するのに役立っている。抗菌剤入りスプレーやティッシュを使うことのほうが、むしろ有害かもしれない。

ともあれ、何を選ぶにしても、なんとなくではなくきちんと考えて選択しよう。

二〇〇〇年、ホモサピエンスの最優秀メンバーのチームがＤＮＡの暗号を解読した。一秒につき四人が新たに誕生している生物種の「建材」を明らかにしたのである。これは人類全体にとって決定的な瞬間で、私個人にとっても生物学を志すきっかけとなった決定的な瞬間だった。何年もあとになって、ロンドンのウェルカムコレクションでヒトゲノムの解読を表現した美術作品（Ａ、Ｔ、Ｃ、Ｇが印刷された大量の書物）を見上げたとき、私はヒトゲノムを解読したことの重大さに改めて心を震わせた。一二〇巻の書物に「ヒトの生命」が納められていて美術作品として観賞することができる。それを見たとき、私は自分の選んだ研究分野を誇らしく思った。

　一方、マイクロバイオーム解読のほうは、美術作品として表現されようがされまいが、ヒトゲノム解読と同じほど人々を魅了することはないだろう。しかし、共生微生物が私たちの一部であること、その遺伝子が私たちのメタゲノムの一部であることを明らかにしたマイクロバイオーム解読が人々の「暮らし」に与える影響力は、ヒトゲノムのそれより大きい。マイクロバイオータはある意味、一つの臓器だ。目で見て確認することが困難なためにこれまで見落とされていた、人体の中にあって健康と幸福に寄与する臓器である。この臓器がほかの臓器と違うのは、固定化されていないことだ。ヒトの遺伝子とは違い、微生物の遺伝子は不変ではない。共生微生物とその遺伝子は、どちらも私たちの体内にあり、私たちの管理下にある。私たちは遺伝子を選べないが、微生物を選ぶことはできる。

　マイクロバイオータとの相互作用が不可分であると知ったいま、私たちは自分の体と暮らし方を新しい文脈で見直すことができるようになった。体の構造や生活様式は進化の過去と切っても切り離せない――どれほどテクノロジーが発達し、自然から切り離されているように見える現代においても。ダーウィンが『種の起源』を著したとき以来、ヒトを形づくっているのは「生まれか育ちか」と議論され続けてきた。背の高い男の人がいるとする。その理由は、その人のお父さんも背が高かったからか、それとも健康的な食べ物をたくさん食べて育ったからか。賢い子どもがいるとする。その理由は、その子のお母さんが賢かったからか、それともいい先生に教わったからか。乳癌になるのは遺伝子のせいか、それとも合成ホルモンを服用したからか。もちろん、こんな二分法は意味をなさない。ヒトの特徴や病気のほとんどは、生まれと育ちの両方の要素が複雑に重なり合って生じる。ヒトゲノム・プロジェクトが教えてくれたことがあるとすれば、遺伝子（生まれ）は特定の状態に「なりやすいか、なりにくいか」を決めるだけだということだ。実際にどうなるかどうかは生活様式、食事、危険要素への遭遇などの環境（育ち）で決まる。

さて、ここにきて、生まれと育ちのあいだを埋める第三のプレイヤーの存在が浮上した。共生微生物の遺伝子群であるマイクロバイオームは、厳密に言えば私たちヒトの部分に外から働きかける環境（育ち）だが、本質的には遺伝子（生まれ）だ。マイクロバイオームは卵子や精子、ヒト遺伝子を通じて伝えられるわけではないが、その大部分は親、とりわけ母親から子に受け継がせることができる。親の多くは自分の子に最善の性質を受け継がせたいと願っている。また、たいていの親は自分の子が健康で幸せになるよう、最良の環境を用意してやりたいと願っている。最善の遺伝子を受け継がせ、最良の環境を与えるという、親が子にしてやれる両方の要素がマイクロバイオームにはある。

ヒトゲノムは、過大に期待されていたにもかかわらず、生命の設計図や暮らしの哲学になるほどの存在ではどうやらなかったようだ。私たちは人間全般の特性や個人の性癖を語るとき、「だって、そういうDNAなんだから」とよく言うが、実際にはヒトのDNAが私たちの日常生活を左右することなどほとんどない。しかし、人体にはほかに一〇〇兆個の細胞と四四〇万個の遺伝子をもつ微生物がいる。彼らと共に進化してきた私たちは、彼らなしには生きていけない。この残りの九〇％が加わってやっと、ダーウィンの進化論は私たちの人生に意味のあるものとなる。

数百万年ものあいだ私たちと共に旅してきた微生物の存在に敬意を払うこと。これこそが、私たちの真の姿を理解し、ひいては一〇〇％のヒトになるための第一歩だ。

エピローグ　一〇〇%の世話をする

二〇一〇年の冬、絶えることのない痛みを抱え、覚醒していられるのは一日一〇時間に満たなかった私は、状態がよくなりそうなことならどんなことでもするつもりだった。くり抜いた足指の骨に埋めこむプラスチックビーズ状の抗生物質、カニューレを通して血管に点滴する液状の抗生物質、腸内で溶解するカプセルに入った粉末状の抗生物質が、私の日常を破壊した感染症を治してくれるはずだという見込みに、私はかろうじて希望をつなぐことができた。私が健康をとり戻し、存分に生きられるようになったのは強力な抗生物質のおかげであり、そのことへの感謝はこの先ずっと忘れることはない。

しかし、あの一連の薬剤療法は別のことも教えてくれた。この体を共有している一〇〇兆個の友人たちの存在だ。微小な友人たちが私の健康と幸せにどんな貢献をしているかを知り、私はまったく新しい視野で——自分自身の暮らしと生物学的な意味での生命活動の両方において——生き物の存在と共存のことを考えるようになった。この本を書くための調査の発端は個人的な関心にあった。私はどうしても知りたいと思った。故意ではないとはいえ微生物生態系を破壊したことで、自分の健康まで損なってしまったのかどうかを。健康をとり戻すのに必要なマイクロバイオータをこれから再建できるのかどうかも。

遺伝子とは違ってマイクロバイオータには、私たちにもいくらかコントロール可能だという利点がある。

この本の調査をはじめたとき、私は自分の腸内細菌のサンプルを、コロラド大学のロブ・ナイト研究室が支持母体となっているアメリカン・ガット・プロジェクトという市民科学プログラムに送った。そこでは私の微生物DNAを解析し、私の腸内にどんな細菌種がいるかを教えてくれる。何クールもの抗生物質治療を受けたあとにもかかわらず、微生物がそれなりに残っていたのを知ったときはうれしかった。一方で、バクテロイデーテス門とフィルミクテス門の細菌が、ほかの門に属する細菌を押さえて圧倒的多数になっているのを知って肩を落とした。私の微生物群に足りないのは多様性だった。アマゾンの熱帯雨林やマラウイの辺地に住む人から採取したサンプルには、欧米に住む人のそれよりずっと多様性がある。そうした人々は抗生物質や欧米式の食生活と無縁で、膣の産道から生まれ、母乳を長く与えられて育っているからだろう。私にももう少し多様な細菌がいれば健康状態がよくなるだろうか、食事に気をつければそんな細菌が居ついてくれるだろうかと、そんな思いをめぐらせた。

私のサンプルからはステレラ属の細菌が異常に高い割合で見つかり、これには興味を引かれた。私は病気の期間中、疲れるとよくチックが出た。顔や首の筋肉が勝手に引きつるチックは、自分が困るだけでなく他人にも迷惑をかける。あとで知ったことだが、自閉症患者も腸内にステレラの細菌が過剰にあり、私と同じようなチックを起こすという。ひょっとすると、ステレラの過剰が私のチックの原因だったのだろうか。いまとなっては確かめようもなく、また今後の研究を待たなければならないところではあるものの、一考の価値があるテーマだろう。むろん、この科学分野はまだ揺籃(ようらん)期であることを忘れてはならない。特定の微生物遺伝子、特定の菌種、特定の微生物共同体が私たちの健康と幸福にどんな役割を果たしているか、解明されるにはまだ時間がかかるだろう。マイクロバイオームをベースに病気の診断をするための情報もまだまだ足りない。

自分のマイクロバイオータについて知る前は、何を食べるか深く考えたことがなかった。「あなたはあなたの食べたものでできている」という格言を気に留めたことはなく、食べ物があなたの健康と幸せを短期的に左右すると主張する人にはむしろ懐疑的だったほどだ。私は前から、どちらかといえば健康的な食生活をしていたほうだと思っている。ファストフードや甘いお菓子を食べまくるような真似はしたことがない。逆に、意識して野菜を食べたこともなく、一日一点か二点ですませていた。そして、日々の食事で食物繊維をほとんどとっていないことに気づきもしなかった。私はこれまでずっと痩せ型の体型で、それを自分の食生活が健全な証拠だと思ってきた。でもいまは、食べ物のことを違う目で見るようになった。ヒト細胞のためだけでなく、微生物の細胞のために食べるのだと考えるようになった。この食事でどんなグループの微生物が利益を受けるのか。あの微生物はこの食べ物を何に変換するのか。その分子は私の腸壁透過性にどう影響するのか。その結果、私の感情はどうなるのか。私は自分が満足するためだけでなく、微生物も満足させられるように食べているだろうか。

私は自分のマイクロバイオータを整えようと決めてから、それほど大きく食生活を変えたわけではない。基本的にはこれまでどおりで、ただし食物繊維の摂取量を増やすようにした。たとえば朝食は、保存料と砂糖が入った加工食品のシリアルをやめ、押しオート麦と小麦と大麦にナッツ、種子、生のベリーを盛った手製シリアルを用意し、無糖の天然ヨーグルトとミルクを添えて食べている。このほうが美味しいし、安価だし、微生物の友人たちのご馳走になる。週末にはこれまでどおり、こってりした料理を食べているが、豆類の副菜とマッシュルームをかならずつけるようにしている。白米は玄米に替えた。パスタの代わりにときどきレンズマメを使うようになった。ふわふわの白い食パンは、たまに木の実入りの固いライ麦パンに替えてみる。そして昼食時には何を食べようと、冷凍のグリーンピースかホウレンソウを一皿、電子レンジでさっと解凍して付け足すことにしている。私の計算によれば、一日あたりの食物繊維の摂取量は一五グラムから六〇グラムに増えている。増やすのは驚くほど簡単だった。朝食だけで以前は二グラムだったのが現在は一六グラムになっている。かつて一日かけて摂取していた食物繊維を、いまは朝食だけでとっていることになる。皮肉なことに、前に私が食べていた加工食品の朝食シリアルは、食物繊維の含有量が高いことを箱の前面で宣伝している。

さて、食生活を少し変えたことは私のマイクロバイオータにいい影響を与えただろうか。私は二度目のサンプルを送って解析してもらった。科学的には厳密な方法ではないが、自分の努力の結果を見るには充分だ。前回から変わったことのトップは、まさしくわれらが友人、アッカーマンシアの繁栄だった。第2章で説明した、痩せ型体型に関連する細菌である。私の二度目のサンプルには、食物繊維の摂取を増やす前のサンプルと比べて六〇倍の量のアッカーマンシアが含まれていた。ここからは想像だが、アッカーマンシアは私の腸壁の粘液層を厚くするよう働きかけて、リポ多糖（免疫系やエネルギー調整の働きを狂わせる物質）が体内に侵入するのを阻んでくれているに違いない。

酪酸をつくり出すフィーカリバクテリウムとビフィドバクテリウムのチームも、前回より大幅に増えていた。きっと私の腸壁細胞を堅く結合させて、免疫系をなだめてくれていることだろう。ここまでは大変満足のいく結果だった。だが、はたして私の健康増進には役に立ったのだろうか。少しずつよくなっている気はする。疲労感は軽減したし、発疹も消えている。少なくともいまのところは。これが単なる偶然なのか、プラセボ効果なのか、それともほんとうに食物繊維のおかげなのかはもっと時間が経ってみないとわからない。いずれにせよ、この食事法をやめるつもりはない。食物繊維を増やしたあとに私のマイクロバイオータに現れた変化は、そのまま固定されるものではない。その状態を維持するには永遠に微生物に餌を与え続けなければならず、そのために私も食物繊維を食べ続けなければならない。

微生物の友人たちのために食べるのは、私自身の健康をよくすること以上の意味がある。これから母親になろうと考えている私にとって、自分に属するヒトの細胞と微生物の細胞を共に世話する理由が増えたのだ。抗生物質の治療が私のマイクロバイオータを悪いほうに移行させたことを思えば、それを未来の子どもに受け継がせる前になるべく元に戻しておきたい。私が植物を多く食べることでその目標に近づけるのなら、これこそまさに私がすべき選択だろう。

私はつい最近まで、出産と育児に対する自分の方針をもっていなかった。現代医学に任せておけば、私と赤ん坊に最善のことをしてもらえるはずだと思っていた。いまでも医学に対する信頼の気持ちは変わらない。だが、それはあくまで何か異変が起こった場合のことだ。異変が起こらないかぎり、私は自然に任せることにした。数百万年ものあいだ哺乳類が採用してきた出産方法に従い、ヒトを育てるのに最適な材料となるよう進化してきた母乳を与えたい。もちろんほかの選択肢を全面的に拒否するつもりはなく、時と場合によってはバランスよく活用するつもりでいる。ただ、そうした判断をするときに、マイクロバイオータの重要性という新しく得た知識を他の要素に加えて検討したい。私の腹部の皮膚にいる細菌や、産科医や助産師の手についている細菌を、私の子どもの腸内に最初に植えつける「苗」にはしたくない。万が一、帝王切開になった場合には、少しでも自然出産に近くなるようマリア・グロリア・ドミンゲス＝ベロの提案に従って、膣の微生物を赤ん坊に塗布してもらうつもりだ。母乳育児については夫と共に、知識、体力、支援に関するできるかぎりの情報を仕入れておいて、痛みと疲れと不慣れな新生児への対応に追われるであろう試練の日々を乗り切りたいと思っている。そしてできれば、六か月は母乳のみを与え、その後も二歳かそれ以上まで母乳をできるかぎり与えるべきだというＷＨＯの指針に従いたいと考えている。

これが私の目標で、きちんと考えたうえでの選択だ。

最後に、抗生物質について言っておきたいことがある。抗生物質による治療は、私の体を感染症の過去から二一世紀病の現在へと一巡させた。抗生物質のおかげで、私はぼろぼろになっていた生活の質をとり戻すことができた。と同時に、そうでなければ知ることのなかったであろう未知の世界に足を踏み入れた。この体験から学んだのは、抗生物質が悪いわけではない、ということだ。抗生物質はかけがえのない薬である一方、不完全で犠牲をともなう薬だ。私は一連の治療ののち、幸いにしてその後は抗生物質のお世話にならずにすんでいる。でも、もし私か私の子どもがそれを必要とするときが来たら――ほんとうに必要とする事態になったら――迷わず使う。そのときは、無差別攻撃の副作用に備えて予防的にプロバイオティクスを併用するだろう。しかし、しばらく様子を見るという方法も考えに入れておく。自分の免疫系でなんとかなりそうなら抗生物質を使わないのも、きちんと考えたうえでの選択の一つだ。

私と私の微生物に関しては、お互いの関係をゆっくり再建しているところである。抗生物質がなかったら、いまごろ私の人生はどうなっていたかわからない。しかし、元の自分をとり戻した以上、これからは私の微生物を優先して生きていきたい。この体から微生物を除いたら、私は一〇%のヒトにしかならないのだから。

謝辞

科学はいつの時代も、伝えるべき新しい物語について忠実な情報源を提供してくれる。私たちの健康と幸せを左右する一〇〇兆個の微生物の働きと、そうとは知らずに私たちが微生物たちに与えていたダメージを伝えるために著した本書は、科学が提供してくれる情報のおかげで形になった。大勢の科学者が新たな事実を明らかにするたびに、本書で紹介したストーリーは大なり小なり入れ替わり、それは今後も続いていくだろう。私は科学者の方々から豊かで魅力あふれる話を聞かせてもらえたことに、大きな恩義を負うた。この本の中で、彼ら彼女らの発見やひらめきをできるだけ忠実に再現したつもりだが、もし間違いがあったとすればそれは私の責任である。

マイクロバイオータの科学に多大なる貢献をした二人の科学者が、私のリサーチを大いに助けてくれた。パトリス・カニとアレッシオ・ファサーノは、それぞれの研究について熱く語ってくれ、私の書いたものを読み、私の質問に真摯に詳しく答えてくれた。ほかにも、つぎの方々に特別な感謝を捧げたい。デリック・マクフェイブ、エマ・アレン＝ヴェルコー、テッド・ディナン、ルース・レイ、マリア・グロリア・ドミンゲス＝ベロ、ニキル・ドゥランダハル、ゲアリー・エッガー、アリソン・ステューベ、ダニエル・マクドナルド、トニー・ウォルターズは、多忙な中、私のためにわざわざ時間を割いてくれた。ジータ・

カスターラ、デイヴィッド・マーゴリス、スチュアート・レヴィ、ジェニー・ブランド＝ミラー、トム・ボロディ、ピーター・ターンバウ、レイチェル・カーモディ、フレドリク・バークヘッド、ポール・オトゥール、リタ・プロクター、マーク・スミス、リー・ロウェン、アグネス・ウォルド、エリン・ボルト、ユージーン・ローゼンバーグ、フランツ・バイアレイン、ジャスミナ・アガノヴィク、ジェレミー・ニコルソン、アレクサンダー・コルツ、マリア・カーメン・コロラド、リチャード・アトキンソン、リチャード・サンドラー、サム・ターヴェイ、シドニー・ファインゴールド、ウィリアム・パーカー、カーティス・ヒュッテンハウアー、ペトラ・ルイスは、草稿を読み、質問に答え、この本の刊行を応援してくれた。すべてのお名前を書けないが、リサーチの過程で出合った文献や資料に寄与した大勢の研究者たちにも感謝を述べたい。エレン・ボルトとは何時間もおしゃべりし、彼女とアンドルーの話をじっくり聞かせてもらった。エレン、あなたのひらめきは最高よ。そしてペギー・カン・ハイからは、話を聞かせてもらっただけでなく、前向きに生きる力を分けてもらえた。

大西洋をはさんだ両側のハーパーコリンズ社のすばらしいチームには、大変お世話になった。アラベラ・パイクとテリー・カルテンは当初から乗り気で、この本が微生物だけでなく人間性をも描いている点を理解してくれた。ありがとう。ジョー・ウォーカー、ケイト・トリー、キャサリン・パトリック、マット・クラチャー、ジョー・ジグモンド、キャサリン・ビートナー、スティーヴ・コックス、ジル・ヴェリーロにもお世話になった。絶え間ない激励を送ってくれたエージェントのパトリック・ウォルシュとコンヴィル・アンド・ウォルシュのみなさん、とりわけジェイク・スミス＝ボザンケットには特大の感謝を。アレクサンドラ・マクニコル、エマ・フィン、カリー・プリット、ヘンナ・シルヴェノイネンとは毎週のように電子メールをやりとりした。どんどん分量が増えていったこの本を、美しく収めてくれたスクリヴナー社のクリエイターたちにも感謝を。

アンプトヒル・ライターズの仲間たちにもお礼を言いたい。とりわけレイチェル・J・ルイス、エマ・リデル、フィリップ・ホワイトリーは、この私を少なくとも月に一度は家の外に連れ出してくれた。集まりになかなか参加できない私を見捨てず声をかけ続けてくれた友人たちと、科学を好きになるきっかけを与えてくれたワトソン先生とアデニン嬢にもお礼を。私のバーチャルオフィス・メイトのジェン・クリーズからは、いろいろ考えさせられる問題提起をしてもらい、最初の段階でいいフィードバックを得られた。私の体がぼろぼろになっているあいだ、非難めいたことを言わずにずっと私の味方でいてくれた両親にも感謝を。とくに母には、この本の構想をさんざん相談させてもらった。私の親友で兄であり、すぐれたストーリーテラーであるマシュー・モルトビーは、私がどんな反応をしようとも、多大な時間を費やして率直な意見を言い続けてくれた。最後に、私の関心の対象がコウモリになろうと微生物になろうと、ゆるがぬ信頼でやさしく見守り続けてくれたベンに、特別な感謝を。

訳者あとがき

生物多様性の喪失と聞けば、熱帯雨林やサンゴ礁が目に浮かぶ。絶滅危惧種と聞けば、中国奥地のジャイアントパンダやガラパゴス島のゾウガメを思いつく。しかし、そうした危機的な状況は遠い異国の話とはかぎらず、もっとずっと身近なところで起こっている。私たちの体は無数の微生物からなる「生態系」であり、そこでも種の絶滅は静かに進行している。

二〇〇三年にヒトゲノム・プロジェクトが完了したとき、研究者たちはヒトの遺伝子が線虫と同じ、二万一〇〇〇個しかないことに驚いた。ヒトはなぜ、そんなに少ない遺伝子でこんなに複雑な生命活動ができるのだろう？　そのカギは、体内に棲む微生物に多くの活動を「アウトソーシング」していることにあった。赤ん坊は産道を通るとき、母乳を飲むとき、母親から微生物一式を受けとり、その微生物集団と共に成長する。ところが最近では、赤ん坊がその微生物一式を受けとれなかったり、せっかく育ったコロニーを消滅させてしまったりすることが増えてきた。肥満、過敏性腸症候群、アレルギー、自己免疫疾患、自閉症など二〇世紀後半から先進国で急増している病気は、人体内に存在する細胞の九〇％を占める微生物の様相が従来と変わってしまったことで生じている、というのがこの本のテーマだ。

この本で紹介されている知見は、二〇〇八年にはじまったヒトマイクロバイオーム・プロジェクトの研究成果がベースになっている。このプロジェクトの何が画期的かといえば、分離と培養をしなくても、体内にいる微生物種をＤＮＡ配列から直接特定できることだ。これを可能にしたのは、ヒトゲノム・プロジェクトのおかげでコストと時間が大幅にダウンした塩基配列の解析技術（シークエンシング）だ。以前から、腸内細菌がヒトの健康とかかわりのあることは経験的に推測されていた。だが細菌を人体の外に取り出して調べるということが恐ろしく困難だったため、そもそも腸内にどんな細菌がどのくらいいるかすら知ることができなかったのである。

とはいえ、特定の健康状態と特定の細菌が一対一で対応しているわけではもちろんない。細菌を一方的に「いい」「悪い」と区分けして、悪い細菌をとりのぞき、いい細菌を入れてやれば健康になるというほど単純な話ではないのだ。生き物にとって棲息地はつねに戦場だ。細菌どうしでスペースを奪い合い、その時々の環境に少しでも適応力のある細菌がそうでない細菌を駆逐する。ニッチを確保した細菌はあらゆる手段でそれを守ろうとするだろう。彼らには彼らの都合があり、こちらの思い通りにふるまうとはかぎらない。

本書の著者、アランナ・コリンはイギリスのサイエンス・ライターだ。『サンデー・タイムズ・マガジン』誌や『ガーディアン』紙に記事を書き、ラジオやテレビの野生動物番組に出演している。インペリアル・カレッジ・ロンドンで生物学の学士号と修士号を、ユニヴァーシティ・カレッジ・ロンドン動物学協会で進化生物学の博士号を取得した。専門は、コウモリのエコロケーション（自ら発した超音波の反射によって物体の位置を知る能力）。そしてフィールドワークに出かけた先で、意図せず熱帯病を拾ってしまう。

彼女はマレーシアでたった一度ダニに噛まれただけで、数年間まともな暮らしができなくなるほど体を病んだ。そこから抜け出せたのは専門家による正確な診断と、原因を退治するための大量の抗生物質だった（本人によると、家畜の群れをまるごと治療できるほどの量だったという）。そんな経験もあって、彼女はこの本で再三、抗生物質をすべて「悪」と決めつけてはいけないと言う。微生物は人類にとっていまなお恐ろしい敵であり、抗生物質はそれに対抗しうる貴重な手段だということだ。

私はと言えば、これまでずっと健康にいいと信じてヨーグルトを常食してきた。本書でヨーグルトがプロバイオティクスの代表格となった経緯を知ったときには思わず苦笑いしたが、これからもヨーグルトの摂取を続けようと思っている。何十年も食べてきたのだから、私の腸内は定期的にヨーグルトがやってくることで恒常性を保っているはずだと感じたからだ。微生物にきちんと餌を与える（与えすぎてもいけない！）という宿主としての責任を考えれば、流行のダイエット法を追いかけて、特定の食品を急に食べはじめたり、急に食べるのをやめたりするのはよくないだろう。食品添加物は私のヒト細胞には無害でも、私の友人たちには害を与えるかもしれないと思うようにもなった。自分の体を生態系として眺めれば、森林伐採、外来種の持ちこみ、農薬の使用、肥料のやりすぎを警戒すべき理由はいくらでも見つかる。

二〇一六年七月

矢野真千子

終　章

1. Markle, J.G.M. *et al.* (2013). Sex differences in the gut microbiome drive hormone-dependent regulation of autoimmunity. *Science* 339 : 1084–1088.
2. Franceschi, C. *et al.* (2006). Inflammaging and anti-inflammaging : a systemic perspective on aging and longevity emerged from studies in humans. *Mechanisms of Ageing and Development* 128 : 92–105.
3. Haiser, H.J. *et al.* (2013). Predicting and manipulating cardiac drug inactivation by the human gut bacterium *Eggerthella lenta. Science* 341 : 295–298.

5. Ringel, Y. and Ringel-Kulka, T. (2011). The rationale and clinical effectiveness of probiotics in irritable bowel syndrome. *Journal of Clinical Gastroenterology* 45 (S3): S145–S148.
6. Pelucchi, C. *et al.* (2012). Probiotics supplementation during pregnancy or infancy for the prevention of atopic dermatitis: A meta-analysis. *Epidemiology* 23: 402–414.
7. Calcinaro, F. (2005). Oral probiotic administration induces interleukin-10 production and prevents spontaneous autoimmune diabetes in the non-obese diabetic mouse. *Diabetologia* 48: 1565–75.
8. Goodall, J. (1990). *The Chimpanzees of Gombe: Patterns of Behavior.* Harvard University Press, Cambridge.（『野生チンパンジーの世界』ジェーン・グドール著、杉山幸丸／松沢哲郎監訳、杉山幸丸ほか訳、ミネルヴァ書房、1990年）
9. Fritz, J. *et al.* (1992). The relationship between forage material and levels of coprophagy in captive chimpanzees (*Pan troglodytes*). *Zoo Biology* 11: 313–318.
10. Ridaura, V.K. *et al.* (2013). Gut microbiota from twins discordant for obesity modulate metabolism in mice. *Science* 341: 1079.
11. Smits, L.P. *et al.* (2013). Therapeutic potential of fecal microbiota transplantation. *Gastroenterology* 145: 946–953.
12. Eiseman, B. *et al.* (1958). Fecal enema as an adjunct in the treatment of pseudomembranous enterocolitis. *Surgery* 44: 854–859.
13. Borody, T.J. *et al.* (1989). Bowel-flora alteration: a potential cure for inflammatory bowel disease and irritable bowel syndrome? *The Medical Journal of Australia* 150: 604.
14. Vrieze, A. *et al.* (2012). Transfer of intestinal microbiota from lean donors increases insulin sensitivity in individuals with metabolic syndrome. *Gastroenterology* 143: 913–916.
15. Borody, T.J. and Khoruts, A. (2012). Fecal microbiota transplantation and emerging applications. *Nature Reviews Gastroenterology and Hepatology* 9: 88–96.
16. Delzenne, N.M. et al. (2011). Targeting gut microbiota in obesity : effects of prebiotics and probiotics. *Nature Reviews Endocrinology* 7: 639–646.
17. Petrof, E.O. *et al.* (2013). Stool substitute transplant therapy for the eradication of *Clostridium difficile* infection: 'RePOOPulating' the gut. *Microbiome* 1: 3.
18. Yatsunenko, T. *et al.* (2012). Human gut microbiome viewed across age and geography. *Nature* 486: 222–228.

developed countries. *Evidence Report/Technology Assessment (Full Report)* 153 : 1-186.

17. Division of Nutrition and Physical Activity : Research to Practice Series No. 4 : Does breastfeeding reduce the risk of pediatric overweight? Atlanta : Centers for Disease Control and Prevention, 2007.
18. Stuebe, A.S. (2009). The risks of not breastfeeding for mothers and infants. *Reviews in Obstetrics & Gynecology* 2 : 222-231.
19. Azad, M.B. *et al.* (2013). Gut microbiota of health Canadian infants : profiles by mode of delivery and infant diet at 4 months. *Canadian Medical Association Journal* 185 : 385-394.
20. Palmer, C. *et al.* (2007). Development of the human infant intestinal microbiota. *PLoS Biology* 5 : 1556-1573.
21. Yatsunenko, T. *et al.* (2012). Human gut microbiome viewed across age and geography. *Nature* 486 : 222-228.
22. Lax, S. *et al.* (2014). Longitudinal analysis of microbial interaction between humans and the indoor environment. *Science* 345 : 1048-1051.
23. Gajer, P. *et al.* (2012). Temporal dynamics of the human vaginal microbiota. *Science Translational Medicine* 4 : 132ra52.
24. Koren, O. *et al.* (2012). Host remodelling of the gut microbiome and metabolic changes during pregnancy. *Cell* 150 : 470-480.
25. Claesson, M.J. *et al.* (2012). Gut microbiota composition correlates with diet and health in the elderly. *Nature* 488 : 178-184.

第8章　微生物生態系を修復する

1. Metchnikoff, E. (1908). *The Prolongation of Life : Optimistic Studies.* G.P. Putnam's Sons, New York.（『老化・長寿・自然死の楽観的エッセイ』エリー・メチニコフ原著、チャルーマース・ミッチェル英訳、足立達訳、今野印刷、2009年）
2. Bested, A.C., Logan, A.C. and Selhub, E.M. (2013). Intestinal microbiota, probiotics and mental health : from Metchnikoff to modern advances : Part I - autointoxication revisited. *Gut Pathogens* 5 : 1-16.
3. Hempel, A. *et al.* (2012). Probiotics for the prevention and treatment of antibiotic-associated diarrhea : A systematic review and meta-analysis. *Journal of the American Medical Association* 307 : 1959-1969.
4. AlFaleh, K. *et al.* (2011). Probiotics for prevention of necrotizing enterocolitis in preterm infants. *Cochrane Database of Systematic Reviews,* Issue 3.

1713–1719.

3. Se Jin Song, B.S., Dominguez-Bello, M.-G. and Knight, R. (2013). How delivery mode and feeding can shape the bacterial community in the infant gut. *Canadian Medical Association Journal* 185 : 373–374.
4. Kozhumannil, K.B., Law, M.R. and Virnig, B.A. (2013). Cesarean delivery rates vary tenfold among US hospitals ; reducing variation may address quality and cost issues. *Health Affairs* 32 : 527–535.
5. Gibbons, L. *et al.* (2010). The global numbers and costs of additionally needed and unnecessary Caesarean sections performed per year : Overuse as a barrier to universal coverage. *World Health Report Background Paper,* No. 30.
6. Cho, C.E. and Norman, M. (2013). Cesarean section and development of the immune system in the offspring. *American Journal of Obstetrics & Gynecology* 208 : 249–254.
7. Schieve, L.A. *et al.* (2014). Population attributable fractions for three perinatal risk factors for autism spectrum disorders, 2002 and 2008 autism and developmental disabilities monitoring network. *Annals of Epidemiology* 24 : 260–266.
8. MacDorman, M.F. *et al.* (2006). Infant and neonatal mortality for primary Cesarean and vaginal births to women with 'No indicated risk', United States, 1998–2001 birth cohorts. *Birth* 33 : 175–182.
9. Dominguez-Bello, M.-G. *et al.* (2010). Delivery mode shapes the acquisition and structure of the initial microbiota across multiple body habitats in newborns. *Proceedings of the National Academy of Sciences* 107 : 11971–11975.
10. McVeagh, P. and Brand-Miller, J. (1997). Human milk oligosaccharides : Only the breast. *Journal of Paediatrics and Child Health* 33 : 281–286.
11. Donnet-Hughes, A. (2010). Potential role of the intestinal microbiota of the mother in neonatal immune education. *Proceedings of the Nutrition Society* 69 : 407–415.
12. Cabrera-Rubio, R. *et al.* (2012). The human milk microbiome changes over lactation and is shaped by maternal weight and mode of delivery. *American Journal of Clinical Nutrition* 96 : 544–551.
13. Stevens, E.E., Patrick, T.E. and Pickler, R. (2009). A history of infant feeding. *The Journal of Perinatal Education* 18 : 32–39.
14. Heikkilä, M.P. and Saris, P.E.J. (2003). Inhibition of *Staphylococcus aureus* by the commensal bacteria of human milk. *Journal of Applied Microbiology* 95 : 471–478.
15. Chen, A. and Rogan, W.J. *et al.* (2004). Breastfeeding and the risk of postneonatal death in the United States. *Pediatrics* 113 : e435–e439.
16. Ip, S. et al. (2007). Breastfeeding and maternal and infant health outcomes in

6. Barclay, A.W. and Brand-Miller, J. (2011). The Australian paradox: A substantial decline in sugars intake over the same timeframe that overweight and obesity have increased. *Nutrients* 3: 491–504.
7. Heini, A.F. and Weinsier, R.L. (1997). Divergent trends in obesity and fat intake patterns: The American paradox. *American Journal of Medicine* 102: 259–264.
8. David, L.A. *et al.* (2014). Diet rapidly and reproducibly alters the human gut microbiome. *Nature* 505: 559–563.
9. Hehemann, J.-H. *et al.* (2010). Transfer of carbohydrate-active enzymes from marine bacteria to Japanese gut microbiota. *Nature* 464: 908–912.
10. Cani, P.D. *et al.* (2007). Metabolic endotoxaemia initiates obesity and insulin resistance. *Diabetes* 56: 1761–1772.
11. Neyrinck, A.M. *et al.* (2011). Prebiotic effects of wheat arabinoxylan related to the increase in bifidobacteria, *Roseburia* and *Bacteroides/Prevotella* in diet-induced obese mice. *PLoS ONE* 6: e20944.
12. Everard, A. *et al.* (2013). Cross-talk between *Akkermansia muciniphila* and intestinal epithelium controls diet-induced obesity. *Proceedings of the National Academy of Sciences* 110: 9066–9071.
13. Maslowski, K.M. (2009). Regulation of inflammatory responses by gut microbiota and chemoattractant receptor GPR43. *Nature* 461: 1282–1286.
14. Brahe, L.K., Astrup, A. and Larsen, L.H. (2013). Is butyrate the link between diet, intestinal microbiota and obesity-related metabolic disorders? *Obesity Reviews* 14: 950–959.
15. Slavin, J. (2005). Dietary fibre and body weight. *Nutrition* 21: 411–418.
16. Liu, S. (2003). Relation between changes in intakes of dietary fibre and grain products and changes in weight and development of obesity among middle-aged women. *American Journal of Clinical Nutrition* 78: 920–927.
17. Wrangham, R. (2010). *Catching Fire: How Cooking Made Us Human.* Profile Books, London.（『火の賜物——ヒトは料理で進化した』リチャード・ランガム著、依田卓巳訳、NTT 出版、2010 年）

第７章　産声を上げたときから

1. Funkhouser, L.J. and Bordenstein, S.R. (2013). Mom knows best: The universality of maternal microbial transmission. *PLoS Biology* 11: e10016331.
2. Dominguez-Bello, M.-G. *et al.* (2011). Development of the human gastrointestinal microbiota and insights from high-throughput sequencing. *Gastroenterology* 140:

12. Margolis, D.J., Hoffstad, O. and Biker, W. (2007). Association or lack of association between tetracycline class antibiotics used for acne vulgaris and lupus erythematosus. *British Journal of Dermatology* 157 : 540–546.

13. Tan, L. *et al.* (2002). Use of antimicrobial agents in consumer products. *Archives of Dermatology* 138 : 1082–1086.

14. Aiello, A.E. *et al.* (2008). Effect of hand hygiene on infectious disease risk in the community setting : A meta-analysis. *American Journal of Public Health* 98 : 1372–1381.

15. Bertelsen, R.J. *et al.* (2013). Triclosan exposure and allergic sensitization in Norwegian children. *Allergy* 68 : 84–91.

16. Syed, A.K. *et al.* (2014). Triclosan promotes *Staphylococcus aureus* nasal colonization. *mBio* 5 : e01015–13.

17. Dale, R.C. *et al.* (2004). Encephalitis lethargica syndrome ; 20 new cases and evidence of basal ganglia autoimmunity. *Brain* 127 : 21–33.

18. Mell, L.K., Davis, R.L. and Owens, D. (2005). Association between streptococcal infection and obsessive-compulsive disorder, Tourette's syndrome, and tic disorder. *Pediatrics* 116 : 56–60.

19. Fredrich, E. *et al.* (2013). Daily battle against body odor : towards the activity of the axillary microbiota. *Trends in Microbiology* 21 : 305–312.

20. Whitlock, D.R. and Feelisch, M. (2009). Soil bacteria, nitrite, and the skin. In : Rook, G.A.W. ed. *The Hygiene Hypothesis and Darwinian Medicine.* Birkhäuser Basel, pp. 103–115.

第6章　あなたはあなたの微生物が食べたものでできている

1. Zhu, L. *et al.* (2011). Evidence of cellulose metabolism by the giant panda gut microbiome. *Proceedings of the National Academy of Sciences* 108 : 17714–17719.

2. De Filippo, C. *et al.* (2010). Impact of diet in shaping gut microbiota revealed by a comparative study in children from Europe and rural Africa. *Proceedings of the National Academy of Sciences* 107 : 14691–14696.

3. Ley, R. *et al.* (2006). Human gut microbes associated with obesity. *Nature* 444 : 1022–1023.

4. Foster, R. and Lunn, J. (2007). 40th Anniversary Briefing Paper : Food availability and our changing diet. *Nutrition Bulletin* 32 : 187–249.

5. Lissner, L. and Heitmann, B.L. (1995). Dietary fat and obesity : evidence from epidemiology. *European Journal of Clinical Nutrition* 49 : 79–90.

16. Farrar, M.D. and Ingham, E. (2004). Acne : Inflammation. *Clinics in Dermatology* 22: 380–384.
17. Kucharzik, T. *et al.* (2006). Recent understanding of IBD pathogenesis: Implications for future therapies. *Inflammatory Bowel Diseases* 12: 1068–1083.
18. Schwabe, R.F. and Jobin, C. (2013). The microbiome and cancer. *Nature Reviews Cancer* 13: 800–812.

第5章　微生物世界の果てしなき戦い

1. Nicholson, J.K., Holmes, E. & Wilson, I.D. (2005). Gut microorganisms, mammalian metabolism and personalized health care. *Nature Reviews Microbiology* 3: 431–438.
2. Sharland, M. (2007). The use of antibacterials in children : a report of the Specialist Advisory Committee on Antimicrobial Resistance (SACAR) Paediatric Subgroup. *Journal of Antimicrobial Chemotherapy* 60 (S1): i15–i26.
3. Gonzales, R. *et al.* (2001). Excessive antibiotic use for acute respiratory infections in the United States. *Clinical Infectious Diseases* 33: 757–762.
4. Dethlefsen, L. *et al.* (2008). The pervasive effects of an antibiotic on the human gut microbiota, as revealed by deep 16S rRNA sequencing. *PLoS Biology* 6: e280.
5. Haight, T.H. and Pierce, W.E. (1955). Effect of prolonged antibiotic administration on the weight of healthy young males. *Journal of Nutrition* 10: 151–161.
6. Million, M. *et al.* (2013). *Lactobacillus reuteri* and *Escherichia coli* in the human gut microbiota may predict weight gain associated with vancomycin treatment. *Nutrition & Diabetes* 3: e87.
7. Ajslev, T.A. *et al.* (2011). Childhood overweight after establishment of the gut microbiota: the role of delivery mode, pre-pregnancy weight and early administration of antibiotics. *International Journal of Obesity* 35: 522–9.
8. Cho, I. *et al.* (2012). Antibiotics in early life alter the murine colonic microbiome and adiposity. *Nature* 488: 621–626.
9. Cox, L.M. *et al.* (2014). Altering the intestinal microbiota during a critical developmental window has lasting metabolic consequences. *Cell* 158: 705–721.
10. Hu, X., Zhou, Q. and Luo, Y. (2010). Occurrence and source analysis of typical veterinary antibiotics in manure, soil, vegetables and groundwater from organic vegetables bases, northern China. *Environmental Pollution* 158: 2992–2998.
11. Niehus, R.M.A. and Lord, C. (2006). Early medical history of children with autistic spectrum disorders. *Journal of Developmental and Behavioral Pediatrics* 27 (S2): S120–S127.

Chronic Inflammatory Disorders: Darwinian medicine and the 'hygiene' or 'old friends' hypothesis. *Clinical & Experimental Immunology* 160: 70–79.

3. Zilber-Rosenberg, I. and Rosenberg, E. (2008). Role of microorganisms in the evolution of animals and plants: the hologenome theory of evolution. *FEMS Microbiology Reviews* 32: 723–735.
4. Williamson, A.P. *et al.* (1977). A special report: Four-year study of a boy with combined immune deficiency maintained in strict reverse isolation from birth. *Pediatric Research* 11: 63–64.
5. Sprinz, H. *et al.* (1961). The response of the germ-free guinea pig to oral bacterial challenge with *Escherichia coli* and *Shigella flexneri. American Journal of Pathology* 39: 681–695.
6. Wold, A.E. (1998). The hygiene hypothesis revised : is the rising frequency of allergy due to changes in the intestinal flora? *Allergy* 53 (s46): 20–25.
7. Sakaguchi, S. *et al.* (2008). Regulatory T cells and immune tolerance. *Cell* 133: 775–787.
8. Östman, S. *et al.* (2006). Impaired regulatory T cell function in germ-free mice. *European Journal of Immunology* 36: 2336–2346.
9. Mazmanian, S.K. and Kasper, D.L. (2006). The love-hate relationship between bacterial polysaccharides and the host immune system. *Nature Reviews Immunology* 6: 849–858.
10. Miller, M.B. *et al.* (2002). Parallel quorum sensing systems converge to regulate virulence in *Vibrio cholerae. Cell* 110: 303–314.
11. Fasano, A. (2011). Zonulin and its regulation of intestinal barrier function: The biological door to inflammation, autoimmunity, and cancer. *Physiological Review* 91: 151–175.
12. Fasano, A. *et al.* (2000). Zonulin, a newly discovered modulator of intestinal permeability, and its expression in coeliac disease. *The Lancet,* 355: 1518–1519.
13. Maes, M., Kubera, M. and Leunis, J.-C. (2008). The gut-brain barrier in major depression: Intestinal mucosal dysfunction with an increased translocation of LPS from gram negative enterobacteria (leaky gut) plays a role in the inflammatory pathophysiology of depression. *Neuroendocrinology Letters* 29: 117–124.
14. de Magistris, L. *et al.* (2010). Alterations of the intestinal barrier in patients with autism spectrum disorders and in their first-degree relatives. *Journal of Pediatric Gastroenterology and Nutrition* 51: 418–424.
15. Grice, E.A. and Segre, J.A. (2011). The skin microbiome. *Nature Reviews Microbiology* 9: 244–253.

10. Flegr, J. (2007). Effects of *Toxoplasma* on human behavior. *Schizophrenia Bulletin* 33: 757–760.

11. Torrey, E.F. and Yolken, R.H. (2003). *Toxoplasma gondii* and schizophrenia. *Emerging Infectious Diseases* 9: 1375–1380.

12. Brynska, A., Tomaszewicz-Libudzic, E. and Wolanczyk, T. (2001). Obsessive-compulsive disorder and acquired toxoplasmosis in two children. *European Child and Adolescent Psychiatry* 10: 200–204.

13. Cryan, J.F. and Dinan, T.G. (2012). Mind-altering microorganisms: the impact of the gut microbiota on brain and behaviour. *Nature Reviews Neuroscience* 13: 701–712.

14. Bercik, P. *et al.* (2011). The intestinal microbiota affect central levels of brain-derived neurotropic factor and behavior in mice. *Gastroenterology* 141: 599–609.

15. Voigt, C.C., Caspers, B. and Speck, S. (2005). Bats, bacteria and bat smell: Sex-specific diversity of microbes in a sexually-selected scent organ. *Journal of Mammalogy* 86: 745–749.

16. Sharon, G. *et al.* (2010). Commensal bacteria play a role in mating preference of *Drosophila melanogaster. Proceedings of the National Academy of Sciences* 107: 20051–20056.

17. Wedekind, C. et al. (1995). MHC-dependent mate preferences in humans. *Proceedings of the Royal Society B* 260: 245–249.

18. Montiel-Castro, A.J. *et al.* (2013). The microbiota-gut-brain axis: neurobehavioral correlates, health and sociality. *Frontiers in Integrative Neuroscience* 7: 1–16.

19. Dinan, T.G. and Cryan, J.F. (2013). Melancholic microbes: a link between gut microbiota and depression? *Neurogastroenterology & Motility* 25: 713–719.

20. Khansari, P.S. and Sperlagh, B. (2012). Inflammation in neurological and psychiatric diseases. *Inflammopharmacology* 20: 103–107.

21. Hornig, M. (2013). The role of microbes and autoimmunity in the pathogenesis of neuropsychiatric illness. *Current Opinion in Rheumatology* 25: 488–495.

22. MacFabe, D.F. *et al.* (2007). Neurobiological effects of intraventricular propionic acid in rats: Possible role of short chain fatty acids on the pathogenesis and characteristics of autism spectrum disorders. *Behavioural Brain Research* 176: 149–169.

第4章　利己的な微生物

1. Strachan, D.P. (1989). Hay fever, hygiene, and household size. *British Medical Journal,* 299: 1259–1260.

2. Rook, G.A.W. (2010). 99th Dahlem Conference on Infection, Inflammation and

17. Gallos, L.K. *et al.* (2012). Collective behavior in the spatial spreading of obesity. *Scientific Reports* 2: no. 454.
18. Christakis, N.A. and Fowler, J.H. (2007). The spread of obesity in a large social network over 32 years. *The New England Journal of Medicine* 357: 370–379.
19. Dhurandhar, N.V. *et al.* (1997). Association of adenovirus infection with human obesity. *Obesity Research* 5: 464–469.
20. Atkinson, R.L. *et al.* (2005). Human adenovirus-36 is associated with increased body weight and paradoxical reduction of serum lipids. *International Journal of Obesity* 29: 281–286.
21. Everard, A. *et al.* (2013). Cross-talk between *Akkermansia muciniphila* and intestinal epithelium controls diet-induced obesity. *Proceedings of the National Academy of Sciences* 110: 9066–9071.
22. Liou, A.P. *et al.* (2013). Conserved shifts in the gut microbiota due to gastric bypass reduce host weight and adiposity. *Science Translational Medicine* 5: 1–11.

第3章　心を操る微生物

1. Sessions, S.K. and Ruth, S.B. (1990). Explanation for naturally occurring supernumerary limbs in amphibians. *Journal of Experimental Biology* 254: 38–47.
2. Andersen, S.B. *et al.* (2009). The life of a dead ant: The expression of an adaptive extended phenotype. *The American Naturalist* 174: 424–433.
3. Herrera, C. *et al.* (2001). Maladie de Whipple: Tableau psychiatrique inaugural. *Revue Médicale de Liège* 56: 676–680.
4. Kanner, L. (1943). Autistic disturbances of affective contact. *Nervous Child* 2: 217–250.
5. Centers for Disease Control and Prevention (2014). Prevalence of Autism Spectrum Disorder Among Children Aged 8 Years - Autism and Developmental Disabilities Monitoring Network, 11 Sites, United States, 2010. *MMWR* 63 (No. SS–02): 1–21.
6. Bolte, E.R. (1998). Autism and *Clostridium tetani. Medical Hypotheses* 51: 133–144.
7. Sandler, R.H. *et al.* (2000). Short-term benefit from oral vancomycin treatment of regressive-onset autism. *Journal of Child Neurology* 15: 429–435.
8. Sudo, N., Chida, Y. *et al.* (2004). Postnatal microbial colonization programs the hypothalamic-pituitary-adrenal system for stress response in mice. *Journal of Physiology* 558: 263–275.
9. Finegold, S.M. *et al.* (2002). Gastrointestinal microflora studies in late-onset autism. *Clinical Infectious Diseases* 35 (Suppl 1): S6–S16.

第2章　あらゆる病気は腸からはじまる

1. Bairlein, F. (2002). How to get fat: nutritional mechanisms of seasonal fat accumulation in migratory songbirds. *Naturwissenschaften* 89: 1–10.
2. Heini, A.F. and Weinsier, R.L. (1997). Divergent trends in obesity and fat intake patterns: The American paradox. *American Journal of Medicine* 102: 259–264.
3. Silventoinen, K. *et al.* (2004). Trends in obesity and energy supply in the WHO MONICA Project. *International Journal of Obesity* 28: 710–718.
4. Troiano, R.P. *et al.* (2000). Energy and fat intakes of children and adolescents in the United States: data from the National Health and Nutrition Examination Surveys. *American Journal of Clinical Nutrition* 72: 1343s–1353s.
5. Prentice, A.M. and Jebb, S.A. (1995). Obesity in Britain: Gluttony or sloth? *British Journal of Medicine* 311: 437–439.
6. Westerterp, K.R. and Speakman, J.R. (2008). Physical activity energy expenditure has not declined since the 1980s and matches energy expenditures of wild mammals. *International Journal of Obesity* 32: 1256–1263.
7. World Health Organisation (2014). Global Health Observatory Data - Overweight and Obesity. Available at: http://www.who.int/gho/ncd/risk_factors/overweight/en/.
8. Speliotes, E.K. *et al.* (2010). Association analyses of 249, 796 individuals reveal 18 new loci associated with body mass index. *Nature Genetics* 42: 937–948.
9. Marshall, J.K. *et al.* (2010). Eight year prognosis of postinfectious irritable bowel syndrome following waterborne bacterial dysentery. *Gut* 59: 605–611.
10. Gwee, K.-A. (2005). Irritable bowel syndrome in developing countries - a disorder of civilization or colonization? *Neurogastroenterology and Motility* 17: 317–324.
11. Collins, S.M. (2014). A role for the gut microbiota in IBS. *Nature Reviews Gastroenterology and Hepatology* 11: 497–505.
12. Jeffery, I.B. *et al.* (2012). An irritable bowel syndrome subtype defined by species-specific alterations in faecal microbiota. *Gut* 61: 997–1006.
13. Bäckhed, F. *et al.* (2004). The gut microbiota as an environmental factor that regulates fat storage. *Proceedings of the National Academy of Sciences* 101: 15718–15723.
14. Ley, R.E. *et al.* (2005). Obesity alters gut microbial ecology. *Proceedings of the National Academy of Sciences* 102: 11070–11075.
15. Turnbaugh, P.J. *et al.* (2006). An obesity-associated gut microbiome with increased capacity for energy harvest. *Nature* 444: 1027–1031.
16. Centers for Disease Control (2014). Obesity Prevalence Maps. Available at: http://www.cdc.gov/obesity/data/prevalence-maps.html.

9. Bry, L. *et al.* (1996). A model of host-microbial interactions in an open mammalian ecosystem. *Science* 273 : 1380–1383.
10. The Human Microbiome Project Consortium (2012). Structure, function and diversity of the healthy human microbiome. *Nature* 486 : 207–214.

第1章　二一世紀の病気

1. Gale, E.A.M. (2002). The rise of childhood type 1 diabetes in the 20th century. *Diabetes* 51 : 3353–3361.
2. World Health Organisation (2014). Global Health Observatory Data - Overweight and Obesity. Available at : http://www.who.int/gho/ncd/risk_factors/overweight/en/.
3. Centers for Disease Control and Prevention (2014). Prevalence of Autism Spectrum Disorder Among Children Aged 8 Years - Autism and Developmental Disabilities Monitoring Network, 11 Sites, United States, 2010. *MMWR* 63 (No. SS–02) : 1–21.
4. Bengmark, S. (2013). Gut microbiota, immune development and function. *Pharmacological Research* 69 : 87–113.
5. von Mutius, E. *et al.* (1994) Prevalence of asthma and atopy in two areas of West and East Germany. *American Journal of Respiratory and Critical Care Medicine* 149 : 358–364.
6. Aligne, C.A. *et al.* (2000). Risk factors for pediatric asthma : Contributions of poverty, race, and urban residence. *American Journal of Respiratory and Critical Care Medicine* 162 : 873–877.
7. Ngo, S.T., Steyn, F.J. and McCombe, P.A. (2014). Gender differences in autoimmune disease. *Frontiers in Neuroendocrinology* 35 : 347–369.
8. Krolewski, A.S. *et al.* (1987). Epidemiologic approach to the etiology of type 1 diabetes mellitus and its complications. *The New England Journal of Medicine* 26 : 1390–1398.
9. Bach, J.-F. (2002). The effect of infections on susceptibility to autoimmune and allergic diseases. *The New England Journal of Medicine* 347 : 911–920.
10. Uramoto, K.M. *et al.* (1999) Trends in the incidence and mortality of systemic lupus erythematosus, 1950–1992. *Arthritis & Rheumatism* 42 : 46–50.
11. Alonso, A. and Hernán, M.A. (2008). Temporal trends in the incidence of multiple sclerosis : A systematic review. *Neurology* 71 : 129–135.
12. Werner, S. *et al.* (2002). The incidence of atopic dermatitis in school entrants is associated with individual lifestyle factors but not with local environmental factors in Hannover, Germany. *British Journal of Dermatology* 147 : 95–104.

参考文献

ヒトの心身の健康にマイクロバイオータが果たす役割を研究した科学文献は、指数関数的に増加している。たった十数年前に離陸したばかりの新分野であれば当然のことだろう。一流科学者の方々と何度もお会いしたり電話や電子メールで会話したりしたことを含め、この本で取り上げた研究のほとんどは一次資料（科学誌に掲載された査読審査ずみの研究）から得ている。さらに、この本で紹介した情報は、ここに書ききれなかった数百本の論文から引き出した。ここでは、とくに重要で、また興味深い出典に絞って紹介することにする。同時に、急成長しつつあるこの分野について、一般向け書籍についてもいくつか紹介しておく。

序　章

1. International Human Genome Sequencing Consortium (2004). Finishing the euchromatic sequence of the human genome. *Nature* 431 : 931–945.
2. Nyholm, S.V. and McFall-Ngai, M.J. (2004). The winnowing : Establishing the squid-*Vibrio* symbiosis. *Nature Reviews Microbiology* 2 : 632–642.
3. Bollinger, R.R. *et al.* (2007). Biofilms in the large bowel suggest an apparent function of the human vermiform appendix. *Journal of Theoretical Biology* 249 : 826–831.
4. Short, A.R. (1947). The causation of appendicitis. *British Journal of Surgery* 53 : 221–223.
5. Barker, D.J.P. (1985). Acute appendicitis and dietary fibre : an alternative hypothesis. *British Medical Journal* 290 : 1125–1127.
6. Barker, D.J.P. *et al.* (1988). Acute appendicitis and bathrooms in three samples of British children. *British Medical Journal* 296 : 956–958.
7. Janszky, I. *et al.* (2011). Childhood appendectomy, tonsillectomy, and risk for premature acute myocardial infarction - a nationwide population-based cohort study. *European Heart Journal* 32 : 2290–2296.
8. Sanders, N.L. *et al.* (2013). Appendectomy and *Clostridium difficile* colitis : Relationships revealed by clinical observations and immunology. *World Journal of Gastroenterology* 19 : 5607–5614.

P. 8 : Bobtail squid (*Todd Bretl Photography/Getty Images*)

図版出典

カラー口絵（前半）

P. 1：［上］Ellen, Erin and Andrew Bolte on Christmas Day, 1993 (*Ron Bolte*)；［下］the Bolte family in 2011 (*Christopher Sumpton*)
P. 2：Fat and lean garden warblers (*Franz Bairlein*)
P. 3：［上］Genetically obese (*ob*/ob) mice (*Jackson Laboratory, photo by Jennifer Torrance*)；［下］Adult obesity trends in the United States (*BRFSS, Centers for Disease Control*)
P. 4：Smallpox sufferer (*Wellcome Library, London*)
P. 5：Ant in Papua New Guinea (*Ulla Lohmann*)
P. 6：Limb abnormalities in American frogs (*Stanley Sessions*)
P. 7：Male greater sac-winged bats (*Elizabeth Clare*)
P. 8：Erin Bolte using Robogut (*Alanna Collen*)

カラー口絵（後半）

P. 1：'Bubble Boy' David Vetter (*Michelle Goebel*)
P. 2：［上］Penicillin advert (*National Library of Medicine/Science Photo Library*)；［下］caeca of mice (*Taconic Biosciences Inc.*)
P. 3：［上］Graph of the fat mass of mice (*Cox et al. (2014).* Cell *158: 705. Elsevier*)；［下］Schematic of microbiota transfer to germ-free mice (*Cox et al. (2014).* Cell *158: 705. Elsevier*)
P. 4：［上］Anne Miller with Sir Alexander Fleming (*NYT/Redux/eyevine*)；［下］supermarket aisle (*Chris Pearsall/Alamy*)
P. 5：［上］Joey eating 'pap' (*Lorraine O'Brien*)；［中］hatching Kudzu bugs (*Joe Eger*)；［下］Peggy Kan Hai on a surfboard (*Peggy Kan Hai*)
P. 6：［上］Advertisement to recruit stool donors (*Thomas Borody/Centre for Digestive Diseases*)；［下］'The most important thing you'll do all day!' (*OpenBiome*)
P. 7：［上］Mary Njenga processing donated faecal samples (*OpenBiome*)；［下］stored faecal microbiota preparation (*OpenBiome*)

【ま行】

【や行】

【ら行】

【な行】

【は行】

【さ行】

【た行】

索　引

矢野真千子（やの・まちこ）
翻訳家。訳書に、W・ムーア『解剖医ジョン・ハンターの数奇な生涯』、S・モアレム他『迷惑な進化』、C・ジンマー『大腸菌』、F・S・コリンズ『遺伝子医療革命』、M・ウォールセン『バイオパンク』、J・アンダーソン他『アートで見る 医学の歴史』、D・チャモヴィッツ『植物はそこまで知っている』、P・クレイン『イチョウ 奇跡の２億年史』、F・ラーソン『首切りの歴史』、N・ホルト『完治』など多数。

あなたの体は９割が細菌
――微生物の生態系が崩れはじめた

2016年 8 月30日　初版発行
2025年 4 月30日　14刷発行

著　者　アランナ・コリン
訳　者　矢野真千子
装　丁　清水肇 (prigraphics)
発行者　小野寺優
発行所　株式会社河出書房新社
東京都新宿区東五軒町2-13
電話（03）3404-1201［営業］（03）3404-8611［編集］
https://www.kawade.co.jp/
印刷所　株式会社亨有堂印刷所
製本所　小泉製本株式会社
Printed in Japan
ISBN978-4-309-25352-7

解剖医ジョン・ハンターの数奇な生涯

ウェンディ・ムーア
矢野真千子訳

近代外科医学の父と呼ばれ、ダーウィンより七〇年も前に進化論を見いだし、「ドリトル先生」のモデルにもなった、一八世紀英国の奇才博物学者を小説的に綴った初の伝記。

アートで見る　医学の歴史

ジュリー・アンダーソン／エマ・シャクルトン／エム・バーンズ
矢野真千子訳

見たこともない驚嘆の画像！　美術品から書籍、工芸品まで、膨大なコレクションから厳選された究極の医学図集。解剖学、病理学、薬学など、数千年の医学史を四〇〇点以上の図版でたどる。

輸血医ドニの人体実験
科学革命期の研究競争とある殺人事件の謎

ホリー・タッカー
寺西のぶ子訳

一七世紀のヨーロッパを舞台に、科学者たちの国を挙げての壮絶な研究競争と、輸血にすべてを賭けた医者のドラマを克明に描き、医療のターニングポイントとなったある重大事件の真相に迫る！

デタラメ健康科学
代替療法・製薬産業・メディアのウソ

ベン・ゴールドエイカー
梶山あゆみ訳

ホメオパシーにサプリメント、コラーゲンにデトックス、製薬会社のでっちあげから、メディアの広めるデタラメまで、その実態を暴き、正しい科学的な物の見方とは何かを考える。

確信する脳
「知っている」とはどういうことか

ロバート・A・バートン
岩坂彰訳

人はなぜ自分は正しいと信じ込むのか？　記憶違いから幻覚・幻聴、プラセボ効果、デジャヴュ、共感覚、神秘体験まで――意識と感覚をめぐる謎のあいだを縦横無尽に駆けまわる知的冒険の書。

ヴィジュアル版　脳の歴史
脳はどのように視覚化されてきたか

カール・シューノーヴァー
松浦俊輔訳

池谷裕二氏大絶賛！　脳の不思議な世界はいかにヴィジュアル化されてきたか。古文書に描かれた脳の姿から先端科学が明らかにしたミクロの世界まで、豊富なカラー図版と詳細な解説で紹介！

孤独の科学
人はなぜ寂しくなるのか

ジョン・T・カシオポ／ウィリアム・パトリック
柴田裕之訳

脳と心のしくみから、遺伝と環境、進化のプロセス、病との関係、社会・経済的背景まで――様々な角度から孤独感のメカニズムを解明し、「つながり」を求める動物としての人間の本性に迫る。

乱造される心の病

クリストファー・レーン
寺西のぶ子訳

「社会不安障害」という病気はいかにしてつくりだされたのか？　巧みな広告戦略で普通の人々を精神障害に仕立て上げ、恐ろしい向精神薬で巨利を貪ろうとする精神病産業の実像に迫る！

服従の心理

スタンレー・ミルグラム
山形浩生訳

権威が命令すれば、人は殺人さえ行うのか？　人間の隠された本性を科学的に実証し、世界を震撼させた通称〈アイヒマン実験〉――その衝撃の実験報告。心理学史上に輝く名著の新訳決定版。

死のテレビ実験
人はそこまで服従するのか

クリストフ・ニック／ミシェル・エルチャニノフ
高野優監訳

世界を震撼させた電気ショック実験（服従実験）をクイズ番組に応用した、前代未聞のテレビ実験。殺してしまうかもしれない極度の緊張のなか、人の心はいったいどうなってしまうのか!?

見て見ぬふりをする社会

マーガレット・ヘファーナン
仁木めぐみ訳

企業の不正や過重労働、児童虐待、事故のリスクもみんな見て見ぬふり！　現状維持を優先することで大惨事を招く、社会にはびこる「見て見ぬふり」のメカニズムに迫る！

自己愛過剰社会

ジーン・M・トウェンギ／W・キース・キャンベル
桃井緑美子訳

インターネットで自分をアピールし、セレブをあがめ、美容整形にはまる……「個性的になれ」「特別になれ」と謳い上げる風潮は社会になにをもたらすのか？　自己愛病の原因と治療法を示す！

ＦＢＩ捜査官が教える「しぐさ」の心理学

ジョー・ナヴァロ／マーヴィン・カーリンズ
西田美緒子訳

体の中で一番正直なのは、顔ではなく脚と足だった！「人間ウソ発見器」の異名をとる元ＦＢＩ捜査官が、人々が見落としている感情や考えを表すしぐさの意味とそのメカニズムを解き明かす！

ＦＢＩ捜査官が教える「第一印象」の心理学

ジョー・ナヴァロ／トニ・シアラ・ポインター
西田美緒子訳

その一瞬の印象がすべてを決める！人と接するときの「見た目」と「しぐさ」を変えれば、人生は劇的に変わる！元ＦＢＩ捜査官が、好印象や信頼感を与えるためのあらゆる秘策を伝授する！

ＦＢＩプロファイラーが教える「危ない人」の見分け方

ジョー・ナヴァロ／トニ・シアラ・ポインター
西田美緒子訳

あなたを苦しめる人間を遠ざけるのが、最高の護身術である！人を平気で困らせ、傷つける人物に共通して見られる特徴とは何か？元ＦＢＩプロファイラーが四種類の歪んだ人格を解説する。

自然界の秘められたデザイン　雪の結晶はなぜ六角形なのか？

イアン・スチュアート
梶山あゆみ訳

シマウマの縞、波の形、貝殻の模様、宇宙の形……自然界の形の謎を追い求めて、その背後にある数学的法則を多数の図版を用いて解説。世界に潜むパターンや秩序を読み解く名著！